WAFFENKUNDE FÜR SAMMLER

VOM LUNTENSCHLOSS ZUM STURMGEWEHR

HANS-DIETER GÖTZ

Waffenkunde für Sammler

MOTORBUCH VERLAG STUTTGART

Umschlag-Zeichnung: Carlo Demand.
Einband und Umschlag-Konzeption: Siegfried Horn.
Fotos und Zeichnungen im Innenteil: Autor bzw. Archiv Autor.

ISBN 3-87943-303-8
4. Auflage 1977

des Motorbuch Verlags, 7 Stuttgart 1, Postfach 1370.
Eine Abteilung des Buch- und Verlagshauses Paul Pietsch GmbH. & Co. KG.
Genehmigte Lizenzausgabe.

Satz und Druck: Johannes Illig, Buchdruck — Offsetdruck, 732 Göppingen.
Bindung: Großbuchbinderei Ernst Riethmüller & Co., 7 Stuttgart.
Printed in Germany.

INHALT

Waffenliebhaber — was sind das für Menschen?

Gehören Sie auch zu den Leuten, die an keinem Schießeisen vorübergehen können; ohne den Drang; es anzufassen?
Kennen Sie das gute Gefühl, wenn eine Waffe schwer in der Hand liegt? Können Sie sich über die Präzision eines Gewehrschlosses, über eine schöne Gravur, einen geschnitzten Schaft freuen wie ein Kind?
Wenn ja, dann ist Ihnen die Liebe zur Waffe in die Wiege gelegt worden. Sie gehören zur Gemeinde der Waffenliebhaber, einer exklusiven Gesellschaft hochinteressanter Leute, aus denen weder die Mitmenschen noch die Psychologen recht schlau werden können. Und das ist kein Wunder.
Wer soll auch begreifen, warum ganz normale und durchweg friedliebende Männer eine so merkwürdige Leidenschaft für Gewehre und Revolver entwickeln. Mit Romantik und Abenteuerlust ist das allein nicht zu erklären. Die Psychologen vermuten Abgründiges. Doch was wirklich dahintersteckt, können sie ebensowenig verbindlich sagen wie die Waffenfreunde selbst. Es muß irgendwie mit dem kitzelnden Machtgefühl zusammenhängen, das eine Waffe ihrem Träger verleiht. Und es ist sicher richtig, daß viele Waffenliebhaber bei der Beschäftigung mit ihrer Sammlung oder auf dem Schießstand so ganz nebenbei auch ein paar persönliche Probleme bewältigen. Warum auch nicht. Dabei kommt wenigstens niemand zu Schaden. Andere Leute toben ihre Aggressionen am Steuer aus — oder an ihren Ehefrauen.
Es geschieht so gut wie nie, daß ein ernsthafter Sammler eine Waffe mißbraucht. Die Versuchung, »einfach abzudrücken«, besteht

nur bei Leuten, denen zufällig irgendein Schießeisen in die Hand fällt und die von der Wirkung der Waffe keine Ahnung haben. Kenner dagegen riskieren nichts.

Hier sind nicht jene »Kenner« gemeint, die Waffen horten, um damit Straftaten zu begehen. Solche »Liebhaber« gibt es natürlich auch. Aber dieser kleinen und zweifellos gefährlichen Gruppe stehen in der Bundesrepublik rund eineinhalb Millionen unbescholtener Bürger gegenüber, deren Waffenleidenschaft über jeden Verdacht erhaben ist: 762 000 Schützen, 250 000 Jäger und schätzungsweise eine halbe Million Sammler aus allen Berufen und Gesellschaftsschichten.

Sie alle, der Arbeiter und der Generaldirektor, der Briefträger ebenso wie der Minister, reiten das gleiche Steckenpferd — und sie haben gute Argumente für ihr oft mißverstandenes Männerhobby. Denn: Waffenbesitz zwingt zu erhöhter Verantwortung, Schießsport erzieht zur Genauigkeit. Sammler entwickeln ein Gefühl für Schönheit, Qualität und gute Tradition. Das sind positive und allgemein anerkannte Werte.

Ja, aber dann ist da noch die Sache mit dem Sex. Die Psychologen vermuten hinter der Waffenliebhaberei einen gehörigen Schuß verdrängter Erotik. Und vielleicht ist was dran. Haben Sie eigentlich schon einmal darüber nachgedacht, warum man das Gewehr ausgerechnet »die Braut des Soldaten« nennt? Und wie konnte der Schriftsteller (und Waffenliebhaber) Ernest Hemingway von seiner Büchse schreiben, sie sei »wie eine glatte, braune Geliebte«? Hier hat die Waffe unzweifelhaft eine Funktion als weibliches Bezugsobjekt bekommen. Andere Leute dagegen ordnen sie dem männlichen Prinzip zu. Sie behaupten, wir Waffensammler bräuchten die Feuerrohre, um damit Potenz und Männlichkeit zu beweisen. Über dieses Gerede sollten Sie sich nicht ärgern. Seit Sigmund Freud wissen wir, daß unsere Welt vollgestopft ist mit Sex- und Phallus-Symbolen. Von der Zigarre angefangen über alle möglichen Südfrüchte bis hin zur kirchturmhohen Apollo-Rakete. Ein Schelm, der Schlechtes denkt.

Waffensammeln muss gar nicht so teuer sein

Waffensammeln war jahrhundertelang ein exklusives Vergnügen der gekrönten Häupter. Kaiser, Könige und Fürsten holten die besten Büchsenmacher und Kunsthandwerker an ihre Höfe und ließen sich erlesene Prunkwaffen bauen, die eigentlich weniger zum Gebrauch als zur Repräsentation gedacht waren. Viele dieser unbezahlbaren Stücke mit eingelegten Schäften, ziselierten Beschlägen und Gravuren, mit Gold und Silber und Edelsteinen verziert, haben in den großen Staatssammlungen die Jahrhunderte überdauert. Die edlen Feuerwaffen aus dem Londoner Tower, dem Pariser Armeemuseum, dem Arsenal in Wien oder dem Münchner National- und Jagdmuseum sind für Sammler unerreichbar. Und die wenigen erstklassigen Objekte, die auf den großen Antiquitätenmessen angeboten werden, können sich höchstens sehr reiche Leute leisten. Beispiele: Ein Paar Steinschloß-Duellpistolen mit Goldbeschlägen, hergestellt in London um 1750, wurde auf der Münchner Kunstmesse für 16 500 DM verkauft. Und bei einer Versteigerung im Auktionshaus Weinmüller erzielte eine verzierte beinerne Pulverflasche auf dem 16. Jahrhundert immerhin 2750 DM. Frühe Colt-Revolver sind heute unter achttausend Mark nicht zu haben — und die Preise steigen weiter. Wer soll das bezahlen?

Zum Glück geht es auch viel billiger. Wer sich Zeit läßt; beim Aufbau einer Sammlung, wer den Kontakt zu anderen Waffenliebhabern pflegt, wer sich umhört und geschickt verhandeln kann, hat auch heute noch gute Chancen, mit relativ wenig Geld an schöne Stücke zu kommen. Es muß ja nicht unbedingt eine Meisterbüchse von Johann Christoph Kuchenreuther (18. Jahrhundert) sein, auch an einem Armeegewehr für 100 Mark kann man Spaß haben.

Für mein erstes Gewehr habe ich keinen Pfennig bezahlt, ich fand es im Wald. Es war das Wrack eines Karabiners 98, den ein Soldat bei Kriegsende weggeworfen hatte. Zehn Jahre danach, ich war damals 15, grub ich das verrostete Ding aus dem Moos, das Schloß fehlte, der Schaft war vermodert, der Lauf verbogen, und trotzdem hütete ich den traurigen Überrest des Gewehrs wie einen Schatz. Ich ging immer wieder in den Wald, suchte nach dem fehlenden Schloß und anderen Waffenteilen. Vergeblich.

Ein halbes Jahr später zog mein Vater beim Fischen einen zweiten »98er« aus einem Bach. Der Karabiner hatte die lange Zeit im Wasser erstaunlich gut überstanden. Zwar zeigten die Metallteile deutlichen Abrieb vom Geröll des Bachbetts; das Schaftholz hatte tiefe Riefen, und das Schloß war festgerostet. Und trotzdem, nach einer Ferienwoche unermüdlicher Bastelarbeit, besaß ich ein richtiges funktionierendes Gewehr. Ein Nachbar, der im Krieg gewesen war, zeigte mir, wie das Schloß funktionierte, wie man es auseinandernahm, und er hatte sogar noch einen Rahmen Patronen mit bedenklich angerosteten Eisenhülsen.

Wenn ich heute zurückdenke, weiß ich nicht, ob es gut war, daß er mir die Munition gab. Von den fünf Patronen ging zwar nur eine einzige los, bei den anderen hatte sich die Zündmasse zersetzt, aber auch dieser einzige Schuß hätte das schrottreife Gewehr sprengen können. Zum Glück ging alles gut. Von einer schmerzhaften Prellung an der rechten Schulter abgesehen; blieb ich unverletzt. Niemand hatte mich vor dem harten Rückschlag gewarnt, und auch der Knall kam für mich unerwartet laut. Mit sausenden Ohren stand ich dann vor der mannsdicken Fichte, auf die ich gezielt hatte und staunte über die Wirkung des Schusses: das Mantelgeschoß hatte den Baum glatt durchschlagen, war hinten wieder ausgetreten und tief in einen zweiten Stamm eingedrungen. Ich zog die richtige Lehre daraus: Das Gewehr ist kein Spielzeug. Trotz-

dem habe ich in der Folgezeit mit meinem uralt-Karabiner noch manchen leichtsinnigen Schuß abgegeben, an den ich mich heute nur noch mit leisem Grusel erinnere.
Es war wohl ein Glück für meine Umwelt, daß sich schließlich eine abgeschossene Patronenhülse derart in den Rostnarben des Patronenlagers verkeilte, daß ich sie nicht mehr herausbrachte. Mein erstes Gewehr war nur noch als Dekorationsstück zu gebrauchen. Ich suchte nach einem anderen.
Durch einen Glücksfall bekam ich dann gleich fünf auf einen Schlag. Sie standen bei einem Trödler in einer finsteren Ecke und rosteten still vor sich hin: eine Steinschloßmuskete mit abgesägtem Vorderschaft, zwei ziemlich mürbe Perkussions-Jagdgewehre, ein arg mitgenommener Flobertstutzen und — ich besitze es heute noch — ein gut erhaltenes Preußisches Zündnadelgewehr Modell 1865, leider ohne Schloß. Zwanzig Mark wollte der Händler für den ganzen Posten haben. Mein Vater hatte den Knall meines ersten Karabiners noch im Ohr und fürchtete, daß ich mich mit den neuen Schießprügeln in neue gefährliche Abenteuer stürzen würde. Trotzdem — ich werde es ihm nicht vergessen — machte er schließlich das Geld locker. Ich fühlte mich als der glücklichste Mensch auf dieser Welt und beschloß, von nun an systematisch Waffen zu sammeln.
Ich erzählte diese persönliche Geschichte, weil ich glaube, daß die meisten Waffensammler so ähnlich angefangen haben: mit einer geschenkten Flinte, oder einer verrosteten Pistole für ein paar Mark, an der sie ihre Leidenschaft für Waffen entdeckten, eine Leidenschaft, die viele ihr Leben lang nicht mehr los läßt.

Was und wie man sammeln sollte

Neulinge machen oft den Fehler, jeden Schießprügel zu kaufen, der ihnen erschwinglich erscheint, ohne Rücksicht auf den Zustand und den tatsächlichen Wert. Wer anfängt Feuerwaffen zu sammeln, denkt nur selten an das Ziel, das er dabei erreichen kann. So entstehen dann jene kuriosen kleinen Arsenale von Schießwerkzeugen jeder nur erdenklichen Art. Fast immer sind ein paar Militär-Repetierer dabei, vor Inkrafttreten des neuen Waffengesetzes vom Versandhandel günstig bezogen, eine Schrotflinte vielleicht, irgendein Vorderladerstutzen und ganz bestimmt ein paar Pistolen und Revolver, die von den Besitzern stolz vorgezeigt werden.

Nichts gegen die kleinen Sammlungen dieser Art. Man kann auch damit viel Freude haben, wie ich aus eigener Erfahrung weiß. Aber mehr Spaß macht es, wenn man sich ein Ziel setzt, sich spezialisiert. Dafür gibt es unzählige Möglichkeiten, hier nur ein paar:

Man kann Waffen eines bestimmten Systems sammeln. Zum Beispiel nur Gewehre und Pistolen mit Steinschlössern, oder nur Perkussionswaffen, oder nur Modelle, die von Vorderladung auf Hinterladung umgebaut wurden, oder nur Revolver, oder nur Pistolen eines bestimmten Kalibers, oder nur Waffen eines bestimmten Herstellers (allein die Firma Mauser hat in den hundert Jahren ihres Bestehens rund 50 verschiedene Modelle auf den Markt gebracht) oder, oder, oder . . .

Am einfachsten und relativ billigsten wäre es, alte Militärgewehre zu sammeln, denn sie wurden in Massen hergestellt und haben daher die Zeit meistens in größerer Stückzahl überdauert. Leider sind die Militär-Hinterlader infolge des neuen Waffengesetzes für Sammler praktisch unerreichbar geworden. Das ist schade. Denn Militärwaffen lassen sich zeitlich genau einordnen, die aufeinanderfolgenden Modelle dokumentieren den jeweiligen Stand der Waffentechnik in den verschiedenen Epochen und es gibt eine Menge Literatur dazu.

Waffensammler, die sich obendrein für Politik und Geschichte interessieren, schätzen gerade die Militärwaffen als Zeugen der Vergangenheit. Ist es nicht erregend, ein französisches Steinschloßgewehr des Modells 1777 zu besitzen, von dem man annehmen darf, daß es die Revolution von 1789 mitgemacht hat? Oder ein

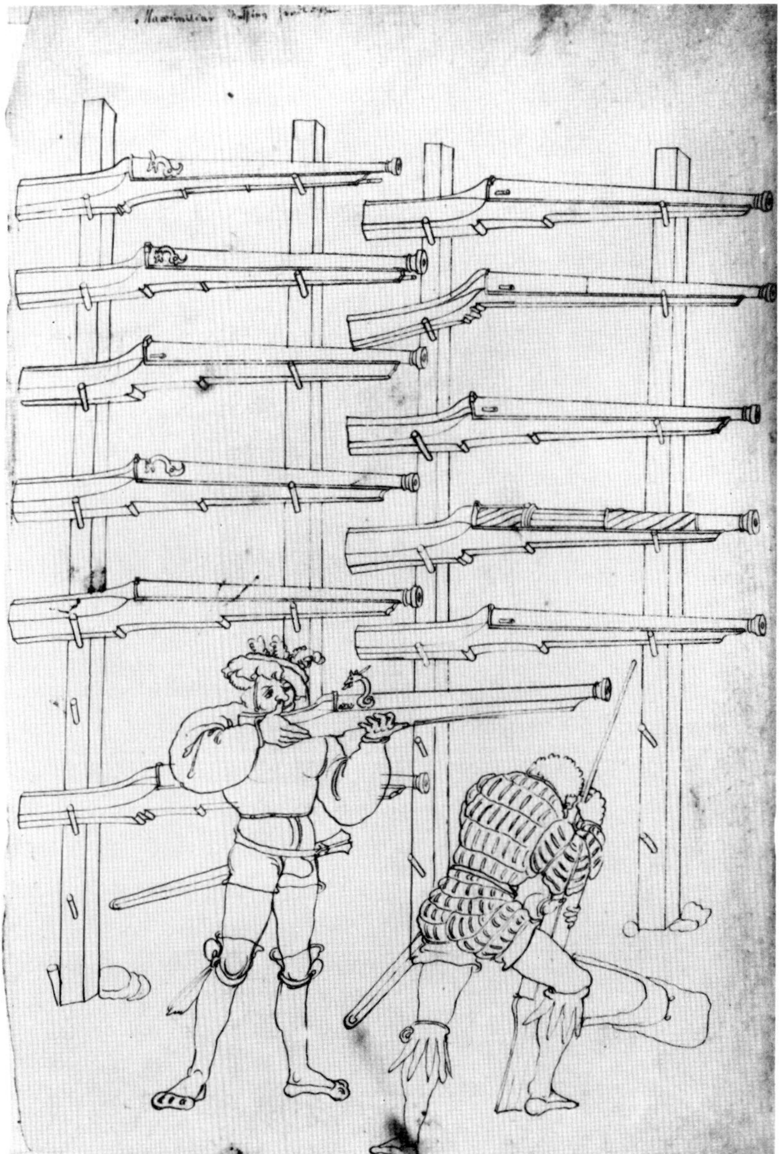

Zeughaus um das Jahr 1500. Diese Bleistiftzeichnung auf Pergament, ein Entwurf für den „Codex Monacensis“, zeigt zwei Landsknechte mit sehr frühen Feuerwaffen. Der größte Teil der Gewehre auf dem Gestell sind „Arkebusen“ ohne mechanische Zündvorrichtung. (Sammlung Bayerisches Kriegsarchiv.)

Dreyse-Zündnadelgewehr Modell 1841, das dem Königreich Preußen fast 30 Jahre lang militärische Überlegenheit in Europa garantierte?
Auch überzeugte Pazifisten müssen zugeben, daß die bisherige Geschichte der Menschheit (leider) in erster Linie aus Kriegen bestand. Und über Sieg und Niederlage entschied allzuoft die bessere Bewaffnung, das vollkommenere Gewehr.
Natürlich haben auch Jagdwaffen ihre eigenen Geschichten, ebenso die Duellpistolen-Paare, mit denen noch zu Beginn unseres Jahrhunderts Ehrenhändel blutig ausgetragen wurden. Auch sie sind Zeugen einer Vergangenheit, die uns längst fremd geworden ist. Wer über etwas Phantasie und eine romantische Ader verfügt, den läßt ein einfaches Terzerol, wie es die Reisenden noch vor 150 Jahren mit sich führten, die tollsten Gedankenabenteuer erleben: Zum Beispiel eine Postkutschenfahrt durch die Spessart-Wälder, in denen damals noch Wegelagerer lauerten.
So hat jede alte Waffe ihre eigene aufregende Vergangenheit. Meist ist sie nur zu erahnen, aber manchmal ist die Story auch wirklich überliefert. Ich habe das schon einmal erlebt.
Eines Tages, vor etwa zehn Jahren, kam ein alter Mann zu mir. Er hatte erfahren, daß ich Sammler bin und bot eine französische Reiterpistole, Modell 1822 an. Ein sehr schönes Stück, blank und glatt, ohne die kleinste Rostnarbe und schon damals unter Brüdern mindestens 400 Mark wert. Ich konnte höchstens 100 bieten, aber er gab sie mir trotzdem. Dem Mann ging es, wie er sagte, darum, daß die Pistole in »gute« Hände kam. Denn er hatte keinen Sohn, dem er das Erbstück überlassen konnte. Sein Großvater hatte die Pistole vor hundert Jahren aus dem deutsch-französischen Krieg mitgebracht. Als bayerische »Chevauleger«, als »leichter Kavallerist«, war er irgendwo vor Sedan in ein Gefecht mit französischen Dragonern geraten. Im Nahkampf, Roß an Roß, sah er plötzlich die Mündung einer Pistole auf sich gerichtet, aber noch ehe der Franzose abdrücken konnte, schlug ihm der Bayer mit dem Säbel die Hand ab.

Nach dem Kampf holte sich der Großvater die Pistole vom Schlachtfeld. Er mußte — so berichtete der Enkel — das Erinnerungsstück aus der verkrampften abgeschlagenen Faust winden. Eine gruselige Geschichte. Ich weiß nicht, ob sie sich wirklich so zugetragen hat, wie der alte Mann behauptete. Vielleicht hat der »Chevauleger« damals auch nur geflunkert, um seiner Familie und seinen Freunden zu imponieren. Gleich wie. Falls ich die Waffe einmal in andere Hände geben sollte, werden ich dem neuen Besitzer die Story ganz gewiß weitererzählen.

Ganz selten wird einem ein so schönes, interessantes und preiswertes Stück ins Haus gebracht. Im allgemeinen müssen sich Sammler die Hacken ablaufen, um an eine »Okkasion« zu kommen. Vor allem Spezialisten, die nach ganz bestimmten Stücken suchen und dabei mit begrenzten finanziellen Mitteln auskommen müssen, brauchen viel Geduld.

Wer bereit ist, jeden Preis zu zahlen, hat es natürlich leichter. Auf Antiquitätenmessen, bei Auktionen und in renommierten Antiquitätengeschäften werden schöne, aber fast immer überteuerte Sammelstücke angeboten.

Auch die kleinen Antiquitätenhändler in der Provinz haben ihre Preise längst auf Großstadtniveau gebracht und verdienen kräftig am Waffenboom. Sie haben begriffen, daß sich heute wegen des begrenzten Angebots und der rapide steigenden Nachfrage jeder verrostete Schießprügel für gutes Geld verkaufen läßt.

Da ist es besser, mit anderen Sammlern Kontakt zu halten und, wenn möglich, zu tauschen. Eine Fundgrube für Waffenliebhaber ist der Kleinanzeigenteil der monatlich erscheinenden Zeitschrift »Deutsches Waffenjournal«. Sie erscheint im Journal-Verlag Schwend GmbH, Schwäbisch Hall (Auflage 60 000, Preis 3 DM) und ist in allen Waffengeschäften zu haben. Hier inserieren vor allem Sammler. Diese Tatsache bietet allerdings noch keine Gewähr dafür, daß Sie für Ihr Geld einen reellen Gegenwert erhalten. Es ist stets größte Vorsicht geboten, wenn Sie per Post ein Waffengeschäft mit einem Unbekannten machen wollen. Vereinbaren Sie unbedingt eine Rückgabefrist, die Ihnen die Chance gibt, vom Kauf zurückzutreten, falls das übersandte Stück nicht Ihren Erwartungen entspricht. Auf keinen Fall sollten sie eine Nachnahmesendung annehmen. Es könnte sein, daß das Paket, für das Sie bei Erhalt drei- oder vierhundert Mark bezahlt haben, statt der erwarteten Perkussions-Pistole nur einen Ziegelstein enthält. Und falls Sie einem Unbekannten etwas auf dem Postweg verkaufen wollen: tun Sie es um Gotteswillen nur mit einer eingeschriebenen Sendung und niemals als Päckchen. Sonst wird Ihnen später auch Ihr Rechtsanwalt nicht mehr zu ihrem Geld verhelfen können.

Besser als riskante Käufe per Post sind natürlich direkte Verhandlungen. Den Kontakt mit Sammlern vermittelt das

»Kuratorium zur Förderung historischer
Waffensammlungen«
8 München 2, Rosental 16, Tel. 24 08 50.

Das Kuratorium hat bis heute rund 3500 Mitglieder im In- und Ausland. Für einen Jahresbeitrag von 20 DM weist der Geschäftsführer Heinrich Wendel Sammler-Kontaktadressen in vielen Städten nach.

Eine zweite Vereinigung, die für Sammler interessant sein kann, ist der

»Verband der Waffenfreunde«
p/a Rechtsanwalt Dr. Rolf Hinze
4 Düsseldorf, Klever Straße 80, Telefon 44 68 43

Dieser Verein hat etwa 3000 Mitglieder und ist ein Interessenverband, der sich für die Liberalisierung der Waffengesetze einsetzt. Der Verband gibt Rechtshilfe zur Erlangung von Waffenerwerbs- und Waffenscheinen und in Waffen-Straffällen. Der Jahresmitgliedsbetrag ist 25 DM.

Wer eine Abneigung gegen Vereine hat; und lieber allein seinem

Hobby nachgehen möchte, der bleibt auf seine Spürnase angewiesen.

Trotz der großen Waffen-Ablieferungsaktionen nach Kriegsende, bei der unersetzliche Stücke vernichtet wurden, finden sich zum Glück auf deutschen Dachböden vereinzelt immer noch Waffen-Antiquitäten, die ein Sammlerherz höher schlagen lassen. Ab und zu tauchen vergessene Erbstücke bei Entrümpelungsaktionen wieder auf und sind dann billig zu haben. Es kann auch interessant sein, wenn nach Todesfällen ein Haushalt aufgelöst und das Inventar versteigert wird.

Wer Zeit hat, sollte sich auch bei Leihhäusern nach den Terminen der nächsten Pfandversteigerungen erkundigen. Meistens ist schon vorher zu erfahren, ob alte Waffen aufgerufen werden. Allerdings Vorsicht bei Versteigerungen. Nur selten haben Interessenten die Chance, Pfandstücke in Ruhe zu begutachten. Meistens stellt sich erst hernach heraus, ob man preiswert; oder viel zu teuer gekauft hat. Aber das ist ohnehin ein Problem für sich.

Was Sammlerwaffen kosten dürfen

Eine Antiquität ist immer soviel wert, wie ein Liebhaber dafür bezahlt. Diese Binsenweisheit gilt natürlich auch für alte Waffen. Trotzdem gibt es ein paar objektive Maßstäbe für die Preisgestaltung. Was eine Sammlerwaffe kosten darf, hängt von folgenden Faktoren ab:

1. *Alter:* Es ist klar, daß eine Radschloßbüchse aus dem 17. Jahrhundert teurer sein wird; als etwa ein Perkussionsgewehr aus dem 19. Jahrhundert (es sei denn, das Perkussionsgewehr stammte aus einer berühmten Meisterwerkstatt).

2. *Seltenheit:* Waffen, die gleichartig noch in größeren Mengen auf dem Markt sind, bringen weniger; als etwa gleich alte,

jedoch seltene Typen. Beispiel: Englische »Snider«-Perkussions-Hinterlader aus den 60er Jahren des vorigen Jahrhunderts werden heute mit etwa 350 DM gehandelt. Die in Alter und System vergleichbaren Bayerischen »Podewils-Gewehre« dagegen kosten wenigstens das Doppelte. Es gibt eben nicht mehr allzuviele.

3. *Kunstwert:* Meisterlich gearbeitete Einzelstücke, reich verzierte Jagdgewehre oder Prunkpistolen mit eingelegten Griffen sind natürlich teurer als die schmucklosen Militärwaffen (vergleichbares Alter und Zustand vorausgesetzt).

4. *Originaler Erhaltungszustand:* Es irrt, wer glaubt, eine alte Waffe würde durch dicken Rostbelag noch wertvoller. Das Gegenteil ist richtig: Rostnarben und zersplittertes Schaftholz mindern den Preis. Überlegen Sie genau, ob sie eine Pistole mit abgebrochenem Hahn, einen alten Vorderlader-Revolver mit lahmer Schlagfeder oder ein Gewehr kaufen, bei dem Beschläge fehlen, oder unsachgemäß ergänzt sind. Bei modernen Waffen spielt auch die »Nummerngleichheit« der Einzelteile eine Rolle. Nicht nummerngleiche Stücke können bis zu 50 Prozent an Wert verlieren.

5. *Mode:* Ja, so etwas gibt es bei den Waffensammlern auch. Falls Sie sich auf ein Gebiet spezialisieren, das gerade »in« ist, wie etwa »Königreich Preußen« oder »Westernrevolver«, so kann das ziemlich teuer werden. Originale Preußenwaffen werden heute schon fast mit Gold aufgewogen, und bei den echten Colt-Revolvern wird es bald ebensoweit sein. Die starke Nachfrage hat die Preise für die wenigen verfügbaren Stücke derart in die Höhe getrieben, daß ich von diesem Sammel-Gebiet nur abraten kann. Ausnahme: die Replika-Revolver, originalgetreue Nachbauten, über die später noch mehr zu sagen sein wird.

Bei den Pistolen und Revolvern aus neuerer Zeit hat das Waffengesetz die Preise verdorben. Mancher Sammler, der unbedingt eine »P 38« haben will, aber keine Waffenbesitzkarte bekommt, beschafft sich die Pistole schließlich zum doppelten Ladenpreis auf dem Schwarzen Markt. Das ist ebenso kostspielig wie riskant. Ich rate dringend ab.
Wieviel Sie im Einzelfall für eine Sammlerwaffe bezahlen müssen; oder bekommen können, hängt weitgehend von Ihrem Verhandlungsgeschick ab. Eine recht gute Orientierungshilfe gibt der bereist erwähnte Kleinanzeigenmarkt im »Deutschen Waffenjournal«. Ich habe für Sie die letzten Jahrgänge dieser Zeitschrift ausgewertet und die Verkaufsangebote, soweit sie Preisangaben enthielten, in den Tabellen am Ende dieses Buches zusammengestellt. Ich glaube, daß diese Preisliste vielen Sammlern beim Kauf oder Verkauf wertvolle Orientierungshilfe leisten kann.

Waffen — beste Kapitalanlage

Eine weitere Möglichkeit zu Preisvergleichen bietet die alljährlich im Mai auf dem Stuttgarter Killesberg stattfindende »Deutsche Waffen-Börse«. 1973 kamen über 100 Aussteller aus 13 Ländern. 30 000 Besucher prüften an fünf Tagen das umfassendste Angebot alter und neuer Waffen, das es jemals in Deutschland gab. Wichtig: auch Sammler, die etwas zu verkaufen haben, können dort ausstellen. Gerade diese jährlich stattfindende Ausstellung zeigt, wie rasch die Preise für alte Waffen steigen. Das heißt: auch Ihre Sammlung daheim wird ohne Ihr Zutun von Jahr zu Jahr wertvoller. Wie beachtlich dieser Wertzuwachs sein kann, zeigt das folgende Beispiel:
1965 verkaufte der Schweizer Staat mehrere hunderttausend Militärgewehre und Karabiner System Schmidt, Modelle 1896 und 1911. Grund: die Umbewaffnung der Schweizer Miliz-Armee mit dem neuen Sturmgewehr SIG Modell 57 war abgeschlossen, die

ausgemusterten Repetierer verstopften die Arsenale und mußten weg. In der Bundesrepublik wurden die Gewehre zunächst von den großen Waffenversandhändlern für 45 DM pro Stück angeboten. Dabei verdienten die Händler bereits 800%. Denn im Schweizer Arsenal kostete das Gewehr nur 5 Schweizerfranken und der Karabiner 10. Ich weiß das, weil ich damals im Zeughaus von St. Gallen selbst drei Karabiner und drei Gewehre gekauft und legal in die Bundesrepublik eingeführt habe. Heute kosten dieselben Gewehre bei uns bereits über 100 Mark und die Karabiner bis zu 150 DM. Für mich also ein gewaltiger Wertzuwachs. Aber auch jene Leute, die gleich zu Anfang mit 45 Mark dabei waren, haben in gut fünf Jahren hundert Prozent gewonnen.

Nicht bei allen Waffen ist der Wertzuwachs derart stürmisch. Grundsätzlich gilt: je kostbarer die Waffe, umso geringer die Gewinnprozente, da der Abnehmerkreis für teure Waffen relativ gering ist. Todsicher dagegen ist die Spekulation mit Gewehren und Kurzwaffen der unteren Preisklasse bis 500 Mark.

»Der Aktionär«, das bestinformierte deutsche Fachblatt für Leute, die ihr Geld mit möglichst wenig Mühe möglichst rasch vermehren wollen, behauptete bereits 1971: »Waffen — beste Geldanlage. Alte Schießeisen bringen 10 bis 15 Prozent Wertsteigerung im Jahr, Raritäten, wie ein preußischer Zündnadel-Karabiner, Rekordgewinne von 4000 Prozent in sechs Jahren . . .«

Dem ist nichts hinzuzufügen. Tatsächlich ist Waffensammeln eine der sichersten und zugleich vergnüglichsten Arbeiten, sein Geld zu vermehren. Besonders die Waffen aus der Zeit vor 1871 machen zur Zeit nocheinmal einen Wertsprung nach oben, weil sie als einzige noch ohne Formalitäten gehandelt werden dürfen. Mein Rat: Kaufen Sie sofort, wenn Ihnen heute ein Vorderlader-Gewehr oder eine Pistole, original und gut erhalten, zu einem Preis unter 500 Mark angeboten wird. Sie können daran verdienen!

Allerdings nicht alle billigen Waffen sind ihr Geld wert. In letzter Zeit tauchen in Kaufhäusern und Versandkatalogen Vorderladerpistolen und -Gewehre auf, die diese Bezeichnung eigentlich nicht

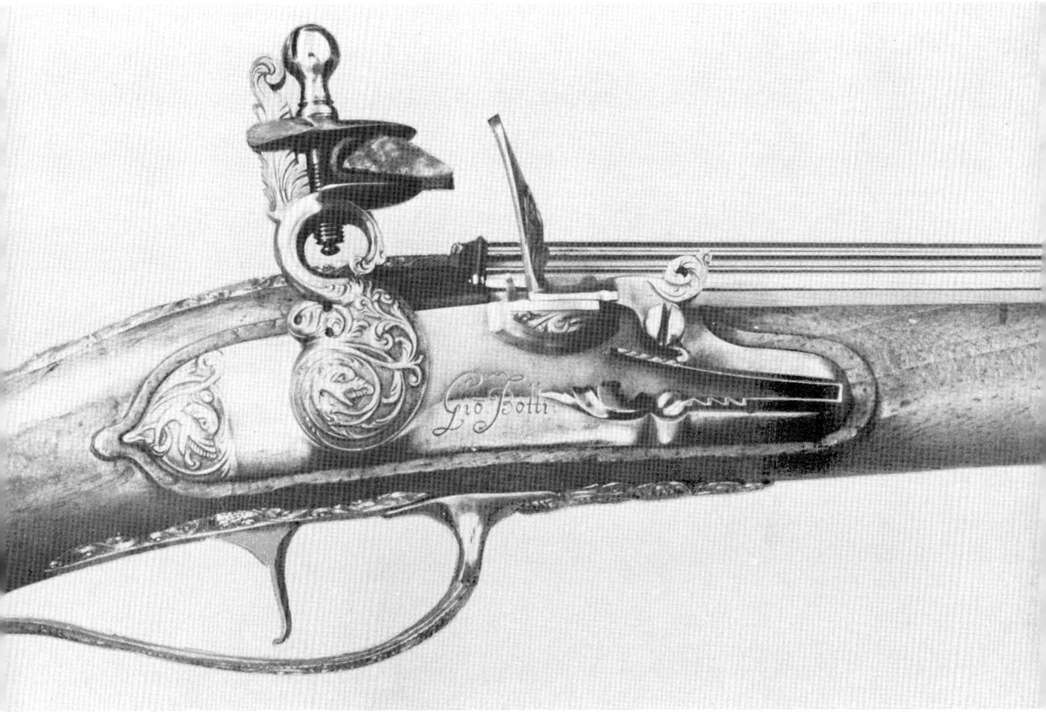

Steinschloßpunkgewehr, italienische Arbeit von Giovanni Botti, aus dem Besitz des Welfenhauses. (Sammlung Deutsches Jagdmuseum München.)

verdienen. Ich meine nicht jene ordentlich gearbeiteten Repliken, die der Waffenhandel führt, sondern roh zusammengeschusterte Dekorationsstücke (»Ein Schmuckstück für jedes Heim«), die nicht funktionsfähig sind. Jede Mark für diesen Schund ist zum Fenster hinausgeworfen.

Dasselbe gilt für die langen, dünnen »Araberflinten«, die mit Vorliebe in Teppichgeschäften und Souvenirboutiquen angeboten werden. Sie sehen zwar malerisch aus, sind jedoch die 200 bis 400 Mark nicht wert, die der Händler verlangt. Der größte Teil dieser »orientalischen Waffen« ist ohnehin in der Bundesrepublik zusammengebastelt worden, das merkt auch der Laie sofort.

Falls Sie ausnahmsweise doch einmal eine echte und noch kom-

plette Araberflinte in die Hände bekommen, sollten Sie sich allerdings die Funktion des Schnapphahn-Schlosses mal ansehen.
Das Schnapphahn-Schloß ist die älteste Form des Steinschlosses und heute noch in entlegenen Gebieten des asiatischen und vorderasiatischen Raums in Gebrauch. Doch damit sind wir bereits bei der Waffengeschichte, die Sie; als Sammler oder Liebhaber auf jeden Fall kennen sollten.

Der Knall im Kloster

In welchem Jahr die Geschichte der Feuerwaffen in Mitteleuropa begann, wissen wir leider nicht genau, irgendwann zwischen 1250 und 1320. Doch wie sie begann, ist überliefert: mit einer Explosion im Laboratorium des Franziskanerklosters Freiburg.

Der splitternde Knall riß die Mönche aus ihrer Meditation. Entsetzt eilten sie zum Schauplatz des unerklärlichen Geschehens und bargen aus Qualm und Trümmern einen der ihren: den Bruder Berthold Schwarz, der wahrscheinlich wieder einmal versucht hatte, Gold zu machen. Der gelehrte Franziskaner-Alchimist, der sich lateinisch »Bertholdus Niger« schrieb, mit bürgerlichem Namen jedoch Konstantin Aucklitzen hieß, mußte den Laborunfall und die folgende Strafpredigt seines Priors leidlich überstanden haben, denn er experimentierte weiter mit der gefährlichen Substanz, die ihm um ein Haar das Leben gekostet hätte. Es war eine Mischung aus Salpeter, Schwefel und Holzkohle, genau das, was wir heute Schwarzpulver nennen. Der Mönch erprobte die Kraft seines Pulvers in hölzernen und später metalienen Gefäßen (Büchsen), aus denen er Steine und eiserne Kugeln in die Luft schoß. Aber es erging ihm zunächst wie fast allen Erfindern; er wurde von seiner Umwelt verkannt, verspottet oder gar beschimpft.

Voller Empörung schrieb der Chronist Hanns Stumpff im Jahre 1380: »der böswicht, von dem sollich schändlich Ding erffunden, ist nit würdig, das sein namen bey den Menschen auf Erden bleib, oder ain lob von seinem geffundtenem werk bring. Er wer voll würdig gewest das man in jn ain püxen gstoßen und an ainen thurm geschossen het.«

Es ist heute schwer zu beurteilen, ob das Schießpulver der Menschheit mehr Nutzen oder mehr Schaden gebracht hat. Auch falls der Schaden überwiegen sollte; Berthold Schwarz ist nicht dafür verantwortlich. Denn im Grunde hat er das Pulver nicht einmal erfunden, sondern bestenfalls wiederentdeckt.

Das Rezept für die »feurige Medizin« war den Kulturvölkern des Orients bereits lange vor Christi Geburt bekannt. Eine indische Schrift aus dem fünften Jahrhundert vor unserer Zeitrechnung empfiehlt 5 Teile Salpeter, 1 Teil Schwefel und 1 Teil Holzkohle. Wahrscheinlich waren damals auch bereits »Maschinen« bekannt, aus denen man mit Hilfe des Pulvers Steine schleudern konnte. Im chinesischen Kulturkreis wurden damals die ersten Raketen und anderes Feuerwerk abgebrannt.

Die Römer jedoch lernten das Pulver und seine Wirkung niemals kennen, sonst hätte es wahrscheinlich das abenteuerliche Experiment mit der »Dampfkanone« nie gegeben. Man füllte in ein hinten verschlossenes Rohr eine geringe Menge Wasser und preßte eine genau passende Kugel darauf. Dann wurde das hintere Rohrende in einem Kohlebecken so lange erhitzt, bis der Dampfdruck die Kugel aus dem Rohr schleuderte. Angeblich sollen solche Geschütze vereinzelt auf römischen Kriegsschiffen erprobt worden sein. Über die Wirkung ist nichts bekannt, sie war wohl gleich Null. Denn wie sollte man auch mit einem Geschütz treffen, von dem kein Mensch wußte, wann es losging.

Immerhin, die Wasserkanone arbeitete bereits nach demselben Prinzip wie die späteren Feuerwaffen: Ein Treibmittel, das unter bestimmten Umständen sein Volumen vervielfachen kann, preßt eine Masse (das Geschoß) aus einem Gefäß (dem Rohr).

Die Mauren kannten dieses Prinzip, und sie hatten bereits das richtige Treibmittel. Bei der Belagerung der spanischen Stadt Alora im Jahre 712 wurden zum erstenmal in der Kriegsgeschichte Feuerwaffen eingesetzt, vermutlich kleine Handmörser aus Holz. Die

Wirkung muß recht bescheiden gewesen sein, denn danach war 500 Jahre lang weder von Feuerwaffen; noch vom Schießpulver die Rede. Erst um 1250 brachte der englische Gelehrte und Mönch Roger Bacon wieder ein Pulverrezept zu Papier, und irgendwann in den hundert Jahren danach gab es jenen Knall zu Freiburg, mit dem Berthold Schwarz den entscheidenden Anstoß zur Entwicklung der Feuerwaffen in Europa gab.

Bruder Berthold Schwarz entdeckt die Wirkung des Schießpulvers. Darstellung auf einem Gedenkstein in Freiburg im Breisgau. (Foto: Michael Montfort.)

Daß das Schießpulver zunächst ausschließlich für kriegerische Zwecke verwendet wurde, lag an der Unhandlichkeit der ersten Feuerwaffen, die für die Jagd nicht zu gebrauchen waren. Zunächst waren es einfache »Feuertöpfe« aus Holz, mit schmiedeeisernen Ringen umgeben, Fäßchen mit besonders starken Wandungen, die an einer Seite offen waren und am verschlossenen Ende ein kleines Zündloch hatten. Man füllte Pulver hinein, legte einen möglichst runden Stein darauf und entzündete die Treibladung mit dem sogenannten »Loseisen«, einem abgewinkelten Eisendraht, dessen in einem Kohlebecken glühend gemachte Spitze ins Zündloch gesteckt wurde. Es ist anzunehmen, daß diese hölzernen Feuertöpfe für die Kanoniere gefährlicher waren als für den Feind, deshalb ging man bald dazu über, die Töpfe — und bald darauf auch Rohre — aus Kupfer und Eisen zu schmieden und zu gießen. So entstanden die ersten Kanonen, die bei der Belagerung von Calais 1346 unter den Bürgern der Stadt Angst und Schrecken verbreiteten. Aber noch war die demoralisierende Wirkung der neuen Waffe größer als die militärische. Denn der Stadtchronist vermerkte: »Dank dem Herrn und der Muttergottes. Weder Mann, Weib noch Kind wurden verletzt.«

Das änderte sich rasch. In den folgenden hundert Jahren nahm die Entwicklung der Feuerwaffen einen für die damalige Zeit stürmischen Aufschwung. 1453 marschierte Sultan Mohammed II. mit seinem Türkenheer, mit 13 großen und 15 kleineren Kanonen vor Konstantinopel auf und eroberte die Stadt nach vierzigtägigem systematischen Beschuß. Seine bronzenen Riesengeschütze verschossen Steinkugeln von mehreren Zentnern Gewicht. Das größte

Riesenkanone des Sultans Mohamed II. im Londoner Tower. Das Geschütz aus dem Jahre 1453 war bei der Eroberung von Konstantinopel dabei. Es verschoß Steinkugeln von rund 80 Zentimetern Durchmesser.

Rohr hatte ein Kaliber von ungefähr 80 Zentimetern, es ist im Londoner Tower ausgestellt.
Dieses Geschütz hatte noch keine Lafette. Es wurde mit unterlegten Holzbohlen auf das Ziel gerichtet und mit Seilen verankert. Für den Transport konnte das gewaltige Rohr in der Mitte auseinandergeschraubt werden. Der hintere Teil hat ein etwa um die Hälfte kleineres Kaliber und dafür eine entsprechend stärkere Wandung. Er nahm die Pulverladung auf. Im abgekühlten Zustand durfte das Riesengeschütz nicht abgefeuert werden. Die plötzliche Erhitzung hätte das Material gesprengt. Daher mußte Mohammeds größte Kanone vor jedem Schuß mit heißem Sand angewärmt werden.
Neben großen Geschützen gab es um diese Zeit natürlich auch kleinere und ganz kleine Kugelschleudern, die man eigentlich bereit als Handfeuerwaffen bezeichnen könnte: »Stielbüchsen« und »Faustrohre«. Sie waren im Grunde nichts anderes als Kanonenrohre en Miniature, mit einem angegossenen Griff oder einem hölzernen Stiel, die von einem oder zwei Männern getragen und bedient werden konnten. Sie wurden — wie die Geschütze — mit dem glühenden Loseisen abgefeuert. Treffen konnte man daher bestimmt nur auf ganz kurze Entfernungen.

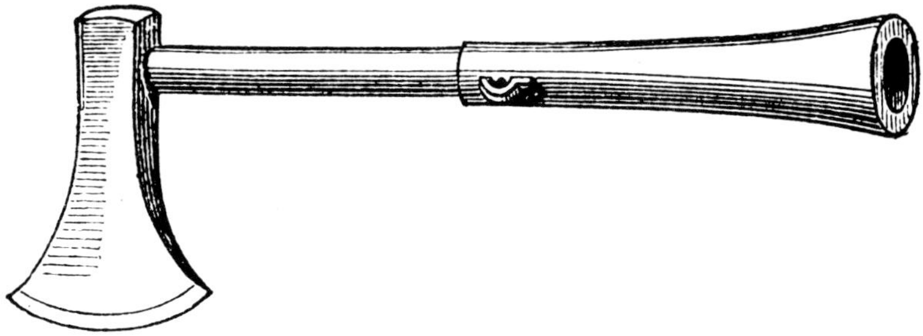

„Handrohr“ mit Streitaxt, aus dem Jahre 1393. Bei den frühen Feuerwaffen findet man oft die Kombination mit Hieb-, Stich- oder Schlagwaffen. Hier konnte der hintere Teil des Axt-Schaftes mit Pulver und Blei geladen werden. Die Zündung erfolgte mittels Lunte auf der sichtbaren kleinen Pfanne.

Das Luntenschloß

Den entscheidenden Fortschritt für die Entwicklung der Handfeuerwaffen brachte das Luntenschloß, die erste mechanische Zündvorrichtung, die es dem Schützen endlich erlaubte, sein ganzes Augenmerk auf das Ziel zu richten.

Das Luntenschloß kam in der zweiten Hälfte des 15. Jahrhunderts auf und blieb rund zweihundert Jahre lang das beherrschende Zündsystem in Europa. Es machte die Handfeuerwaffen unabhängig vom offenen Feuer, in dem die Schützen bislang immer ihr Loseisen glühend halten mußten. Jetzt entstanden die ersten richtigen Gewehre, die mit glimmender Lunte fast immer und überall schußbereit waren, also auch auf der Jagd.

Die Funktionsweise des Luntenschlosses ist einfach.

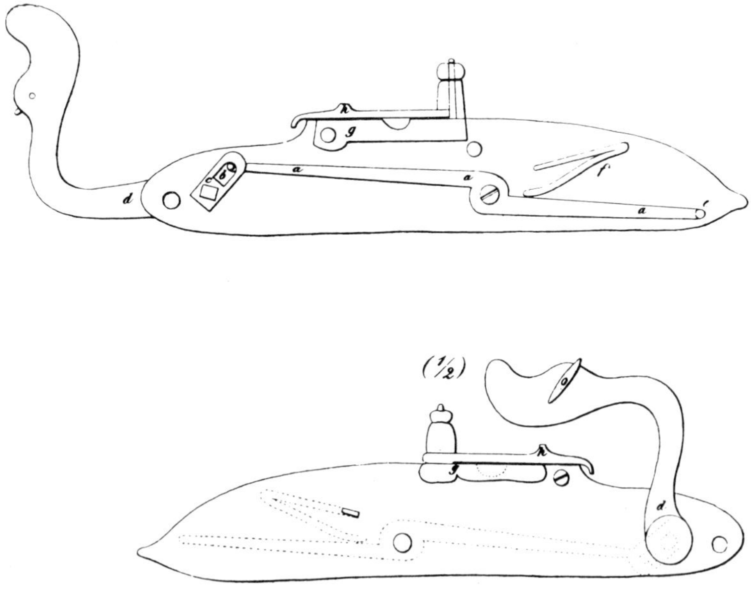

Das Luntenschloß. Oben: Ansicht der Rückseite. Beim Betätigen des Abzugs wird der Hebel (a) am Punkt c nach oben gedrückt. Dadurch senkt sich der Hahn (d) allmählich auf die Pfanne (g), die auf der Abbildung noch mit dem schwenkbaren Pfannendeckel (h) verschlossen ist. Unten: Ansicht der Vorderseite. Deutlich ist die Schraube zu erkennen, mit der das glimmende Ende der Lunte in die Hahnlippen eingeschraubt wird.

Durch Druck auf den Abzugshebel läßt sich der Hahn allmählich auf die Pfanne niederschwenken. In den durch eine Schraube verstellbaren Lippen des Hahns ist das glimmende Ende der Lunte eingeklemmt. Es taucht in das Pulver ein, das in der Pfannenmulde aufgeschüttet ist. Wenn die Lunte das besonders fein gemahlene »Zündkraut« auf der Pfanne entzündet, schlägt die entstehende Stichflamme durch ein seitlich im Lauf angebrachtes, etwa zwei Millimeter weites Loch zur Ladung durch. Der Schuß bricht.

Um zu verhindern, daß das aufgeschüttete Zündkraut vor dem Schuß von der Pfanne fällt, vom Winde verweht, oder vom Regen naß wird, läßt sich die Pfannenmulde mit einem Deckel verschließen. Trotzdem blieb die Luntenzündung extrem anfällig für Feuchtigkeit. Bei Regen fand der Krieg nicht statt.

Tatsächlich waren die ersten Luntengewehre noch reine Militärwaffen. Zwei Mann mußten sich mit den rund 20 Kilo schweren Donnerbüchsen abschleppen, und ohne Gabelstütze (zum Auflegen) war mit der Waffe nichts zu treffen. Diese Gewehre hatten Kaliber von rund 30 Millimeter, man verschoß Bleikugeln von 80 Gramm Gewicht.

Im Laufe des 16. Jahrhunderts wurden die Luntengewehre immer leichter und handlicher, es entstand die Muskete, die endlich von einem einzigen Mann, dem »Musketier«, getragen und bedient werden konnte. Da es um diese Zeit noch keine Gewehrfabriken gab, und sich jeder Musketier seine Waffe nach eigenen Wünschen und auf eigene Kosten bauen ließ, bildeten sich nur langsam vergleichbare Gewehrtypen heraus. Die ersten Musketen wogen etwa 8,5 Kilo und verschossen Kugeln von etwa 60 Gramm Gewicht und konnten — wenn ein Schütze einmal Glück hatte und traf — noch auf eine Distanz von etwa 200 Metern Unheil anrichten.

Dann, zu Beginn des Dreißigjährigen Krieges (1618—1648), führten die schwedischen Söldner Gustav Adolfs bei uns die ersten, sozusagen »in Serie« gefertigten Luntenschloßmusketen ein. Sie wogen nur fünf Kilo und verschossen Kugeln mit 35 bis 39 Gramm Gewicht. Aber ohne Stützgabel gings auch jetzt noch nicht.

Außer der Stütze mußten die Musketiere noch eine Menge anderes Zubehör mit sich herumschleppen, es hing am »Bandelier«, einem breiten Ledergurt, der schräg über Brust und Rücken ging. Vorn an der Brust und stets griffbereit waren bis zu zehn kleine Holzbüchschen angehängt, von denen jedes die abgemessene Pulvermenge für einen Schuß enthielt. Diese kleinen Behälter waren meistens mit Leder bezogen, einerseits zum Schutz gegen Feuchtigkeit und wohl auch,um allzu lautes Klappern zu verhindern. Ein elftes Büchschen enthielt das Zündkraut, besonders fein gemahlenes Pulver, das auf die Pfanne aufgeschüttet wurde. Außerdem gab es noch ein großes Pulverhorn, aus dem die »Portionsbüchschen« nachgefüllt werden konnten, einen kleinen Blechbehälter mit Luftlöchern, in dem die brennende Lunte auf dem Marsch weiterglimmen konnte und natürlich einen Kugelbeutel mit Bleikugeln und Leder- oder Stoffläppchen zum Verdämmen der Ladung.

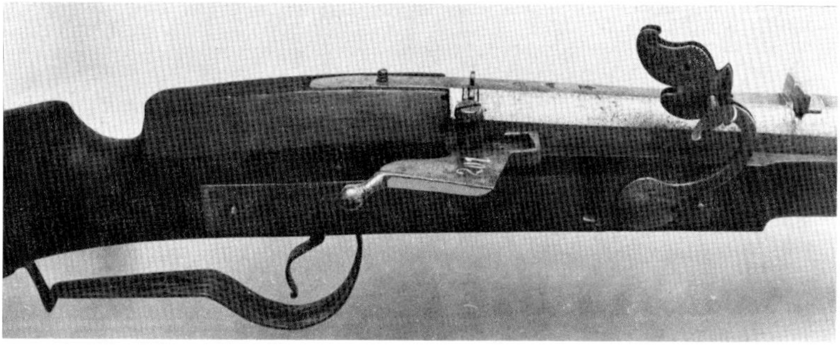

Luntenschloßmuskete aus der ersten Hälfte des 17. Jahrhunderts (Dreißigjähriger Krieg). Der Pfannendeckel ist geöffnet, Pfannenmulde und Zündloch sind erkennbar.

Und so wurde eine Luntenschloßmuskete zum Schuß fertiggemacht:
Der Musketier stellte das Gewehr mit dem Kolben auf den Boden, schüttete den Inhalt eines Portionsbüchschens in die Laufmündung, stieß den Kolben kurz auf den Boden, um sicherzustellen, daß das eingeschüttete Pulver nicht an den Laufwänden haften blieb und warf dann eine Kugel in die Mündung. Ja, er warf. Denn die

Bleikugeln waren im Durchmesser zwei, manchmal drei Millimeter kleiner als die Weite des Laufs. Sie fielen von selbst hinunter auf das Pulver. Um das Geschoß dort festzuhalten und — was noch wichtiger war — die Ladung zu verdämmen, stopfte der Musketier jetzt noch ein Läppchen, den »Pfropfen« in den Lauf, schob es mit dem Ladestock bis hinunter zur Kugel und stampfte es dort fest.

Musketier mit leichter Muskete (ohne Stützgabel) und Bandelier. Er hält die glimmende Lunte in der Hand. Aus der Handschriftensammlung „Unterricht eines Soldaten zu Fuß“ um 1660. (Sammlung Bayerisches Kriegsarchiv München.)

Nun konnte der Musketier die Muskete vom Boden aufnehmen und etwas Zündkraut in die seitliche Pfannenmulde schütten, dann wurde der Pfannendeckel geschlossen, das Zündkraut wäre sonst; bei den folgenden Verrichtungen wieder heruntergefallen. Mit einem leichten Schlag; seitlich gegen den Kolbenhals sollte erreicht werden, daß ein paar Körnchen des Zündkrauts in den engen

Zündkanal rutschten, und damit die Verbindung zur Ladung im Lauf herstellten. Falls das nicht geschah, oder das Zündloch verkrustet war, gab es Versagen beim Schuß. Jetzt nahm der Musketier die Lunte aus ihrem Blechbehältnis, blies das glimmende Ende kurz an, um es von anhaftender Asche zu befreien und klemmte es so zwischen die Schraublippen des Hahns, daß es in Richtung Pfanne ein paar Millimeter vorstand. Das Gewehr war nun fertig geladen und wurde mit dem Vorderschaft in die Stützgabel gelegt. Erst unmittelbar vor dem Schuß drehte der Musketier mit dem rechten Daumen den Pfannendeckel weg und legte so das Zündkraut frei. Falls es länger dauerte, ehe sich ein lohnendes Ziel in erreichbarer Nähe zeigte, mußt die langsam abbrennende Lunte noch ein oder mehrmals nachgestellt werden. Es ist heute kaum vorstellbar, wie umständlich und zeitraubend die Vorbereitungen für einen einzigen Schuß waren. Auch die flinksten Musketiere brauchten etwa eineinhalb bis zwei Minuten zum Laden. Und es brachte nur wenig Zeitgewinn, daß viele die Kugel im Mund und den Dichtungspfropfen griffbereit unter dem Hutband bereithielten, um nicht erst den Kugelbeutel öffnen zu müssen.

Und was war dann, wenn schließlich der Schuß donnernd brach und eine weiße Pulverdampfwolke die Sicht vernebelte? Kaum einer wußte, ob er getroffen hatte. Die Musketiere hasteten vielmehr sofort weg und suchten Schutz hinter ihren Kameraden Pikenieren, die noch mit den langen Spießen, den »Piken«, bewaffnet waren und sich wenigstens wehren konnten, denn ein Musketier mit abgeschossenem Gewehr konnte das nicht, er war ziemlich hilflos. Aus dieser Situation heraus entwickelte sich bei den Landsknechtheeren die Taktik des Feuerns aus der Kolonne bei gleichzeitigem Vorgehen. Diese Form des »Avancierens« wurde später erheblich verfeinert und bestimmte bis zum Ende der Vorderladerzeit das Geschehen auf allen Schlachtfeldern Europas.

Das System funktionierte so: Die Musketiere waren in langer Reihe und »auf Lücke« stehend in meist drei Gliedern aufgestellt. Wenn die Musketiere im ersten Glied auf Kommando gemeinsam

ihre Gewehre abgefeuert hatten, blieben sie stehen und begannen sofort wieder zu laden. Unterdessen traten die Musketiere des zweiten Gliedes durch die Lücken nach vorn und feuerten. Dann das dritte Glied und schließlich wieder das erste usw. . . .
Diese Taktik gewährleistete nicht nur, daß eine Musketierabteilung praktisch pausenlos feuern konnte, sie erhöhte auch die Wirkung der miserabel schießenden Luntenschloßmusketen. Wie bereits erwähnt, konnte man mit einer Muskete höchstens zweihundert Meter weit wirkungsvoll schießen. Das heißt, auf diese Distanz schlugen die Bleikugeln noch durch einen der damals üblichen Brustpanzer. Vorausgesetzt, man traf ihn.
Die Streuung der Musketen war abenteuerlich, aber das konnte gar nicht anders sein, da man ja »Rollkugeln« verschoß. Kugeln, die teilweise erheblich kleiner waren als das Laufkaliber. Diese Kugeln »schlotterten« beim Schuß durch das Rohr, stießen mal rechts, mal oben und mal links an die Laufwand und bekamen so unkontrollierbare Impulse. Sie flogen schließlich ungefähr in die Richtung, in die der Schütze sein Gewehr hielt, und viele Geschosse landeten bereits vor dem Ziel im Gras, weil die Musketiere ihre Ladungen schlecht verdämmt hatten.
Es ist sicher kein Zufall, daß viele der frühen Musketen nicht einmal ein Korn als Zielhilfe besaßen, denn auf solche Feinheiten kam es damals wirklich nicht an.
Die Landsknechtsführer hatten schnell erkannt, daß mit den Musketen nur dann eine gewisse Wirkung erzielt werden konnte, wenn man das Feuer möglichst vieler Gewehre zusammenfaßte und auf ein Ziel lenkte. Gemäß dem Sprichwort: Viele Hunde sind des Hasen Tod.
Bis zum Ende des 17. Jahrhunderts blieb die Luntenschloßmuskete trotz ihrer Mängel die am weitesten verbreitete Feuerwaffe in Mitteleuropa. Sie diente nicht nur kriegerischen Zwecken, es entstanden nebenbei auch wunderschön bearbeitete Prunkbüchsen für die Jagd.

Das Radschloß

In der Mitte des 16. Jahrhunderts stand die Kunst der Büchsenmacher in voller Blüte. Geniale Handwerksmeister ersannen allerhand Vorrichtungen, um die Schußleistung der Gewehre zu verbessern und die Feuergeschwindigkeit zu erhöhen.

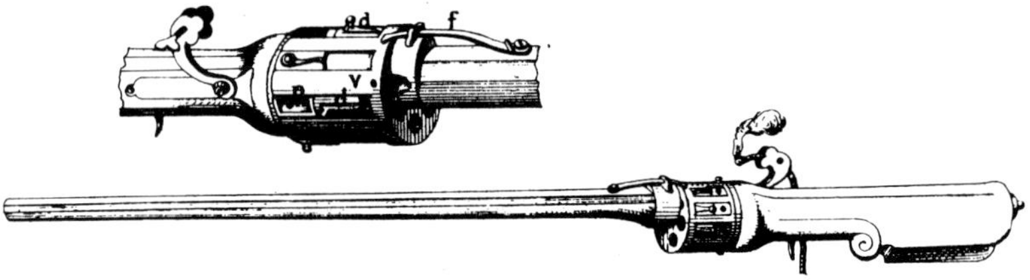

„Drehling" aus dem 16. Jahrhundert, ein Revolvergewehr mit Luntenschloßzündung. Die Trommel mußte noch mit der Hand weitergedreht werden.

Unglaublich, was es damals um das Jahr 1550 bereits alles gab: gezogene Läufe zum Beispiel. Man nannte sie »nürnpergisch gedrehte Rohre«, weil sie vermutlich von Nürnberger Büchsenmachern erfunden worden waren. In Nürnberg wurden damals die feinsten Gewehre in ganz Europa hergestellt. Von überall her pilgerten die Gesellen in die alte Reichsstadt um dort den Großmeistern der Büchsenmacherkunst auf die Finger zu sehen.
Sie bestaunten die ersten brauchbaren Waffen mit Hinterladung, sahen »Schnellfeuergewehre« mit mehreren Läufen, die man ohne Pause nacheinander abfeuern konnte und »Drehlinge«, die in ihrer Funktion bereits an die Revolver des 19. Jahrhunderts erinnerten. Vor allem aber lernten die Wandergesellen dort ein ganz neues Zündsystem kennen; das Radschloß, von dem heute niemand mehr weiß, wer es eigentlich erfunden hat. Lange Zeit galt der Nürnberger Büchsenmachermeister Johann Kühfuß als der Vater des Radschlosses, doch dann stellte sich heraus, daß er erst fünfzig Jahre nach dem Auftauchen der ersten »funkenschlagenden Büchsen« ge-

boren worden ist. Inzwischen gibt es neue Spuren, die nach Wien weisen und es gibt außerdem eine Konstruktionszeichnung des italienischen Künstlers und Allround-Genies Leonardo da Vinci (1452—1519) aus dem Jahre 1508, die einen funkenerzeugenden Radschloßmechanismus darstellt.

Gleich, wer nun das erste Radschloß gebaut haben mag, das Prinzip war seit langem bekannt. Wenn in den Werkstätten der Schlosser und Schmiede von den rotierenden, wasser- oder fußgetriebenen Schleifsteinen die Funken sprühten, so lag es nahe, dieses Phänomen zu nützen: beim Bau von Feuerzeugen und natürlich auch zur Zündung bei Feuerwaffen.

Und so funktionierte der neue Schloßmechanismus:

Durch einen Ausschnitt in der Pfanne ragt von unten der geriffelte Rand eines gehärteten stählernen Reibrades in die Zündkrautmulde. Das Reibrad steht unter starker Federspannung. Wenn der Abzug betätigt wird, macht das Rad fast eine volle Umdrehung und reißt dabei mit seinem scharfen Rand Funken von einem Feuerstein (Schwefelkies, »Pyrit«), der von oben auf das Rad gedrückt wird. Der Schwefelkies ist in die Lippen eines Hahns geschraubt, der sich zum Laden zurückklappen läßt.

Selbstverständlich hat das Radschloß auch einen Pfannendeckel, der das aufgeschüttete Zündpulver schützt. Der Deckel ist als Schieber ausgebildet, der bei den meisten Radschlössern vom Hahn sozusagen automatisch gesteuert wird. Das heißt: Wird der Hahn zurückgeklappt, so verschließt der Schieber die Zündkrautmulde; wird der Hahn in Zündposition auf die Pfanne niedergelassen, so gibt der Schieber gleichzeitig die Zündkrautmulde frei.

Vor jedem Schuß muß das Federwerk des Reibrades mit einem Vierkantschlüssel, der meistens am Pulverhorn angebracht war, aufgezogen werden.

So genial das System, so kompliziert ist der Aufbau des Radschlosses. Ein Wunder, daß die damaligen Büchsenmacher mit ihrer primitiven Werkzeugausstattung so gut mit der neuen Technik zurecht kamen. Nun ja, die Zeit spielte damals, im 16. Jahrhundert, noch keine allzugroße Rolle, was bedeutete es schon, wenn ein Meister allein für die Herstellung der Kettenglieder, die das Reibrad ziehen, zwei oder drei Tage gebraucht haben mag?

Pulverhorn für Radschloßwaffen. Mit dem angenieteten Dreifachschlüssel wurde das Radfederwerk aufgezogen.

Nur so ist es zu erklären, daß die Radschloßwaffen, die zehnmal so teuer wie Luntenschloßmusketen waren, in Europa relativ weite Verbreitung fanden. Das Radschloß war Voraussetzung für das Entstehen einer neuen Waffengattung, der Pistolen, die gemeinsam mit Radschloßkarabinern als Feuerwaffen der Kavallerie bis zum Ende des 17. Jahrhunderts eine wichtige Rolle spielten.

Noch bedeutsamer allerdings wurde das neue Zündsystem für den zivilen Sektor. Die Radschloß-Jagdbüchse entwickelte sich rasch zu einem Status-Symbol der Besitzenden, zur Herrenwaffe, die von einem Jagdknecht, dem »Büchsenspanner«, getragen, geladen und schußfertig gemacht wurde. Der Besitzer pflegte auf der Jagd nur noch zu zielen und abzudrücken.

Selbstverständlich hatte das Radschloß auch seine Mängel. Vom

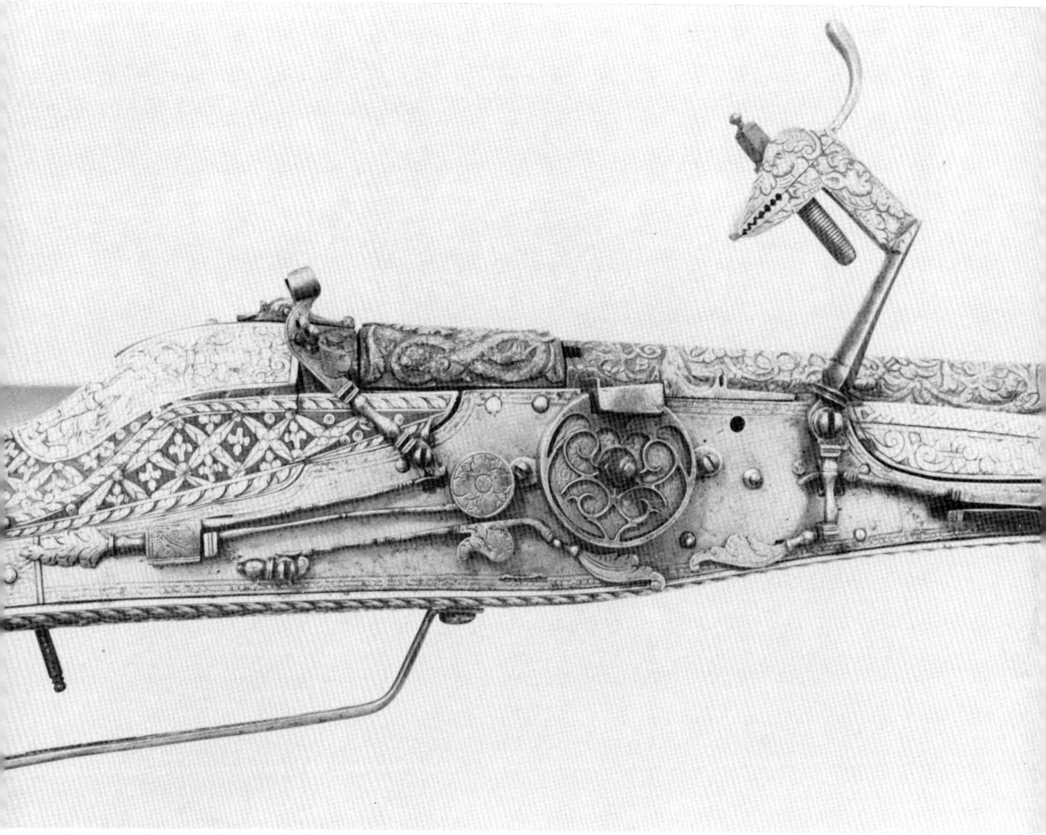

Radschloßprunkgewehr aus dem Münchner Jagdmuseum. Der Hahn (rechts) ist hochgeklappt. In den Hahnlippen fehlt der Schwefelkies. Bei Versagen der Radschloßzündung konnte das Gewehr auch mit dem Luntenschloßhahn (links) abgefeuert werden.

Aufziehen des Federwerks abgesehen, war es vor allem der rasch verkrustende Reibrad-Ausschnitt in der Pfanne, der Ärger bereiten konnte. Denn wenn der Pulverschmauch das Rad blockierte, ging nichts mehr.

Trotz dieses Mangels erfreuten sich — gezogene — Radschloßbüchsen noch zu Beginn des vergangenen Jahrhunderts, als sie technisch längst überholt waren, auf den Schießständen in Europa einer gewissen Beliebtheit. Die Sportschützen schätzten das fast erschütterungsfrei ablaufende Federwerk, das der Waffe im Augen-

Prunkradschloß mit verdecktem Reibrad. Der Hahn ist auf die Pfanne niedergelassen. (Sammlung Deutsches Jagdmuseum München.)

blick des Schusses keinen störenden Schlagimpuls vermittelte, wie das bei den Steinschloß- und Perkussionswaffen der Fall war. Mit dem Radschloß konnte man »ruhiger abkommen«.

Glatte und »gedrehte« Rohre

Das Radschloß hatte im 16. Jahrhundert zwar die Zündung sicherer und bequemer gemacht, eine Verbesserung der Schußleistung jedoch war von ihm nicht zu erwarten. Dazu bedurfte es neuer Läufe. Die damals üblichen glatt gebohrten Rohre, aus denen man

Bleikugeln mit reichlich Spielraum verschoß, vermochten nicht mehr als den Geschossen grob die Flugrichtung anzuweisen. Daran sollte sich im Wesentlichen fast dreihundert Jahre lang nichts ändern.

Rohre mit Spiralzügen tauchten erstmals um 1500 in Nürnberg auf, und die Kunde verbreitete sich rasch in ganz Europa. Doch in der jagdlichen und militärischen Praxis blieben gezogene Rohre zunächst und noch für lange Zeit die Ausnahme. Wenn man heute in Museen die erhalten gebliebenen Waffen aus dem 16., dem 17. und dem frühen 18. Jahrhundert nach gezogenen Läufen untersucht, so gibt das Ergebnis kein wahrheitsgetreues Bild der damaligen Verhältnisse. Naturgemäß haben nur die feinsten Waffen die Jahrhunderte überdauert und daher sind die vielen gezogenen Läufe bei alten Museumswaffen keineswegs repräsentativ für die Verhältnisse in ihrer Entstehungszeit. Das normale Jagdgewehr hatte nun mal einen glatten Lauf und beim Militär verbot sich die Einführung gezogener Rohre grundsätzlich. Dafür gab es gewichtige Gründe:

Sie waren erstens zu teuer, sie waren zweitens recht schwierig zu laden und sie mußten drittens schon nach wenigen Schüssen gründlich gereinigt werden, weil die Verbrennungsrückstände des obendrein damals oft minderwertigen Schwarzpulvers die Züge verschmierten und das Laufkaliber verengten.

Bei den glatten Rohren spielte das keine Rolle, da die Rollkugeln ja genügend Spielraum hatten. Man konnte zwanzig- oder dreißigmal schießen, ohne den Lauf durchzuwischen. Vermutlich wurde die Leistung der glatten Gewehre dabei sogar etwas besser. Für den Jäger, der meist nur einen einzigen Schuß abgab, dabei aber sicher treffen mußte, war das gezogene Rohr natürlich vorteilhafter. Der Weidmann konnte daheim in aller Ruhe seine Büchse laden und es kam ihm nicht darauf an, wie lange er dazu brauchte.

Es gab anfangs zweierlei Arten von gezogenen Läufen. Die erste, ältere Art, mit gerade verlaufenden Parallelzügen ist urkundlich erstmals 1498 in Leipzig nachgewiesen. Die geraden Züge verliehen der Kugel beim Schuß noch keinen Drall, der ihren Flug stabilisieren konnte, bewirkten aber, daß eine eingepreßte Kugel exakt in der Zielrichtung den Lauf verließ. Die zweite Art, die Spiralzüge, brachten das Geschoß zum Rotieren. Dieses System ist bis heute unübertroffen, alle modernen Kugel-Läufe sind nach diesem Prinzip gebaut.

Wer damals bereits eine Büchse mit Spiralzügen besaß, konnte jeden Schießwettbewerb ohne Mühe gewinnen. Deshalb war im 16. und 17. Jahrhundert bei den meisten Schützenfesten der Gebrauch gezogener Gewehre verboten. Der Volksmund sagte: ». . . wie kein Kunst ist, beim Weine gut leben — ist kein Kunst mit geschraubter Büchse wohl schießen.«

Mit den sogenannten Pflasterbüchsen ließ sich tatsächlich wohl schießen. Auf eine Distanz von 60 bis 70 Metern konnte man mit ziemlicher Sicherheit jedes Ziel von Handgröße treffen. Und noch auf 150 Meter fiel jeder Hirsch.

Das Laden war freilich nicht ganz einfach, es erforderte viel Sorgfalt und Erfahrung.

Wie alle Vorderlader konnten auch die Pflasterbüchsen nur mit Kugeln geladen werden, deren Kaliber etwas kleiner war als das Kaliber des Laufs. Zwar war diese Toleranz bei den gezogenen Waffen viel geringer als bei den glatten Rohren. Dennoch hätte sich der Drall der Züge kaum auf die Kugel übertragen, wenn es nicht gelungen wäre, den kleinen Kaliberunterschied aufzuheben: durch das »Pflaster«, ein mit Talg gefettetes Läppchen aus Stoff oder dünnem Wildleder.

Man umgab die Bleikugel mit dem weichen Pflaster und stopfte sie in das Rohr. Das geschah so:

Wenn das Pulver im Lauf war, legte man das Pflaster auf die Mündung und drückte dann die Kugel hinein und schlug sie anschließend mit dem Ladestock und notfalls einem kleinen Hammer allmählich bis auf die Pulverladung am Boden des Laufs nieder. Das nachgiebige Material des Pflasters, das jetzt die Kugel im Lauf

umhüllte, preßte sich dabei in die keilförmig oder halbrund eingeschnittenen »Rillen« der Züge und garantierte eine stramme Führung. Das Hinabtreiben der Ladung war sehr mühsam, und viele der damals üblichen hölzernen Ladestöcke werden dabei zersplittert sein. Um die Prozedur etwas zu vereinfachen, hatten die Pflasterbüchsen kürzere Läufe als die glatten Gewehre. Sie schossen trotzdem um ein Vielfaches besser.
Wie gesagt, die Trefferleistung einer Pflasterbüchse mit Spiralzügen etwa aus dem Jahre 1550 war bereits so gut, daß sie in den folgenden 250 Jahren nicht überboten werden konnte. Erst der Übergang von der Rundkugel zu den Langgeschossen in den 30er Jahren des vorigen Jahrhunderts machte die Feuerwaffen noch zielgenauer und weittragender.
Das bedeutet allerdings nicht, daß die Büchsenmacher in der Zeit dazwischen geschlafen hätten. Sie tüftelten eine Menge Verbesserungen aus, vor allem für den Zündmechanismus. Das Radschloß war zu kompliziert im Aufbau, zu umständlich in der Handhabung und wohl auch nicht hundertprozentig zuverlässig. Der Schwefelkies (Pyrit), ein kristallinisches Mineral, von dem das Reibrad den Zündfunken riß, bröckelte leicht ab,und dann dauerte es lange, ehe ein neuer Kies sachgerecht in die Hahnlippen eingepaßt- und -geschraubt war.
Solche Pannen müssen damals sehr oft vorgekommen sein. Denn viele Radschloßgewehr haben als Reserve-Zündeinrichtung noch einen Luntenhahn, mit dem der Schütze so lange weiterschießen konnte, bis er Zeit fand, das Radschloß wieder in Ordnung zu bringen.

Schnapphahn- und Steinschloß

Einfacher als das Radschloß, aber mit ähnlichen Mängeln behaftet ist das Schnapphahnschloß, das bereits um 1500 im mohammedanisch-arabischen Raum auftauchte. Es katte kein Reibrad mehr, das vor jedem Schuß aufgezogen werden mußte, sondern einen niederfallenden Hahn, in dessen Schraublippen der Schwefelkies eingespannt war. Beim Niederfallen auf die Pulverpfanne schürfte der Kies über eine senkrechte Stahlfläche und schlug dabei den Zündfunken. Das Prinzip des Steinschlosses war entdeckt. Aber erst eineinhalb Jahrhunderte später griffen die Christen diese heidnische Erfindung auf. Allerdings nicht unbesehen, sie verbesserten sie erst einmal.

Um 1630 fertigten englische Büchsenmacher die ersten europäischen Steinschlösser. Statt Schwefelkies verwandten sie als Zündmittel den besser geeigneten Flint-Stein. Der Flintstein, auch Hornstein genannt, kommt an der Kanalküste und in Galizien vor. Er ist glashart und spröde. Immerhin hielt ein solcher Stein rund 30 Schüsse aus, ehe seine scharfe Schlagkante abgesplittert war und er ausgewechselt werden mußte.

Aber das neue Zündmaterial war nicht die einzige Änderung die

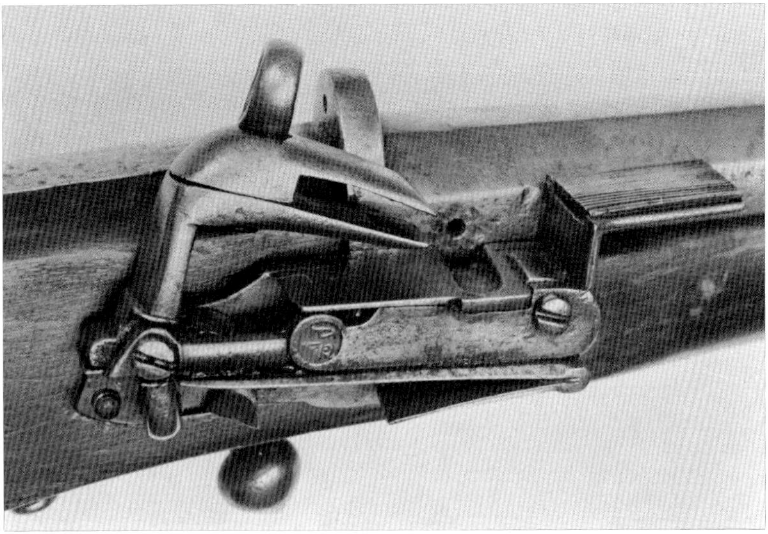

Frühes Steinschloß, sogenanntes „Miquelet-Schloß“ aus Spanien. Vermutlich Mitte 17. Jahrhundert. Alle Funktionsteile sind auf der Schloßvorderseite angebracht. Der Hahn (ohne Flintstein) ist niedergefallen, die Batterie aufgeklappt.

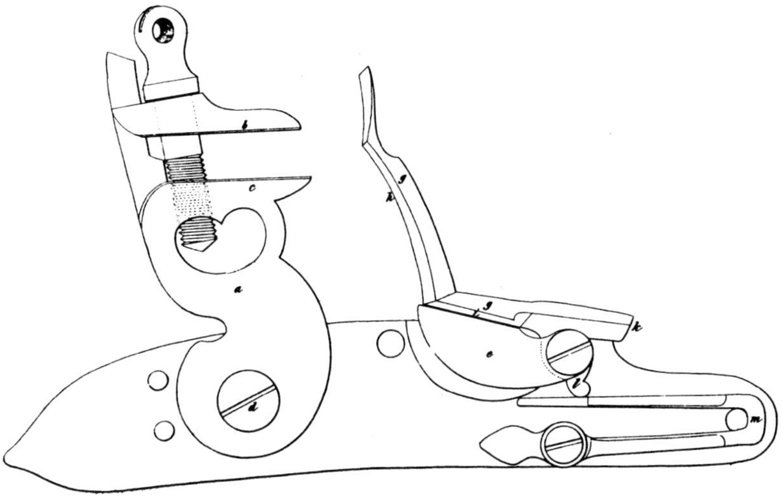

Typisches Militärsteinschloß, späte Form Anfang 19. Jahrhundert. Der Hahn ist halb gespannt (Flintstein fehlt). Die Ansicht der Rückseite zeigt den Mechanismus.

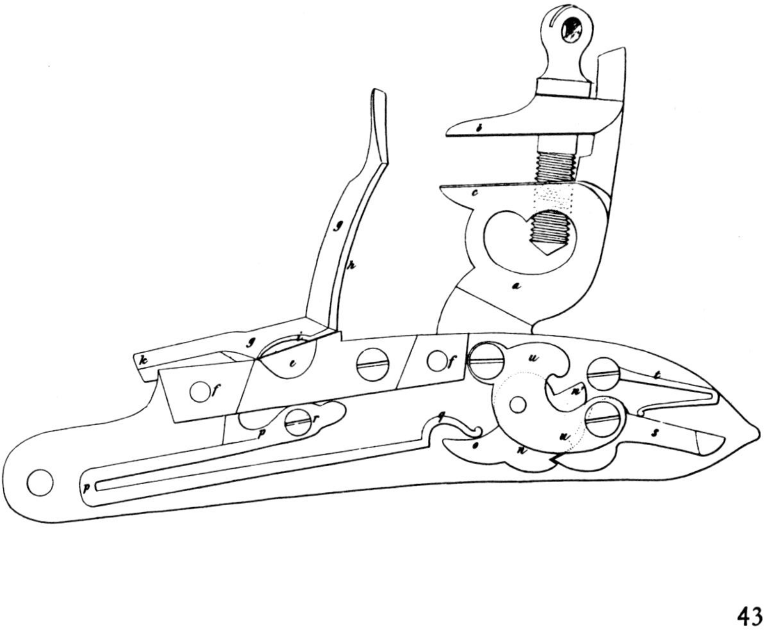

das Schnapphahnschloß in Mitteleuropa erfuhr. Um 1650 tauchten in Paris die ersten Steinschlösser auf, bei denen der Pfannendeckel mit der Schlagfläche zur sogenannten »Batterie« verbunden waren. Diese sinnreiche Einrichtung hielt das Zündpulver auf der Pfanne bis zum Augenblick des Schusses geschützt und trocken. Erst der niederschlagende Hahn drückte die Batterie hoch.
Das einfache, zuverlässige und billig herzustellende Flintschloß revolutionierte die Kriegstechnik. Steinschloßgewehre wurden und blieben bis etwa 1840 die Standardwaffen aller europäischen Heere. Die Erinnerung an das Flintschloß lebt heute noch weiter in der »Flinte«, einem Begriff, mit dem wir alle modernen Gewehre mit glatten Läufen bezeichnen, also alle Schrotwaffen.

Papierpatronen und Ladedrill

Zu Beginn des 18. Jahrhunderts entstanden überall in Europa die ersten Gewehrfabriken, »Manufakturen«, wie man damals sagte, in denen die nun in Massen benötigten Gewehre für die Infanterie hergestellt wurden. Während die Söldner im Dreißigjährigen Krieg noch weitgehend selbst für ihre Bewaffnung aufgekommen waren, bekamen jetzt zum Beispiel die »gezogenen« Wehrpflichtigen des preußischen Königs ihr Gewehr gestellt. Und sie wurden damit so gedrillt, daß sie ganz sicher ihre Offiziere mehr gefürchtet haben als den Feind.
Doch dieser Drill tat not. Denn immer noch waren etwa zehn Ladegriffe, »Tempos«, notwendig, ehe der Soldat die Flinte feuerbereit hatte. Und diese Ladegriffe mußten in der vorrückenden Linie, das heißt im Gehen, so schnell wie möglich gemacht werden, damit das Salvenfeuer der einzelnen Glieder niemals ins Stocken kam. Eine wesentliche Erleichterung bedeutete die Einführung der Papierpatrone, die natürlich keine Patrone im heutigen Sinne war, sondern nur eine Papierrolle, in der die Kugel und die für einen Schuß abgemessene Pulverladung eingebunden war.

Diese fertig abgepackten Ladungen führten die Soldaten in der Patronentasche mit sich, einem Behälter aus steifem Leder, der dreißig bis sechzig Patronen aufnehmen konnte. Die Tasche wurde an einem breiten, über Brust und Schulter gehenden Lederriemen getragen und hing über der rechten Gesäßhälfte.
Zum Laden der Steinschloßflinten konnten die Patronen nicht einfach in den Lauf geschoben, sie mußten vielmehr am hinteren Ende abgebissen und der Inhalt in den Lauf geschüttet werden. Erstens, weil die Zündflamme wohl kaum das kräftige Hüllenpapier durchschlagen hätte und zweitens, weil der Soldat einen kleinen Teil der Ladung als Zündpulver für die Pfanne abzweigen mußte. Das „Zinthorn" mit dem besonders fein gemahlenen »Zündkraut«, aus dem die Musketiere früher die Pfanne versorgt hatten, gab es nicht mehr. Die Qualität des normalen Schwarzpulvers war soweit verbessert woren, daß es auch auf der Pfanne zu verwenden war.

Papierpatrone für Militärmusketen. Die Bleikugel ist am Gußhals in die Papierhülle eingebunden, die die abgemessene Pulverladung enthält. Patronen dieser Art waren bis zur Mitte des vorigen Jahrhunderts im Gebrauch.

Bis zur Einführung der Papierpatronen waren die Soldatenwerber zufrieden, wenn die Burschen, die sie mit viel List und Schnaps zum Militärdienst übertölpelten, noch alle Finger hatten, nicht lahm oder krumm waren und im übrigen halbwegs gesund aussahen. Nun wurde der Musterungskatalog um einen wichtigen Punkt erweitert: Wie die Pferde mußten sich fortan auch die Militär-Aspiranten »ins Maul« schauen lassen, bevor sie die bewußten drei Kreuze unter den Anwerbungskontrakt machen durften. Plötzlich war das Gebiß für die Kampfkraft des Soldaten wichtig geworden. Wie sollte auch ein Zahnloser seine Patronen

abbeißen? Wer denkt heute noch daran, daß das der Ursprung jenes Musterungsteils war, den man unter dem Begriff »Zahnstatus« bei allen Armeen der Welt immer noch sehr wichtig nimmt?
Die Papierpatronen erhöhten die Feuergeschwindigkeit beträchtlich, der erbarmungslose Ladedrill auf den Kasernenhöfen tat sein übriges und so gelang es schließlich, die Zeit, die das Fertigmachen der Flinte zum Schuß erforderte, auf weniger als zwanzig Sekunden zu drücken.
Mit welchen Mitteln das erreicht wurde, zeigt der folgende Auszug aus dem preußischen Exerzierreglement von 1726:
»Es muß einem jeden Kerl wohl gelernt werden, wie er geschwinde

Preußische Grenadiere im Gefecht, Anfang 19. Jahrhundert. Feuerlinie in drei Gliedern.

laden und sein Gewehr im Chargieren (Vorrücken) recht gebrauchen soll, daß er nicht mehr oder weniger Tempos macht, als wie nötig sind, und es muß geladen werden wie folgt:
Die Kerls müssen sehr geschwinde, in dem das Gewehr an die rechte Seite gebracht wird, den Hahn in die Ruhe bringen, hernach sehr geschwinde die Patron ergreifen. Sobald die Patron ergriffen, müssen die Burschen selbige sehr geschwinde kurz abbeißen, daß sie Pulver ins Maul bekommen, darauf geschwinde Pulver auf die Pfanne schütten, die Pfanne geschwinde schließen, das Gewehr hurtig zur Ladung herumwerfen, aber die Patron nicht verschütten, worauf man wohl acht haben muß. Nach diesem muß die Patrone geschwinde in den Lauf gebracht und rein ausgeschüttet, der Ladestock mit zwei Mahl auf das geschwindeste herausgezogen, geschwinde verkürzt, geschwinde in den Lauf gesteckt und sehr stark heruntergestoßen werden, daß die Ladung fest angesetzt wird, worauf sämtliche Officiers gut achten haben und wohl abservieren sollen, wenn ein Kerl seinen Ladestock nicht gut herunterschmeißt. Hernach muß der Ladestock mit einem Ruck geschwinde herausgerissen, geschwinde verkürzt und geschwinde mit zwei Mahl an seinen Ort gebracht werden . . .«
Geschwind, geschwind. Der Drill sollte den Soldaten so ins Blut gehen, daß sie auch in der Aufregung und unter Lebensgefahr im Schlachtgetümmel als perfekte Lade- und Schießmaschinen funktionierten. Das taten sie denn auch.
Es gibt zahlreiche Berichte von verschiedenen Kriegsschauplätzen aus jener Zeit, in denen die Kehrseite des Ladedrills deutlich wird: Bei der Untersuchung von Gewehren, die auf den Schlachtfeldern aufgesammelt worden waren, zeigte sich, daß manche drei- oder sechsfach geladen waren. Die Besitzer hatten offenbar gar nicht bemerkt, daß der erste Schuß ein Zündversager war, oder sie getrauten sich einfach nicht, unter den strengen Augen ihres Hauptmanns den Laderhythmus in der Feuerlinie zu unterbrechen um den Fehler an der Flinte zu beheben. So setzten sie stur eine Ladung auf die andere.

Immerhin, der Ladedrill auf dem Kasernenhof machte das »Schnellfeuer« der Preußischen Armee berühmt und gefürchtet. Es entschied auch die Schlacht von Mollwitz (wo 1741 im ersten schlesischen Krieg Preußen die Österreicher schlug). Ein österreichischer Offizier, der dabei war, schwärmte trotz der Niederlage von der preußischen Perfektion: »Ich kann wohl sagen, mein Lebtag nichts Superberes gesehen zu haben, sie marschierten mit der größten contenance und so schnurgleich, als wenn es auf der Parade gewesen wäre; das blanke Gewehr machte in der Sonne den schönsten Effekt; und ihr Feuer ging nicht anders als stätes Donnerwetter.«

Über die Wirkung des Salvenfeuers ist wenig bekannt. Der Militär-Fachschriftsteller Julius Schön nennt in seiner Waffengeschichte nur Zahlen aus den Befreiungskriegen, die jedoch auch einen Schluß auf die Verhältnisse im vorangegangenen Jahrhundert zulassen.

So verfeuerten die napoleonischen Truppen in der Schlacht bei Leipzig (14.—19. Oktober 1813) insgesamt zwölf Millionen Infanteriepatronen (und 179 000 Geschützladungen) und brachten damit den Verbündeten Preußen und Russen einen Verlust von 45 000 Mann bei.

Im zusammengefaßten Feuer — das zeigen diese Zahlen — waren also auch die Flinten mit ihren mangelhaften Einzelleistungen furchtbare Waffen.

Im 18. Jahrhundert waren die glatten Infanteriegewehre aller europäischen Staaten im wesentlichen gleich gut — oder besser gesagt — gleich schlecht. Sie verfeuerten aus Läufen mit 18 oder 20 Millimeter Durchmesser Rollkugeln, die etwa zwei Millimeter Spielraum hatten. Jenseits der 200-Meter-Grenze waren diese Waffen noch immer wirkungslos.

Gegen Ende des Jahrhunderts gab es ein paar kleine Veränderungen, die sich allerdings nicht auf die Schußgenauigkeit auswirkten, sondern lediglich die Feuergeschwindigkeit bzw. die Haltbarkeit der Waffen erhöhten.

Man experimentierte zum Beispiel mit zylindrischen Ladestöcken aus Holz, die man beim Laden nicht zweimal umwenden mußte, wie die bisher üblichen konischen Holzstöcke. Schließlich setzen sich jedoch wieder die konischen Stöcke durch, allerdings aus Eisen gefertigt und daher unzerbrechlich.
Bedeutsamer war die Einführung der »Patentschwanzschraube«, einer englischen Erfindung, bei der ein etwa drei Zentimeter langes Stück vom Laufende abgeschraubt werden konnte. Dieses Stück enthielt die Bohrung für den Pulversack, das Zündloch und den Schweif zur hinteren Befestigung des Laufs im Schaft. Die Patentschwanzschraube konnte gehärtet werden, hielt dadurch länger und war ohne Schwierigkeiten zu ersetzen.
Eine große Erleichterung bei der Handhabung der Flinten bedeutete schließlich die Änderung der Zündlöcher. Sie waren bisher zylindrisch gebohrt und erhielten nun konischen Querschnitt, das heißt sie erweiterten sich von der Pfanne aus trichterförmig ins Laufinnere. So konnte etwas Ladungspulver auf die Pfanne rieseln. Bei den alten zylindrischen Zündlöchern war das nicht möglich gewesen. Die Soldaten mußten das Zündpulver gesondert aufschütten.
Jetzt entfällt dieser Ladegriff. Der ganze Inhalt der Papierpatrone wird einfach in den Lauf gefüllt und die Pfanne bekommt automatisch ihr Teil.

Die Bajonette

Eine andere Erfindung des 18. Jahrhunderts, das Bajonett, ist von den Spießen der Landsknechtheere des 16. und 17. Jahrhunderts abgeleitet. Die Infanteristen sollten sich gegen eine Reiterattacke auch dann wehren können, wenn ihr Gewehr leergeschossen war und keine Zeit zum Nachladen blieb.
Der allererste Notbehelf, das »Spundbajonett« war schon den Musketieren der Luntenschloßzeit bekannt. Man steckte einen lan-

gen Dolch mit rundem, konischem Griff in die Laufmündung des Gewehrs und verwandelte die Feuerwaffe damit in einen Spieß. Die Nachteile dieser Anordnung liegen auf der Hand. Das Bajonett saß nicht fest genug, um eine wirklich taugliche Waffe zu sein. Und, was wichtiger war, mit dem Bajonett im Lauf konnte weder geladen noch geschossen werden.

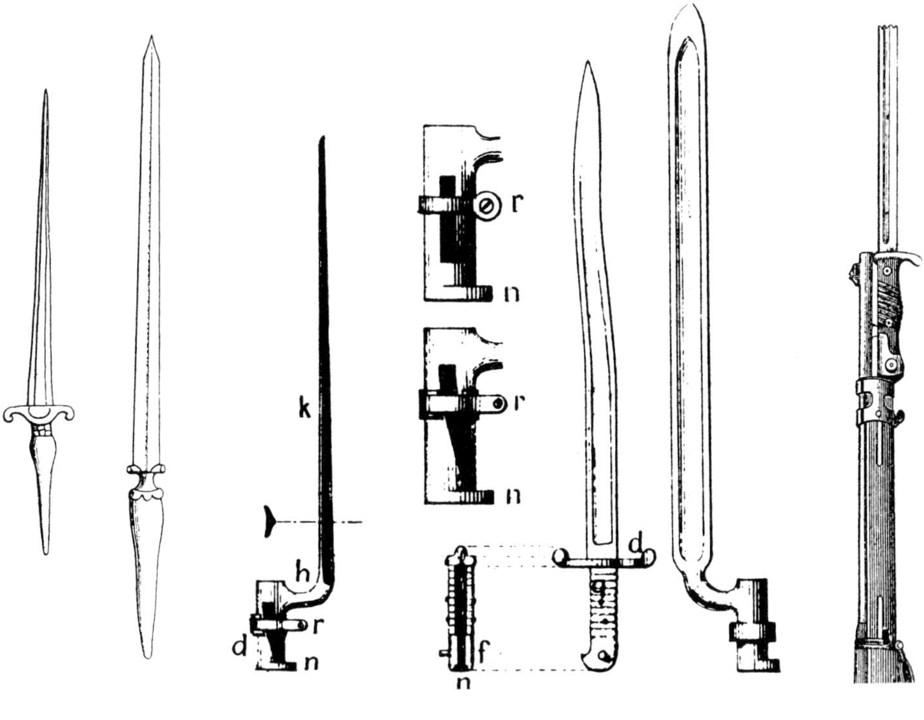

Bajonettformen (von links nach rechts): Zwei Spundbajonette zum Einstecken in die Laufmündung, ein dreikantiges Dillenbajonett, verschiedene Verriegelungsarten, ein „Yatagan"-Säbelbajonett, ein Dillenhaubajonett und die Schienenbefestigung beim deutschen Gewehr Modell 98.

Daher tauchte schon zu Beginn des 18. Jahrhunderts in allen Heeren das Dillenbajonett auf, jene abgewinkelte Stichwaffe, die den langen Militärgewehren rund 150 Jahre lang ihr charakteristisches

Aussehen gab. Die meist dreikantige Stichklinge (es gab auch einschneidige »Hauwaffen«) waren mit einem Winkel von der »Dille« abgesetzt, einem kurzen Rohrstück, das sich über die Laufmündung schieben ließ. Frühe Dillenbajonette haben noch keine Verriegelung. Die späten Typen werden von einrastenden Federn gehalten, oder mit jener typischen rechtwinkeligen Verriegelung, die wir heute noch, etwa bei Fotoobjekten, als »Bajonettanschluß« bezeichnen.

Erst die sichere Befestigung des Bajonetts an der Laufmündung machte aus dem anfänglichen Notbehelf eine eigenständige — und furchtbare — Waffe für den Nahkampf. Napoleon bezeichnete das Bajonett als »die geeignetste Waffe für den französischen Soldaten«.

Es ist allerdings fraglich, ob die Soldaten in diesem Punkt derselben Meinung wie ihr Feldherr waren. Es ist eher anzunehmen, daß sie den Spieß am Gewehrlauf haßten, der ihnen beim Laden die Hände blutig riß. Zwar neigte sich die Klinge des Bajonetts meist leicht nach außen, also von der Lauf-Achse weg, und trotzdem bedeutete die Spitze eine ständige Gefahr für die Hand, mit der der Ladestock geführt wurde. Das wird jedem klar, der diese Übung heute einmal an einem Vorderlader mit aufgesetztem Bajonett macht.

Dieses Problem löste sich später, bei der Einführung der Hinterlader, von selbst. Zugleich tauchte in allen europäischen Heeren ein neuer Bajonett-Typ auf: der Hirschfänger. Wie der Name sagt, handelte es sich dabei ursprünglich um eine Blankwaffe aus dem jagdlichen Bereich. Sie hatte eine etwa 40 bis 60 Zentimeter lange, einschneidige gerade Klinge, mit kurzer Parierstange und normalem Griff.

Die Jägereinheiten trugen diese Waffe in einer Scheide am Gürtel. Um den Hirschfänger auch auf das Gewehr aufpflanzen zu können, wurde in den Rücken des Griffs eine Nut eingefräst, die denselben Querschnitt hatte, wie die »Warze«, die seitlich am Lauf (oder am Oberring des Schaftes) angelötet war. So ließ sich der

Griff des Hirschfängers über die Befestigungswarze schieben bis eine Federsperre einrastete. Bei den meisten Hirschfängern war außerdem ein Bügel der Parierstange so gestaltet, daß er die Laufmündung ringförmig umschloß und damit dem Bajonett noch einen zweiten sicheren Halt verlieh.
Gegenüber dem alten Dillenbajonett, das nur aufgepflanzt zu verwenden war, hatte der Hirschfänger den beachtlichen Vorteil, daß man ihn auch allein als Waffe oder Werkzeug verwenden konnte.

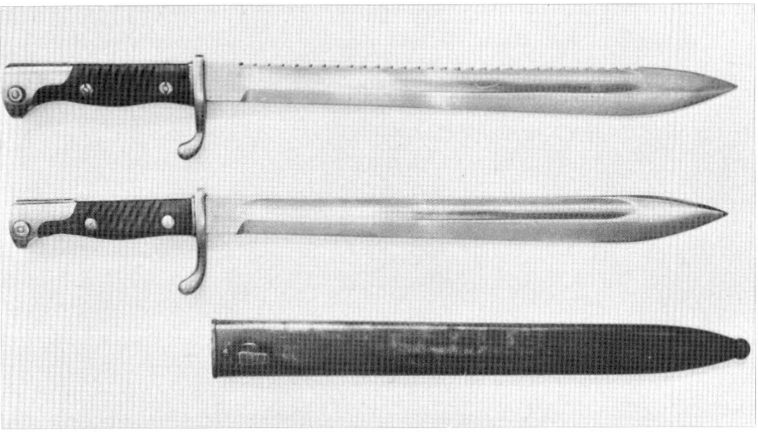

Deutsches Bajonett Modell 98/05. Ausführung mit und ohne Sägerücken, Scheide.

Es entstanden bald Sonderformen, zum Beispiel Bajonette bei denen der stumpfe Rücken der Klinge zu einer Säge ausgebildet war: das sogenannte »Faschinenmesser«, das die Pioniertruppen trugen. Es gab die Form des »Yatagan«, ein »Säbel-Bajonett« mit geschweifter Kinge nach japanischem Vorbild, das unter anderem Frankreich für das Chassepotgewehr Mod. 1866, Bayern für das Werder-Gewehr Mod. 1869 und die Österreicher für das »Werndl«-Gewehr Mod. 1867 annahmen. Aus einer »Kreuzung« zwischen den Stichklingen der alten Dillen-Bajonette und der Befestigungsart des Hirschfängers entstand das merkwürdige Bajo-

nett zum französischen Lebel-Gewehr. Mod. 1886. Es hatte eine lange, dünne, vierkantige Dolchklinge mit kreuzförmigem Querschnitt. Mit dieser furchtbaren Stichwaffe kämpften die französischen Truppen während des Ersten Weltkrieges in den mörderischen Grabenschlachten vor Verdun.
Natürlich waren auch die deutschen Soldaten im »Bajonettfechten« ausgebildet, auch sie hatten Blankwaffen zu ihren Gewehren und Karabinern. Für die Modelle 98 sollen in den beiden Kriegen angeblich rund hundert verschiedene Bajonett-Typen entwickelt worden sein. Sie sind bis heute noch nicht alle katalogisiert.
Im Zeitalter der automatischen Waffen, der Sturmgewehre, die aus einem Magazin zwanzig oder dreißig Schuß mit hoher Geschwindigkeit feuern können, ist das Bajonett überflüssig geworden. Auch in kritischen Situationen, beim Sturm und im Nahkampf sind die modernen Gewehre ohne Unterbrechung als Feuerwaffen verwendbar. Der Spieß, das Erbe der mittelalterlichen Landsknechte, hat endgültig ausgedient. Bajonette werden heute nur noch bei den Truppen einiger Ostblockstaaten geführt, zweischneidige blanke Klingen, die durch ein Scharnier unter dem Lauf fest mit dem Gewehr verbunden sind. Sie lassen sich nicht mehr abnehmen. Nach vorn geklappt, also »aufgepflanzt« machen sie zwar bei Militärparaden einen eindrucksvollen Effekt, aber an ihre militärische Bedeutung glaubt sicher niemand mehr im Ernst.
Für den Sammler allerdings ist das Bajonett ein begehrtes Gut. Erst die zugehörige Beiwaffe macht ein Militärgewehr komplett. Zum Glück sind die Bajonette zu alten Militärwaffen fast immer noch in größeren Stückzahlen erhalten als die Gewehre selbst. Das liegt nicht zuletzt daran, daß die Sieger des letzten Krieges, die 1945 viele Feuerwaffen aus Privatbesitz einsammeln und vernichten ließen, den Bajonetten kaum Beachtung geschenkt haben. Daher halten sich auch die Liebhaberpreise heute noch in relativ vernünftigem Rahmen. Zwischen 10 und 30 Mark kosten Bajonette für jene Militärgewehre, die vor Inkrafttreten des neuen Waffengesetzes in größeren Stückzahlen vom Versandhandel an-

geboten worden sind. Für seltene Einzelstücke und alte Typen sollte man sich an folgende Faustregel halten: Das Bajonett darf etwa zehn Prozent vom Wert des Gewehrs kosten, mit Scheide 15 Prozent. Vorausgesetzt natürlich, daß sich Gewehr und Bajonett in vergleichbarem Zustand befinden.

Die ersten Hinterlader

Die Verbesserungen des Bajonetts, das konische Zündloch und der zylindrische Ladestock waren im militärischen Bereich die wesentlichsten Veränderungen an den glatten Steinschloßgewehren des 18. Jahrhunderts. Wenig genug, wenn man vergleicht, was sich die zivilen Büchsenmacher zur selben Zeit einfallen ließen. Die Handwerksmeister suchten pausenlos nach Möglichkeiten, die Handhabung der Feuerwaffen zu erleichtern, ihre Leistung zu verbessern und die Feuergeschwindigkeit zu erhöhen. Wegen der bescheidenen technischen Voraussetzungen gelang es allerdings nur in Teilbereichen. Die Versuche mit Hinterladern, die schnell und leicht zu laden waren, scheiterten immer wieder am Problem des gasdichten Verschlusses. Beim Schuß fauchte ein erheblicher Teil der Pulvergase aus der undichten Verschlußmechanik, belästigte den Schützen und verminderte die Schußweite erheblich. Und auch wenn es in einzelnen Fällen gelang, eine brauchbare Hinterladungswaffe herzustellen, in der großen Serie ging das Experiment stets daneben.

Eine solche Panne, heute würde man es einen Rüstungsskandal nennen, erlebten die Österreicher in den siebziger Jahren des 18. Jahrhunderts. Im Jahre 1770 ließ sich ein gewisser Giuseppe Crespi aus Cortina d'Ampezzo (damals war Oberitalien österreichisch) beim Armeekommando Mailand melden, um eine sensationelle Erfindung vorzuführen. Der gelernte Mechaniker hatte ein System erfunden, mit dem sich jeder Vorderlader ohne große Kosten in eine Hinterladungswaffe umarbeiten ließ. Crespi durfte einer Versuchskommission seine Musterwaffe vorführen, und die Militärs zeigten sich sehr beeindruckt. Noch im gleichen Jahr beschloß das Oberkommando der kaiserlichen Armee, einen großen Teil der vorhandenen Steinschloßgewehre in Crespi-Hinterlader umändern zu lassen. Der Erfinder wurde nach Wien gerufen, um dort Büchsenmacher aus Ferlach anzulernen. Das System Crespi funktionierte so:

Man schnitt ein kurzes Stück vom hinteren Laufende schräg ab

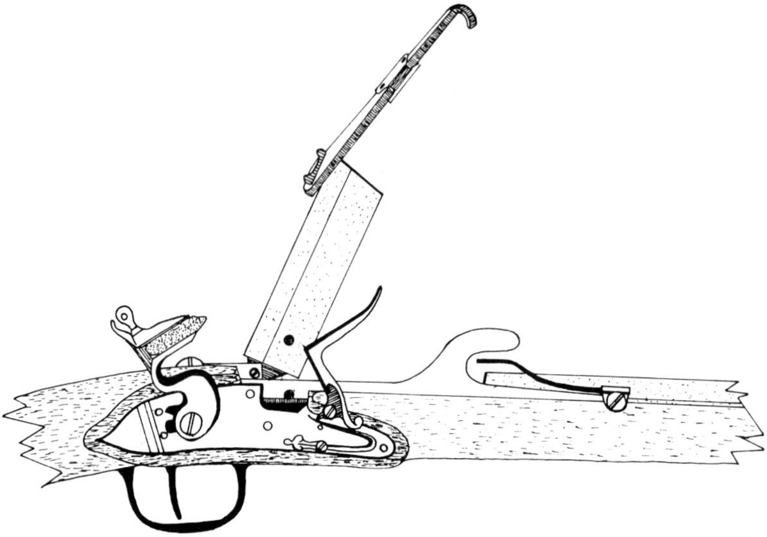

Österreichischer Steinschloßhinterlader System Crespi, Modell 1770. Kammer mit Riegel zum Laden aufgeklappt.

und richtete diesen Teil, die »Kammer« mit einem Scharnier so ein, daß es sich aus dem Laufbett nach oben klappen ließ. So brauchte die Papierpatrone nur in die Kammer gesteckt werden. Dann wurde die Klappe wieder umgelegt, die vordere schräge Schnittfläche gegen die hintere des Laufes gedrückt und mit einem einfachen Riegel angepreßt.

Die österreichischen Militärs hatten sich viel von der Umänderung versprochen. Aber als sie endlich den ersten Steinschloß-Militär-Hinterlader der Welt besaßen, wünschten sie den Herrn Crespi und sein gleichnamiges System zum Teufel. Was ihnen der Erfinder an einer sorgsam gefertigten Musterwaffe vorgeführt hatte, funktionierte nämlich bei der Truppe überhaupt nicht. An der Schnittfläche zwischen Kammer und Lauf schlugen beim Schuß Stichflammen heraus, die den Soldaten häufig Gesicht und Hände versengten. Außerdem lag die Schußweite der umgeänderten Gewehre beträchtlich unter der Leistung, die sie zuvor als Vorderlader erbracht hatten.

Schon nach neun Jahren, das ist für die damalige Zeit beispiellos kurz, wurden die Crespi-Gewehre eingesammelt und verschrottet und das österreichische Heer kehrte wieder zum Vorderlader zurück. Der Crespi-Schock war so groß, daß die Verantwortlichen in Wien fast hundert Jahre lang von Hinterladern nichts mehr hören wollten und schließlich den Anschluß an die technische Entwicklung verpaßten. Im Jahre 1866 mußten österreichische Soldaten mit Vorderladern gegen einen Feind kämpfen, der damals bereits seit 25 Jahren eine Hinterladergewehr eingeführt hatte: das Königreich Preußen. Österreich verlor den Krieg gegen das Zündnadelgewehr.

Es wäre allerdings unfair, das alles dem Herrn Crespi und der Militärkommission von 1770 anzulasten. Schließlich hatten sich damals auch andere Staaten für den österreichischen Hinterlader interessiert, England zum Beispiel. Dort wurden sogar noch Crespi-Gewehre gebaut, als man in Österreich längst wieder davon abgekommen war. Englische Dragoner testeten die Waffen in den Jahre 1786—1788 und schließlich kam, einige Jahrzehnte später, der amerikanische Leutnant und Waffenkonstrukteur John H. Hall wieder auf die Crespi-Idee zurück. Mit Erfolg übrigens, wie Sie später noch erfahren werden.

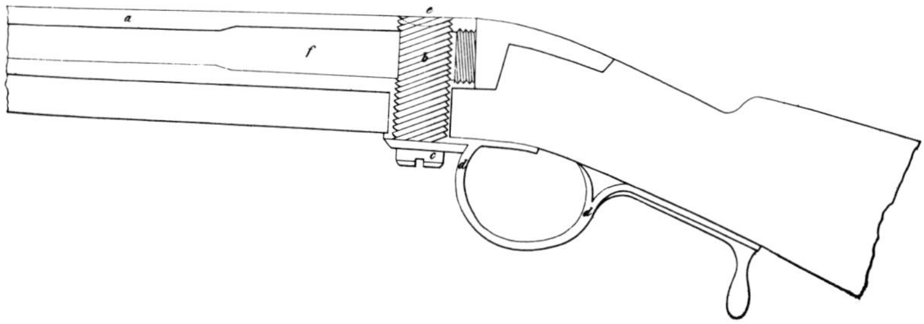

Ferguson-Hinterladungssystem. Zum Laden wird die Schraube (b) mit Hilfe des zu einer Kurbel umgestalteten Abzugbügels (d) nach unten herausgeschraubt, bis die Ladeöffnung (e) auf der Lauf-Oberseite frei wird. Nun werden nacheinander Geschoß und Pulverladung in den erweiterten Ladungsraum (f) gebracht. Danach muß die Ladeschraube wieder zurückgedreht werden, wie in der Zeichnung ersichtlich.

Erstaunlich ist, daß die englische Regierung damals mit einem schlechten Hinterlader experimentierte, obwohl sie längst einen besseren hätte haben können. Da hatte es nämlich bereits zehn Jahre zuvor, am 1. Juni 1776 in Woolwich, das sensationelle Testschießen des Hauptmanns Patrick Ferguson gegeben. Er führte dem Generalwaffenmeister Seiner Majestät ein Gewehr vor, mit dem man sechsmal pro Minute schießen und dabei noch auf 200 yards (180 Meter) treffen konnte. Sogar bei Sturm und Regen, wie der Erfinder bewies.

Fergusons Hinterladerbüchse (der Lauf war gezogen) hatte eine »Ladeschraube« mit sehr steilem Gewinde, die kurz vor der Schwanzschraube senkrecht durch das Laufende ging. Der Durchmesser der Schraube war etwas größer als das Laufkaliber von .60 Zoll (15,3 mm), sie endete auf der Unterseite von Lauf und Schaft in einer Art Kurbel, deren Griff zugleich die Funktion des Abzugsbügels übernahm. Mit einer halben Umdrehung der Kurbel konnte die Ladeschraube so tief versenkt werden, daß sich das Geschoß und danach die Pulverladung durch das Loch auf der Lauf-Oberseite einbringen ließen. Anschließend wurde die Ladeöffnung mit einer halben Kurbelumdrehung in entgegengesetzter Richtung wieder verschlossen. Das Gewehr schoß nicht nur schnell sondern auch gut, weil Ferguson ein kalibergrößeres Geschoß lud, das sich beim Schuß zwangsläufig in die Züge pressen mußte.

Das Ferguson-Gewehr wäre damals durchaus für die Heeresbewaffnung im großen Stil geeignet gewesen, denn seine Technik war denkbar einfach und robust. Aber die Zeit, oder besser gesagt, die englische Generalität, war noch nicht so weit, um die Bedeutung der neuen Waffen erkennen und den Rüstungsvorsprung, den sie gebracht hätte, nutzen zu können.

Nach der Vorführung in Woolwich zeigte der Generalwaffenmeister höfliches Erstaunen — und bestellte 300 Gewehre. Dabei blieb es. Ferguson gab sich alle Mühe, später als Kommandeur während des amerikanischen Unabhängigkeitskrieges die Überlegenheit jener 300 Schraubenverschluß-Gewehre zu beweisen, mit denen ein Teil seiner Soldaten bewaffnet war, aber niemand nahm die Erfolge zur Kenntnis. So hätte sich der Erfinder wahrscheinlich totgeärgert, wenn er nicht am 7. Oktober 1780 in den Bergen von Süd-Carolina gefallen wäre.

Apropos Erfinder: Der Offizier Ferguson erhielt zwar ein Patent auf sein Hinterladersystem, aber er war nicht der erste, der einen Hinterlader mit senkrechter Ladeschraube gebaut hatte. Bereits ein halbes Jahrhundert zuvor war nämlich in London der gebürtige Franzose Isaac de la Chaumette auf die Schrauben-Idee gekommen. Seine Hinterlader hatten allerdings noch viele Mängel: Man mußte lange kurbeln, bis die Ladeöffnung frei wurde und die Gewindegänge der Schraube waren oft schon nach wenigen Schüssen so stark von Schwarzpulverrückständen verkrustet, daß der Verschluß nicht mehr bewegt werden konnte. Ferguson machte das Gewinde »schneller« und er schnitt außerdem Nuten ein, in denen sich die Pulverrückstände sammeln konnten, ohne den Verschluß zu blockieren.

Es gab noch eine ganze Reihe anderer Hinterladerkonstruktionen. Kipplaufwaffen zum Beispiel, in deren Laufende man passende Metallzylinder einführen konnte, die bereits Pulver und Blei enthielten. Diese Metall-»Patronen« hatten angeschmiedete kleine Pfannen, die durch eine Aussparung rechts seitlich aus dem Lauf ragten und so von den Zündfunken des Steinschlosses erreicht werden konnten.

Die mit Abstand technisch aufwendigste Konstruktion der damaligen Zeit war das System Lorenzoni, angeblich erfunden vom Florentiner Büchsenmacher Michele Lorenzoni um 1650. Seine Waffen waren mehr als nur Hinterlader, sie waren die ersten echten Repetierer und man konnte damit bis zu 25mal hintereinander schießen, wenn zwischendurch kein Versager auftrat.

Das Lorenzoni-System ist ein technisches Wunderwerk und nur wenige Meister nach ihm getrauten sich, es zu kopieren. Im Münchner Jagdmuseum zum Beispiel sind zwei Lorenzoni-Gewehre aus dem 18. Jahrhundert zu sehen. Man erkennt sie sofort an dem

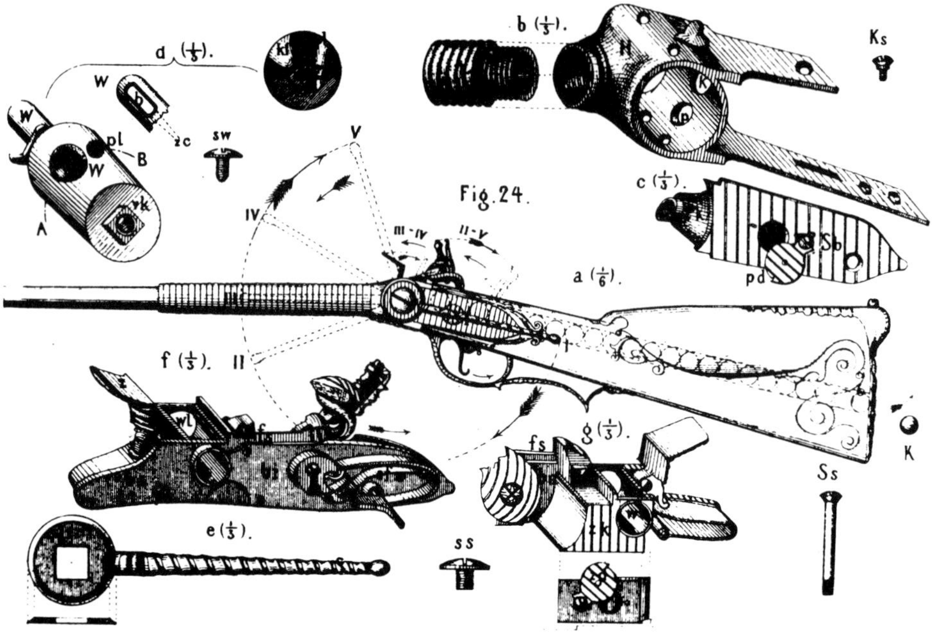

Repetiersteinschloßhinterlader, System Lorenzoni, erfunden um 1650. Das Kugelmagazin im Hinterschaft nimmt 20 bis 25 Geschosse auf. Auch der Pulvervorrat ist in einer Röhre im Schaft untergebracht. Wird der Repetierhebel gedreht, so befördert die Ladewalze (W) mit ihren Bohrungen die Ladung in den Lauf. Zugleich wird die Pfanne mit Zündkraut aus dem Zündkrautmagazin (zk) versorgt.

typischen langen Repetierhebel an der linken Seite, der die Ladewalze bewegt.

Diese Walze sitzt hinten am Laufende. Sie dreht sich um eine horizontale Welle, senkrecht zur Laufachse und hat in ihrer Mantelfläche zwei Transporthöhlungen. Die eine für die Kugel, die andere für die Pulverladung. Im Hinterschaft des Gewehres sind zwei geräumige Magazine für den Pulvervorrat untergebracht. Beide münden in das Drehgehäuse der Ladewalze.

Wird nun der Repetierhebel im Uhrzeigersinn bewegt, so nehmen die beiden Transporthöhlungen der Walze zunächst die Kugel und hernach die Pulverladung aus den Magazinen und befördern sie bei weiterem Drehen in derselben Reihenfolge in den Lauf. Zugleich versorgt eine andere Mechanik die Pfanne mit Zündkraut aus dem separaten Zündkrautmagazin im Batterieschloß.

Der Überlieferung nach konnte man mit den Lorenzoni-Gewehren hintereinander 25 Schüsse abgeben. Das System ist, wie die Zeichnungen zeigen, ebenso genial erdacht wie kompliziert und — gefährlich für den Schützen. Es konnte passieren, daß die heißen Pulvergase beim Schuß in das Zündkraut — oder gar das Pulvermagazin zurückschlugen und die Waffe explodierte.
Weniger kompliziert waren die »Drehlinge«, jene Revolvergewehre, die es, wie bereits erwähnt, schon in der Luntenschloßzeit gab. Gewehre dieses Typs wurden auch für die Steinschloßzündung gebaut. Außerdem gab es Hinterlader, deren Läufe zum Laden abgeschraubt werden konnten, sie waren vor allem in England verbreitet.
Ob solche Konstruktionen wirklich funktionstüchtig und praktisch waren, läßt sich heute kaum mehr beurteilen. Die wenigen, unbezahlbaren Einzelstücke in den Museen sind einfach zu kostbar für Schießversuche.
Während der eine Teil der Erfinder an Hinterladungssystemen arbeitete, um die Feuergeschwindigkeit zu erhöhen, erreichten andere ihr Ziel auf einem damals bereits erkannten und erprobten Weg: sie statteten ihre Waffen mit mehreren Läufen aus. Meistens waren es zwei Rohre, die neben- oder übereinander lagen, so wie wir es heute noch bei modernen Jagdgewehren finden. Aber es

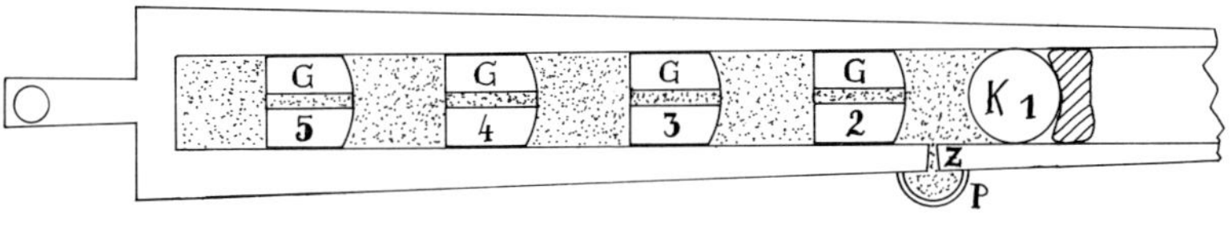

Funktionsskizze der klassischen Espignolle. Die Zündung erfolgt in der seitlichen Pfanne (P) in der Nähe der Laufmündung. Durch die Zündbohrung (Z). Beim ersten Schuß wird die Kugel (K1) abgefeuert. Dann setzt sich die Zündung nach hinten fort, durch die pulvergefüllte Bohrung des Geschosses G2, bis dessen Pulverladung entflammt, es folgen nach dem Prinzip der „römischen Kerze“, die Geschosse G3, G4 und G5.

gab auch Waffen mit vier, sechs und noch mehr Läufen. Von Sammlern begehrt und teuer bezahlt sind die »Wender«, Gewehre mit zwei übereinanderliegenden Läufen und nur einen Hahn. Jeder Lauf hat ein eigenes Zündloch mit Pfanne und Batterie. Ist der oben liegende Lauf abgefeuert, wird er um eine horizontale Achse nach unten gedreht (gewendet), und damit kommt der zweite Lauf nach oben in Schußposition.

Die einfachste und wohl abenteuerlichste Art, eine Schnellfeuerwaffe herzustellen, das Prinzip der »Espignolle«, war bereits seit dem Ende des 15. Jahrhunderts bekannt. Anzunehmen, daß der unbekannte Erfinder den Kuß der Muse während eines Feuerwerks empfangen hat, als er sah, wie aus den »römischen Kerzen« mit kurzen Unterbrechungen ein Feuerstrahl nach dem anderen gen Himmel stieg. Bei der Espignolle ist es ähnlich.

Ein Vorderladerlauf wird fast bis zur Mündung mit vielen hintereinanderliegenden Ladungen gefüllt. Die vorderste Ladung wird gezündet und dann geht, mit Unterbrechungen von etwa einer Sekunde, ein Schuß nach dem anderen ab.

Das ist nur möglich, weil die Bleigeschosse zwischen den Pulverladungen der Länge nach durchbohrt und mit einem dünnen Pulverstrang gefüllt sind. Wir wissen es nicht genau, aber es ist anzunehmen, daß diese Art der Espignolle nicht mit Kugeln, sondern mit zylindrischen Geschossen geladen wurde, denn nur dann war sicher, daß die Bohrungen der Geschosse in Richtung der Laufachse zu liegen kamen. Außerdem würde bei Verwendung von Kugeln die kleine Berührungsfläche mit der Laufwand kaum genügt haben, um die Ladungen sicher voneinander zu trennen. Es hätte Gefahr bestanden, daß sämtliche Ladungen fast gleichzeitig gezündet hätten und die Waffe in der Hand des Schützen explodiert wäre.

Es versteht sich, daß eine einmal gezündete Espignolle nicht mehr zu bremsen ist. Sie schießt immerzu, bis der Lauf leer ist. Eine Salvenwaffe also, die nur für bestimmte Verteidigungssituationen gedacht und für ganz kurze Entfernungen geeignet war.

Fünfzehnschüssige Salvenpistole (Espignolle), vermutlich um 1650 in Deutschland entstanden. Vier Läufe, Kaliber 8 mm, Radschloß. (Sammlung D. Heitmann.)

Im 17. Jahrhundert wurde das System der Espignolle entscheidend erweitert und verbessert. Man faßte vier oder fünf (im 19. Jahrhundert vereinzelt sogar acht bis zehn) Läufe zu einem Bündel zusammen.

Zwei Läufe, von denen wir noch sprechen werden, hatten Sonderfunktionen; alle anderen wurden mit übereinanderliegenden Ladungen gefüllt. Man verwendete jetzt normale Kugelgeschosse ohne pulvergefüllte Zündbohrungen, die gegen die nächstfolgenden Ladungen durch Pfropfen abgedichtet waren.

Die Zündung (anfangs mit Radschloß, später mit Steinschloß), löst zunächst einen Schuß in dem dem Schloß nächstliegenden Lauf aus. Dieser Lauf ist nur einfach geladen. Kurz vor der Mündung

führt eine enge Querbohrung in den benachbarten »Zündlauf«, der auf seiner ganzen Länge mit sehr feinem, festgestampftem Mehlpulver gefüllt ist, das ähnlich langsam abbrennt wie eine Pulverzündschnur.
Diese Pulversäule wird nun durch die Querbohrung an ihrem vorderen Ende entzündet und brennt langsam in Richtung Schwanzschraube ab. Dabei passiert das Feuer zahlreiche weitere Querbohrungen, »Zündkanäle« die vom Pulverlauf aus abwechselnd in die scharf geladenen Läufe führen und dort nacheinander die Ladungen zünden.

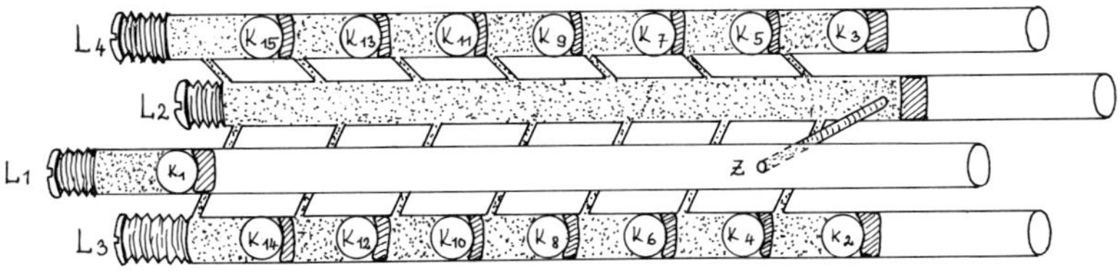

Funktionsskizze der fünfzehnschüssigen Salvenpistole: Der Lauf L1 ist nur einfach geladen und wird normal gezündet. Wenn die Kugel K1 die Mündung des Zündstollens (Z) passiert hat, schlagen heiße Verbrennungsgase hinüber in den pulvergefüllten Zündlauf L2. Die Pulversäule brennt langsam von vorne nach hinten ab, dabei werden über die Querbohrungen abwechselnd die übereinandergeschichteten Ladungen in den Läufen L3 und L4 gezündet. Die Kugeln gehen in der Reihenfolge ihrer Numerierung ab.

Mit diesem komplizierten System, das Ihnen wahrscheinlich erst durch die nebenstehende Skizze verständlich wird, gelang es bereits Kugelspritzen zu bauen, die dreißig und mehr Schüsse abgeben konnten.
Über den Einsatz der frühesten Waffen dieser Art, die meist in Karabiner- oder Pistolenform gebaut waren, ist nichts bekannt. Die wenigen erhalten gebliebenen Stücke aus der Zeit um 1650 (Bayerisches Nationalmuseum München, Tower, London) gelten in der Fachliteratur allgemein als Versuchsmodelle, die Zeugnis geben von den Fähigkeiten der alten Büchsenmacher.

Die Windbüchsen

Was Büchsenmachermeister damals können mußten, ist in den alten Innungs-Artikeln überliefert. So bestimmte der sächsische Kurfürst und polnische König Friedrich August sogar, wie das Büchsenmacher-Meisterstück auszusehen hat. In einem Dekret aus dem Jahre 1704 heißt es:

»Der Geselle soll mit eigener Hand und nicht anderer Beihülfe ausmachen:

Ein Hahn-Spanner (Steinschloßbüchse) mit einem ganzen Hahn geschmiedet; ein gezogen Rohr, sechs Viertel lang, mit einem Rosen-Zug, das Bley nicht über ein Loth, mit einem doppelten Schneller (Stecher-Abzug).

Ein Pirsch-Schloß (Radschloß), das dreymal herumschläget, das Rohr sechs Viertel lang, mit sieben großen und sieben Haarzügen . . .

Eine gut brauchbare Pirst-Büchse, . . . die Kugelform mit allem Zubehörig.«

Die Büchsenmacher der damaligen Zeit beherrschten allerdings noch eine andere Kunst, deren Nachweis aus guten Gründen bei der Meisterprüfung nicht verlangt wurde: der Bau von »Windbüchsen«. Die ersten dieser Luftgewehre waren bereits um das Jahr 1500 in Nürnberg gebaut worden. Im 17. Jahrhundert konstruierte der berühmte Physiker Otto von Guerike (1602—1696) die »Magdeburger Windbüchse«, und seine physikalischen Erkenntnisse machten sich Generationen von Büchsenmachern zunutze. Sehr zum Leidwesen der Obrigkeit. Denn die Windbüchsen wurden rasch zur beliebtesten Waffe der kleinen Leute, der »Gemeinen« und der Bauern, denen der Umgang mit Pulver und Blei ja verboten war. Auch Wilderer und andere Übeltäter schätzten die Windbüchse, weil sie weder verräterischen Pulverdampf erzeugte; noch allzu laut knallte.

Im Gegensatz zu unseren heutigen Luftgewehren; waren die Windbüchsen ernstzunehmende Waffen. Sie verschossen Bleikugeln von

zehn bis zwölf Millimetern Durchmesser und töteten einen Hirsch noch auf 60 bis 80 Schritt Entfernung. So ist es jedenfalls im Schloß Kranichstein bei Darmstadt bezeugt. Sogar Napoleon lernte die Windbüchsen fürchten. In der Schlacht von Wagram (1809) wären ihm seine Soldaten fast in Panik davongelaufen, weil österreichische Windbüchsenschützen aus dem Versteck heraus ihre leisen und rauchlosen Kugeln in die Masse der Franzosen schossen. Während des Tiroler Aufstandes ließ Napoleon später alle Windbüchsen einziehen und den heimlichen Besitz unter Todesstrafe stellen. Nicht gerade mit dem Tode, aber doch mit der empfindlichen Geldstrafe von 24 Reichsthalern bedrohte die königlich-kaiserliche Landeshauptmannschaft in Linz im Jahre 1766 alle, die Windbüchsen herstellen oder besitzen. Die Begründung ist lesenswert:
»Es ist bey der Landeshauptmannschaft die Anzeige geschehen, wienach hier Landes die Windbüchsen, woraus man Bleykugeln zu schießen pflegt, dergestalt überhandnehmen, daß deren eine mehrere Anzahl in verschiedenen Orten, auch bey Leuten von gemeiner Gattung, und sogar auf dem Lande bey der Bauernschaft anzutreffen seyen. Gleichwie aber aus dergleichen Geschoße allerlei Ungemach leicht entstehen kann, welches besonders bey den dem verbotenen Wildschießen ergebenen Leuten zu besorgen ist, maßen diese Leute, nachdem die Wildbüchsen zum heimlichen Wildschießen sehr bequem, sich derselben desto freyer gebrauchen, jeweniger sie dadurch in ihrem treibenden dießfälligen Unfuge verrathen werden.«
Weil die Windbüchsen von der Obrigkeit nicht gern gesehen wurden, tarnten viele Büchsenmacher ihre Preßluftgewehre. Sie montierten »blinde« Steinschlösser daran, und sie versteckten den Ventilmechanismus und den Luftbehälter im Schaft. So sind die meisten der erhalten gebliebenen Windbüchsen kaum von gewöhnlichen Steinschloß-Büchsen zu unterscheiden.
Es gibt aber auch andere Stücke, die ihre Funktion nicht verheimlichen. Statt des hölzernen Kolbens haben sie eine konische »Windflasche« aus Kupfer oder Eisen mit Lederbezug. Die Schlagfläche

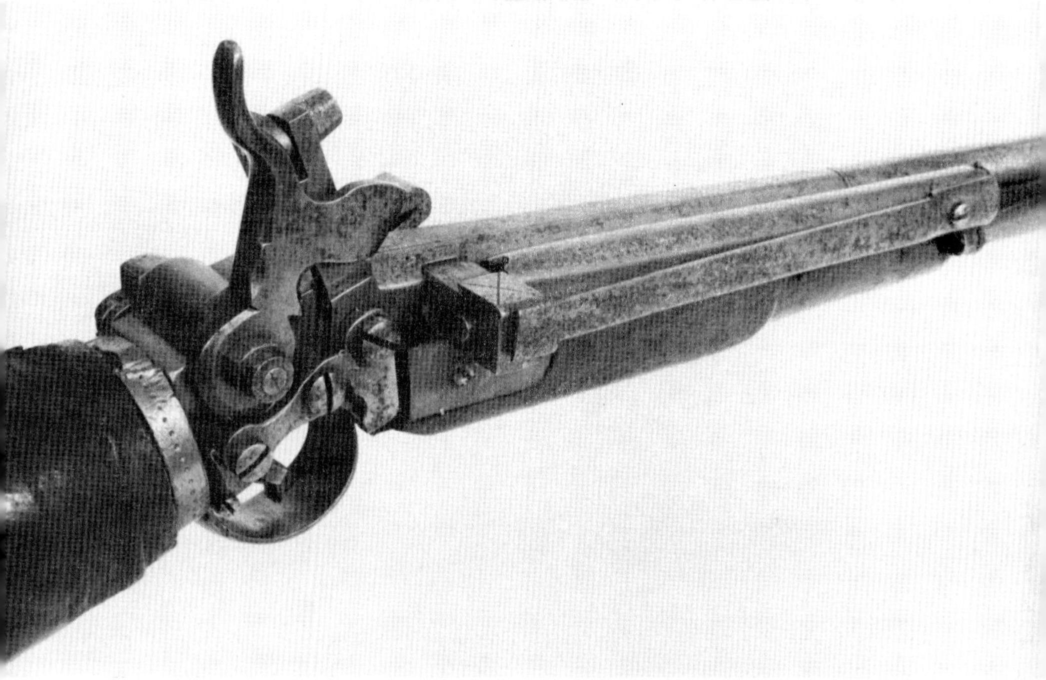

Mehrschüssige (Repetier-)Windbüchse (vermutlich Ende 18. Jahrhundert). Der Anschlagkolben (links zum Teil sichtbar) ist mit Leder bezogen und enthält den Druckluftbehälter. Der Hahn ist abgelassen und drückt gegen die Ventilstange. Rechts neben dem Lauf liegt das Magazinrohr für den Kugelvorrat. Der Schieber mit Bohrung dient zum Transport der Kugel in den Lauf.

des Hahns ist als »Hammer« gearbeitet, und neben dem Lauf liegt meist eine lange Röhre, die rund 20 Kugeln aufnehmen kann. Mit einem seitlichen Schieber läßt sich eine Kugel nach der anderen in den Lauf bringen. Der durch den Abzug ausgelöste Hahn schlägt kurz auf eine Stange, die das Luftventil für einen Sekundenbruchteil betätigt und gerade soviel Druckluft freigibt, als für den Schuß notwendig ist. Sensationell: In 30 Sekunden konnte man zwanzigmal »feuern«. Allerdings mußte die »Windflasche« nach 20 bis 30 Schüssen von der Büchse abgeschraubt und mit einer separaten Luftpumpe wieder gefüllt werden. Wie dieses Hilfsgerät aussah und wie mühsam das Nachfüllen der Luftflasche war, ist im

»Lehrbuch für Jäger und die es werden wollen« vom preußischen Staatsrat und Oberlandesforstmeister Dr. Georg Ludwig Hartig aus dem Jahre 1832 wie folgt beschrieben:

»Diese Luftpumpe besteht aus einer messingenen Röhre, in welcher ein eiserner Stempel befindlich ist, auf welchem am oberen Ende kleine Scheibchen von Hirschleder, die in Öl getränkt sind, geschoben und, vermittels eines kleinen eisernen Scheibchens fest aufeinander geschroben werden. Die messingene Röhre hat oben eine Schraubenmutter, worauf die Windflasche geschroben wird. Neben dieser Schraubenmutter sind zwei Handhaben, die man anfaßt um zu pumpen und unten am Stempel befindet sich ein Tritteisen, auf welches man sich beim Pumpen mit beiden Füßen stellt.

Will man die Windflasche füllen, so tritt man mit den Füßen auf das Tritteisen und zieht die messingene Röhre etwas in die Höhe, um in den dadurch entstehenden leeren Raum eine aus kaltem Wasser und Baumöl zusammengeschlagene Salbe zu gießen, welche man die Speise der Windflasche nennt. Hierauf wird die Windflasche recht fest angeschroben, und man fängt an, durch Auf- und Niederstoßen des messingenen Zylinders, Wind in die Flasche zu pumpen. Gewöhnlich sind 300 Stöße zum Füllen einer Flasche nötig, und es können die ersten Hundert durch einen Mann gezwungen werden; bei den folgenden aber müssen zwei Männer anfassen. Doch darf dieses Pumpen nicht ununterbrochen fortgesetzt werden, sondern man muß nach 20 oder 30 Stößen die Röhre erst wieder erkalten lassen. Auch darf man der Flasche nicht mehr Stöße geben, als der Büchsenmacher vorgeschrieben hat, weil sonst großes Unglück durch das Zerspringen der Flasche zu fürchten ist . . .«

Daß trotz dieser Umstände die Windbüchse eine ernstzunehmende Waffe war, beweist die Tatsache, das, sie in begrenztem Umfang auch bei veschiedenen Armeen eingeführt wurde. Von der zwanzigschüssigen österreichischen Repetierwindbüchse M 1780, Kaliber 12,2 mm, System Girandoni, die später den Kaiser Napoleon das Fürchten lehrte, war ja bereits die Rede. Aber eine Revolution in der Bewaffnung der Soldaten und der Jäger bewirkten die leise und schnell schießenden Druckluftwaffen nicht. Die Standardwaffe des 18. Jahrhunderts war und blieb die glatte Flinte.

Die preußischen Gewehrfabriken

Bereits zu Anfang des 18. Jahrhunderts entstanden die ersten Waffen-Manufakturen, Fabriken, in denen Militärwaffen fast serienmäßig hergestellt wurden. Für deutsche Sammler besonders interessant ist die Entwicklung der berühmten Gewehrfabriken von Potsdam, gegründet 1722, und Spandau (1733), in denen die Könige von Preußen arbeiten ließen. In Spandau wurden zunächst nur Läufe hergestellt, in Potsdam befand sich die Schloßschmiede und die Schäfterei.

Diese Privatbetriebe lebten fast ausschließlich von preußischen Staatsaufträgen, und die jeweiligen Inhaber, die Herren Splittgerber, Daum und Schickler, nützten ihre Monopolstellung weidlich aus. In bester kapitalistischer Art versuchten sie vom König immer dann höhere Preise zu erpressen, wenn ein Krieg vor der Tür stand und dem Souverän daher nichts anderes übrigblieb, als zu zahlen und zu drohen.

Als die Gewehrfabrikanten Schickler wieder mal mehr Geld wollten (sie forderten 11 Taler für das »Neupreußische« Gewehrmodell 1809), wies Kriegsminister Scharnhorst sein Ministerium an:

» . . . Demnächst den Gebrüdern Schickler zu erklären, daß wenn sie sich keine billigere und mäßigere Preise für die zu liefernden Gewehre verstehen wollten, der Staat in seiner jetzigen Lage, wo er dieses Artikels sehr bedürftig ist, sich vielleicht genötigt sehen wird, die verlangten Preise zu bezahlen, wogegen es aber auch von diesem Augenblick an Pflicht seyn würde, sich für die Folge keiner Privat Fabriken mehr zu bedienen, die von der bedrängten Lage, worinn sich der Staat befindet, auf diese Art zu vorteilen suchen . . .«

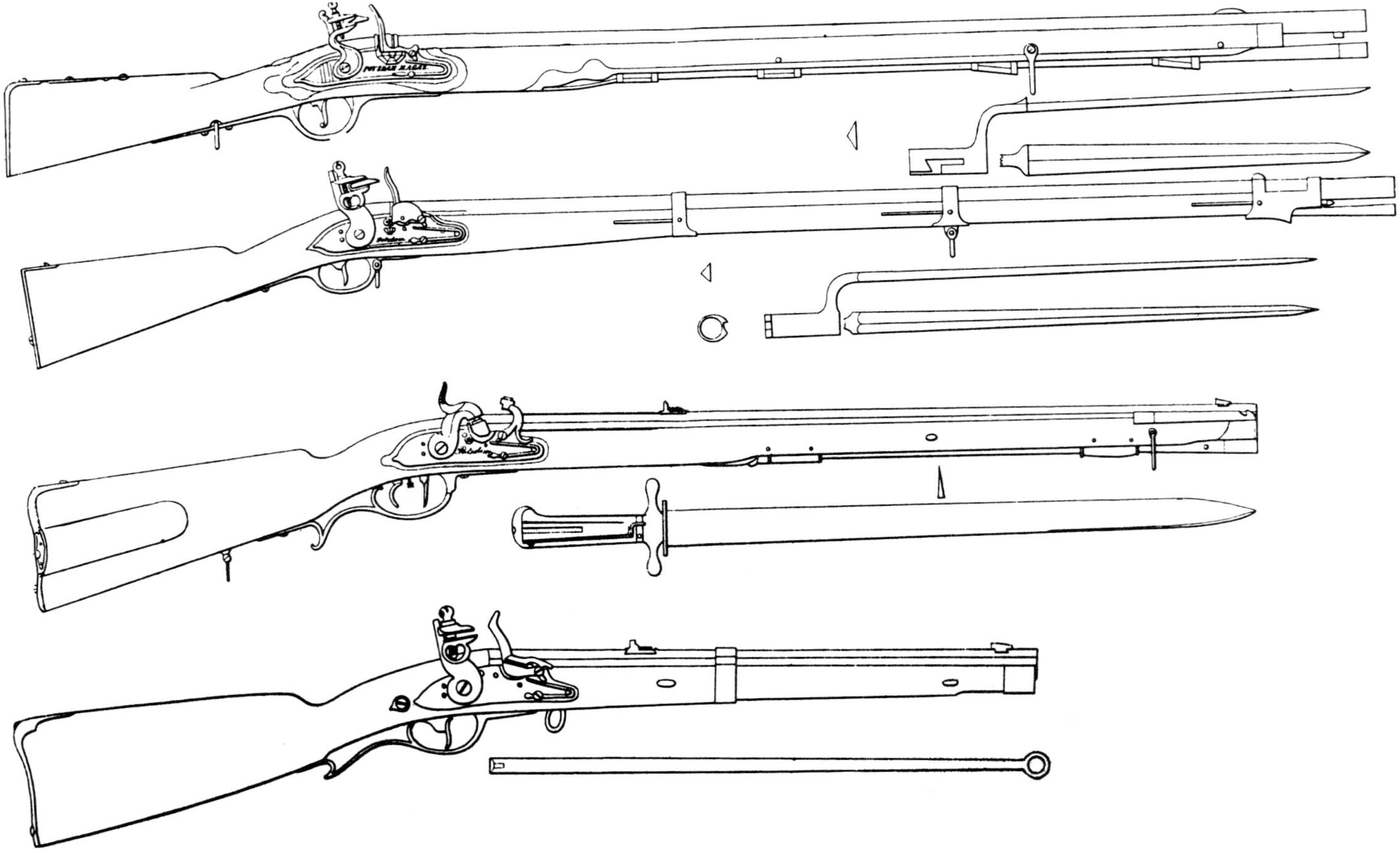

Preußische Gewehre aus der Manufaktur Potsdam. Ganz oben: Glattes Infanteriegewehr Modell 1782. Darunter: Glattes „neupreußisches“ Gewehr Modell 1809 (wie das Modell 1782 mit dreikantigem Dillenbajonett). Darunter Perkussionsjägerbüchse Modell 1835 mit Hirschfänger. Ganz unten: Gezogener Kavalleriekarabiner Modell 1798. Die Waffe ist nur 80 Zentimeter lang, der Ladestock wird separat mitgeführt.

Tatsächlich legte sich Preußen wenige Jahrzehnte später seine berühmten königlichen Gewehrfabriken zu. Spandau wurde in staatlicher Regie übernommen. Dazu kamen noch Erfurt und Danzig. Die in Sammlerkreisen so begehrten — und hoch bezahlten — altpreußischen Gewehre, Karabiner und Pistolen sind leicht zu identifizieren und zeitlich einzuordnen, da die jeweiligen Besitzer der Manufaktur ihre Initialen auf den Schloßblechen einschlagen ließen.

»S. u. D. Potzdam Magaz.« bedeutet Splittgerber und Daum und steht für die Zeit von 1722—1744. »D.S.E. Potzdam Magaz.« heißt David Splittgerbers Erben (1775—1795) und »G.S. Potsdam Magaz.« steht für die Gebrüder Schickler, denen das Unternehmen von 1796 bis 1851 gehörte. Gegen Ende des 18. Jahrhunderts änderte sich die Schreibweise von Potzdam in Potsdam. Das ist eine zusätzliche Hilfe bei der zeitlichen Einordnung einer Preußenwaffe.

Trotz des fast immer gespannten Verhältnisses zwischen dem König in Berlin und den Gewehrfabrikanten Splittgerber, Daum und Schickler, war die Zusammenarbeit doch bedeutsam für viele Bereiche industrieller Fertigung. In Potsdam und Spandau wurden die Grundlagen für den modernen Waffen- und Maschinenbau geschaffen.

Während die ersten Gewehre aus dem Potsdamer Magazin noch recht beachtliche Unterschiede aufwiesen (die Länge differierte um bis zu zehn Zentimeter, das Kaliber bis zu zwei Millimeter), wurden die Waffen allmählich gleichartiger in Aussehen und Leistung. Ab 1809 wurde in den Fabriken nach Mustergewehren gearbeitet,und ab 1820 waren die Maßtoleranzen für die einzelnen Waffenteile in den sogenannten »Dimensions-Tabellen« festgelegt. Doch im selben Jahr, in dem sich die preußischen Gewehrfabrikanten für die besten der Welt hielten, wurden sie allerdings von ihren Kollegen in den fernen Vereinigten Staaten überholt. 1820 begründete Nordamerika seinen Ruf als bedeutendste Waffenschmiede der Welt. Der Umschwung kam in aller Stille:

Preußischer Grenadier (1745) mit Steinschloßgewehr. Das Bajonett ist aufgepflanzt.

Sensation aus USA: das Hall-Gewehr

1819 hatte die kleine Waffenfabrik in Harpers Ferry am Shenandoah River in Virginia die Produktion eines vielversprechenden neuen Gewehrtyps aufgenommen. Es war das »Hall-Gewehr«,

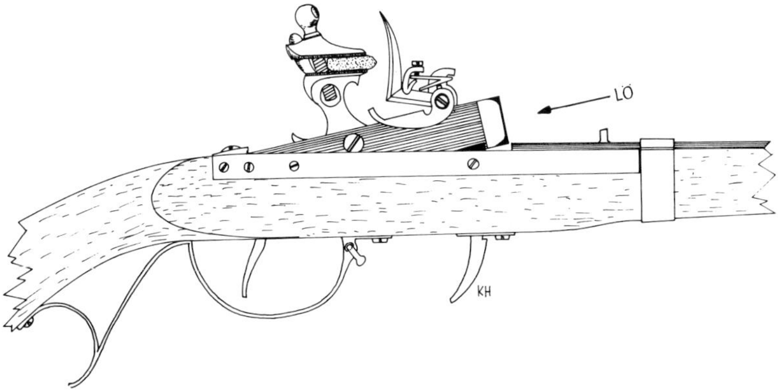

„Hall-Gewehr“ Modell 1818, der erste lehrenhaltig hergestellte Militärhinterlader der Welt. Die Kammer samt Steinschloß ist hochgestellt, die Ladeöffnung (LÖ) liegt frei. Mit dem Kammerhebel (KH) wird die Kammer ver- und entriegelt. Das Hall-Gewehr hat das Kaliber 13 Millimeter.

ein Steinschloß-Kammer-Hinterlader mit gezogenem Lauf, auf den der Büchsenmacher John Hancock Hall (1778—1841) bereits im Jahre 1811 ein Patent bekommen hatte. Nun durfte der Erfinder in der staatlichen Fabrik Harpers Ferry die ersten tausend Versuchsmuster für die Armee bauen. Das Hall-Gewehr war in zweifacher Weise eine Sensation. Erstens, weil es »lehrenhaltig« hergestellt wurde, das heißt, die Teile hatten exakt dieselben Abmessungen und konnten daher beliebig ausgetauscht werden. Und zweitens, weil es der erste Armee-Hinterlader der Welt war, der auch zuverlässig funktionierte.

Hall ging einen ähnlichen Weg wie der Italiener Crespi, dessen Hinterlader 50 Jahre zuvor bei der österreichischen Armee durchgefallen war: Ein vierkantiges Kammerteil, das das Steinschloß und das Lager für die Papierpatrone enthält, liegt in einer Gabel am hintern Laufende und läßt sich zum Laden nach oben schwenken. Wenn die Kammer in Schußposition gebracht wird, rastet ihre konvex gewölbte Nase in eine entsprechende Aussparung am hinteren Laufende ein. Das Kammerteil läßt sich leicht herausnehmen und notfalls sogar als selbständige Faustfeuerwaffe verwenden. Von dieser Möglichkeit, an die der Erfinder wohl kaum gedacht hatte, machten die US-Soldaten gerne Gebrauch. Wenn sie ausgingen,

steckten sie sich vorsichtshalber die geladene Kammer in die Tasche; schließlich waren die Zeiten damals ziemlich unruhig.
Es war auch Hall nicht gelungen, einen absolut gasdichten Verschluß zwischen Kammer und Laufende zu bauen. Doch der Gasverlust beim Schuß hielt sich in Grenzen und wurde durch die Vorteile beim Schnellfeuer mehr als aufgewogen. Mit dem gezogenen Hinterlader Kaliber .52 (ca. 13 Millimeter) konnten geübte Schützen 15mal in der Minute schießen und treffen.
Während die Steinschloßwaffen immer mehr vervollkommnet wurden, bereitete sich bereits eine Revolution im Waffenbau vor, die alles Bisherige in den Schatten stellte: die Zündung durch Knallquecksilber.

Die Perkussionszündung

Genau so wie die legendäre Wiederentdeckung des Schießpulvers, ist auch die Erfindung der Perkussionszündung einem Kirchenmann zuzuschreiben. Fünfhundert Jahre nach dem Mönch Berthold Schwarz konstruierte der schottische Landpfarrer John Forsyth im Jahre 1805 das erste Perkussionsschloß, eine Zündvorrichtung, die ohne Feuerstein und Pulverpfanne funktionierte. Der Reverend verwendete als Zündmittel eine Substanz, um deren Entdeckung sich damals mehrere Chemiker stritten: das Knallquecksilber. Dieser Stoff explodiert, wenn man mit dem Hammer draufschlägt, und das regte damals viele findige Köpfe zu Experimenten an.
Man glaubte zunächst, der explosive Stoff könne das Schwarzpulver ersetzen; also lud man Gewehre damit. Doch die Versuchswaffen flogen reihenweise in die Luft. Es gelang zwar, Knallquecksilber und die verwandten Substanzen Chlorsilber und Knallsilber durch Beimengung anderer Stoffe etwas zu entschärfen, so daß sich damit gefahrlos schießen ließ. Doch das »Muriatische Pulver«, wie die neue Komposition genannt wurde, erwies sich dennoch dem guten alten Schwarzpulver gegenüber als unterlegen.

Jedenfalls, so lange man Vorderlader verwendete. Erst viel später, als die Hinterlader mit Stahlläufen und Metallpatronen aufkamen, waren schnell abbrennbare Pulversorten gefragt, die beim Schuß einen hohen Gasdruck entwickelten. Man experimentierte wieder mit muriatischen Mischungen und kam schließlich auf Umwegen zum modernen Nitropulver.

Zurück zu Reverend Forsyth: Er war einer der wenigen, die den wichtigsten Anwendungsbereich der Knallsubstanzen auf Anhieb erkannten: als Zündmittel.

Bei seinen ersten Versuchen verwendete Forsyth Knallpulver, von dem er einen Vorrat in einem drehbaren Metall-»Fläschchen« über der Schloßplatte unterbrachte. Dieses Fläschchen (französisch: flacon); gab dem neuen Schloßtyp den Namen »Flaconschloß«; man spricht auch vom »chemischen Schloß«.

Der Behälter für das Knallpulver hatte oben einen federnden Schlagstift, heute würden wir sagen einen »Schlagbolzen«, der beim Schuß vom Schlaghammer des Hahns erreicht wurde. Dabei traf der Schlagstift im Inneren des Behälters auf eine kleine Menge Knallpulver in der hohlen Drehachse des Fläschchens. Diese Höhlung setzte sich bis in die Pulverkammer des Laufs fort. Wenn das Knallpulver unter dem Schlag des Hahns explodierte, schlug die Stichflamme in die Ladung.

Das Praktische und zugleich Gefährliche an Forsyths Zündflacon war der Knallpulvervorrat für etwa 40 Zündungen im unteren Teil des Behälters. Man brauchte vor dem Schuß nur das Fläschchen einmal um seine waagerechte Achse zu drehen, um eine neue Zündportion aus dem Vorratsteil in die Zündhöhlung zu bringen. Was aber, wenn bei der Zündung unglücklicherweise ein Funke in den Vorratsteil durchschlug? Man kann sich die Folgen für den Schützen ausmalen. Forsyth und seine Nachahmer suchten sie dadurch zu mildern, daß sie den Verschluß des Vorratsbehälters auf der Unterseite des Fläschchens aus Kork oder Horn fertigten, um im Falle einer Explosion die Verdämmung möglichst klein zu halten.

Chemische Schlösser dieser Art finden sich heute noch ziemlich häufig bei erhalten gebliebenen Jagdwaffen aus jener Zeit. Forsyth selbst erkannte schließlich, daß seine Flaconschlösser keine Endlösung sein konnten. Er, und bald auch viele andere, begannen mit Zündpillen aus Knallmasse zu experimentieren und gelangten dabei zu brauchbaren Ergebnissen.

Die Vorteile des Forsyth'schen Systems gegenüber dem Steinschloß waren beträchtlich: Während bisher die Funken, zwischen Stein und Stahl geschlagen, erst das Zündpulver auf der Pfanne entzündeten und sich die Flamme dann den Weg durch das enge Zündloch in den Lauf suchen mußte, explodierte und zündete die Pille sofort. Es gab keine Verzögerung mehr zwischen dem Niederfallen des Hahns und dem Schuß.

Gerade diese Verzögerung hatte sich bei den Steinschloßwaffen negativ auf die Trefferleistung ausgewirkt, weil nervöse Schützen dazu neigten, den Schuß zu »verzittern«.

Der zweite Vorteil: Beim Schuß mit einer Perkussionswaffe faucht keine Stichflamme mehr aus dem Zündloch, die den Schützen belästigt und den Gasdruck im Lauf mindert.

Drittens: Perkussionsschlösser sind im Aufbau einfacher und dauerhafter als die alten Batterieschlösser.

Und viertens: Die neue Zündungsart erwies sich als weitaus zuverlässiger, vor allem bei Wind und Regen.

Truppenversuche, die um 1830 in Sachsen angestellt wurden, ergaben beim Steinschloß eine Zünd-Versagerquote von 6,60%. Bei den Perkussionswaffen dagegen gingen nur 0,40% der Schüsse nicht los.

Zum Vergleich: Die spätere erste deutsche Metall-Einheitspatrone, Modell 1871, hatte nur noch 0,07% Versager, und bei den modernen Patronen kommt es praktisch überhaupt nicht mehr vor, daß die Zündung versagt.

Trotz der vielen Vorteile seines Zündsystems, die von Anfang an auf der Hand lagen, kam der Pfarrer Forsyth mit seiner Erfindung nicht recht an. Zwar machte die englische Armee in den Jahren

1807 einen Truppenversuch mit ein paar hundert Zünd-Flacon-Gewehren, doch dann kehrten die konservativen Generale des Königs Georg III. doch wieder zum altbewährten Steinschloß zurück. Pfarrer Forsyth zog sich enttäuscht und tief gekränkt in seine Pfarrei zurück, und es zeugt von klassisch britischem Patriotismus, daß er trotzdem ein Angebot der napoleonischen Heeresverwaltung ablehnte, die sein Patent für 20 000 Pfund kaufen wollte. Kein aufrechter Untertan der englischen Majestät — nicht einmal ein Schotte — wäre damals bereit gewesen, eine militärisch so bedeutsame Sache an den »Erbfeind« Frankreich zu verkaufen. Forsyth grollte und mußte schließlich anderen Leuten das große Geschäft mit der Knallquecksilberzündung überlassen. Bevor es dazu kam, war allerdings noch eine weitere Erfindung fällig: das Metall-Zündhütchen.

Heute noch machen sich Engländer, Franzosen und Amerikaner gegenseitig die Urheberschaft am Zündhütchen streitig. Namen wie Egg, Prélat, Shaw, Purdey und viele andere werden genannt, und tatsächlich gab es in den Jahren zwischen 1814 und 1822 eine Menge Patente auf alle möglichen und unmöglichen Zündungsträger: Papier-Zündplättchen zum Beispiel, wie sie heute bei Spielzeug-Revolvern verwendet werden; kupferne Zündstreifen, Zündnäpfchen aus Zinn wurden erprobt und schließlich auch solche aus Kupferblech, in deren Höhlung die Knall-Zündmasse eingegossen war. Die Kupfer-Hütchen machten das Rennen.

Das Zündhütchen wurde auf den »Piston« gesteckt, ein konisches,

Zündhütchen. Rechts: Große Flügelzündhütchen für Militärgewehre. Links: Kleine Form für Pistolen und Jagdgewehre.

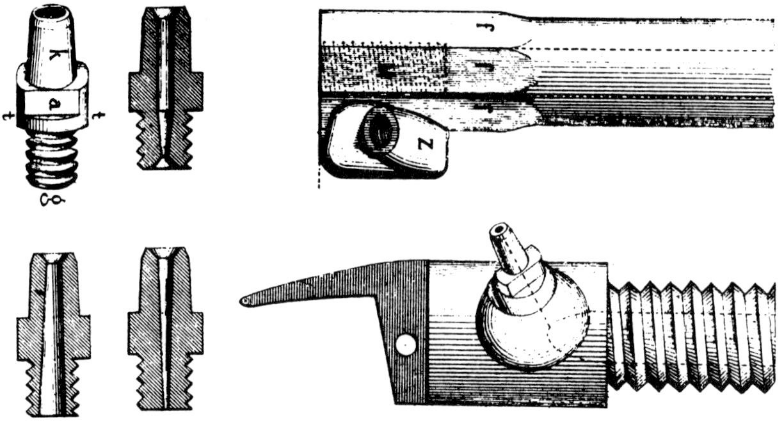

Der Zündkanalansatz (z) am hinteren Laufende (oben rechts) nimmt den „Piston“ (links verschiedene Formen) auf. Auf den Zündkegel (k) wird das Zündhütchen aufgesetzt. Unten rechts eine französische Laufschwanzschraube mit Zündkanal und Piston.

fast senkrecht stehendes Röhrchen, das als Zündkanal auf einen Vorsprung am Laufende geschraubt war. Beim Schuß zündete die niederfallende Schlagfläche des Hahns die Knallmasse im Innern des Hütchens auf dem Piston.

Es war, als hätte die ganze Welt auf diese Erfindung gewartet. Denn sofort wurden überall Fabriken zur Herstellung der neuen Zündhütchen gegründet. Die erste nahm 1825 in Prag die Produktion auf, die bekannte Firma »Sellier & Bellot«. In Berlin stellte ein gewisser Nikolaus Dreyse die modernen Zündmittel her, ein genialer Mann, der 20 Jahre später den ersten Hinterlader mit Einheitspatrone erfand: das berühmte Zündnadelgewehr.

Die »aptierten« Modelle

In den zwanziger und dreißiger Jahren des vergangenen Jahrhunderts richteten alle Waffenkonstrukteure ihre Energie darauf, die Vorderlader mit dem neuen Perkussionssystem zu verbessern. Sparsam, wie man damals war, versuchte man zunächst, die vorhandenen Steinschloßwaffen umzuändern, zu »aptieren«. Das ging ohne allzugroßen Aufwand. Seitlich in den Lauf, also in die erweiterte Bohrung des alten Zündlochs, wurde ein Ansatzstück geschraubt, das den neuen Zündkanal und oben eine Bohrung für den Piston enthielt. Das Schloß bekam einen neuen Hahn, der statt der Schraublippen für den Feuerstein eine Schlagfläche hatte. Batterie und Pfanne waren überflüssig, sie wurden abgenommen. Auf diese Weise wurde zwischen 1820 und 1840 der größte Teil der vorhandenen Steinschloßwaffen auf Perkussion umgeändert. Das ist der Grund, warum originale Steinschloßgewehre und Pistolen heute so selten und teuer sind.

Die meisten der aptierten Waffen sind auf den ersten Blick zu erkennen. Die breite Aussparung im oberen Rand des Schloßblechs, in der einst die Pfanne lag, und die zwei oder drei mit Blindbolzen verschlossenen Löcher, in denen vormals die Batterie und die dazugehörige Feder befestigt waren, sind wichtige Merkmale, die dem Sammler die Datierung alter Stücke erleichtern.

Begreiflicherweise waren es zunächst nur Privatleute und Jäger, die ihre Stutzen zum Büchsenmacher brachten, um sie auf das neue Zündsystem umändern zu lassen. Wer nur *ein* Gewehr besaß, für den waren die damit verbundenen Ausgaben noch erträglich. Wer jedoch einige hunderttausend Militärwaffen umändern lassen mußte, wie etwa der König von Preußen und seine Herrscher-Kollegen überall in Europa, für den kam unter dem Strich eine gewaltige Summe heraus. Da die Generalität dem ganzen Zündhütchenzauber sowieso abwartend gegenüberstand, blieb das Militär zunächst beim Steinschloß.

Perkussionsschloß (Ansicht der Mechanik hinter der Schloßplatte). Der Hahn ist gespannt. Zündkanal und Piston sind gestrichelt eingezeichnet.

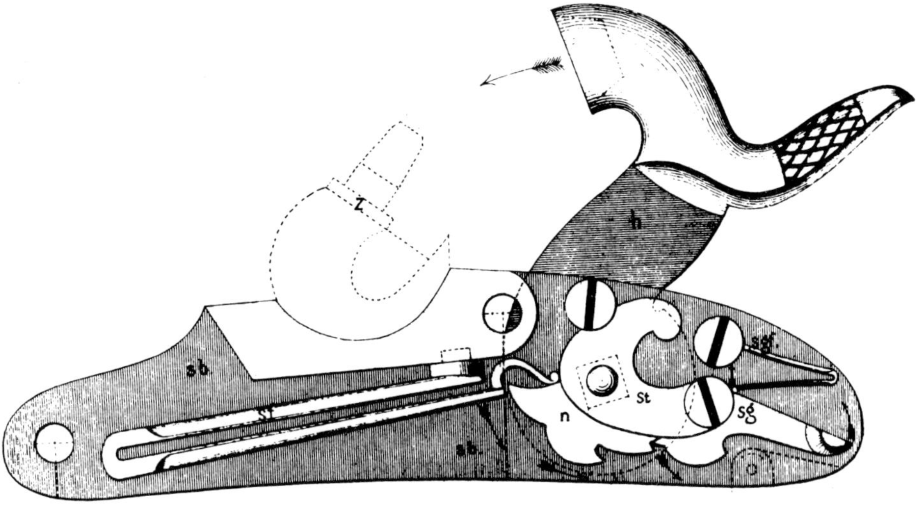

Console und das »Zünderwürstchen«

1835 war Österreich unter den ersten Staaten, die sich zur Einführung der Perkussion beim Militär entschlossen. Und dabei fanden die Österreicher eine besonders originelle und noch dazu beispiellos billige Lösung. Jospeh Console, ein Finanzbeamter aus dem damals österreichischen Mailand, hatte die Sparlösung erdacht. Um möglichst wenig an den vorhandenen Steinschloßgewehren, Modell 1798, verändern zu müssen, hatte Console ein »Knallbonbon« gebastelt, das das Zündhütchen ersetzen konnte. Er wickelte eine geringe Menge des neuen »Knallpulvers« in hauchdünnes Kupferblech und rollte das ganze zu einer kleinen Wurst, die ungefähr in die längliche Mulde der Pulverpfanne paßte. Anstelle der alten Batterie bekam das Steinschloß als einzig neues Teil einen Pfannendeckel, der auf der Unterseite einen »Zahn« hatte. Der alte Steinschloßhahn konnte bleiben, weil man ihm statt des Zündsteins einfach ein Stück Stahl als Hammer in die Spannlippen schraubte.

Das nach dem Consoleschen System umgeänderte Perkussionsschloß funktionierte nun so: Bei Schuß schlug der Hammer auf den Pfannendeckel, der Zahn im Inneren quetschte die Kupferblechrolle in der Pfannenmulde und brachte sie zur Explosion. Die Zündflamme

Österreichisches Perkussionsschloß, System Console, zur Umänderung der vorhandenen Steinschloßgewehre. In die Schraublippen des Hahns wurde ein stählernes Schlagstück eingesetzt. Die Pfanne (a) bekam statt der Batterie einen neuen Deckel (c), dessen „Zahn" (d) bis in die Pfannenmulde reicht. Er quetscht einen speziellen Zünder und bringt ihn dadurch zur Explosion. Beachten Sie die beiden Sicherungsklappen hinter dem Hahn und vor dem Pfannendeckel.

schlug durch das seitliche Zündloch in die Pulverladung im Lauf. Ganz so schlecht kann das Console-System mit dem merkwürdigen Zünderwürstchen nicht gewesen sein. Denn Österreich blieb, nachdem das Schloß vom Freiherrn v. Augustin nochmals verbessert worden war, bis 1854 dabei. Dann erst wurde in Kaiser Franz Josefs Vielvölkerstaat das »Kapselschloß« mit dem Zündhütchen eingeführt, das sich inzwischen überall in der Welt durchgesetzt hatte — und eigentlich zu diesem Zeitpunkt bereits wieder veraltet war.

Die USA und Schweden hatten als erste; bereits 1833 mit der Umrüstung auf Perkussion begonnen, es folgten, wie erwähnt, Österreich 1835, Preußen 1839, Frankreich 1840. England und die Schweiz folgten als Nachzügler erst 1842. Mit dem Console'schen Provisorium hatte sich Österreich über einen Zeitabschnitt weggeholfen, in dem in allen anderen europäischen Staaten das neue Perkussionssystem erprobt, immer wieder verbessert und schließlich bis zur Perfektion entwickelt wurde.

Der sächsische Hauptmann Julius Schön ließ als Vorstand der Haupt-Gewehrkommission im Königreich Sachsen die ersten Perkussionsgewehre im Truppenversuch erproben. Die geladenen Waffen wurden zum Beispiel mit Wasser übergossen, um sie auf Verwendbarkeit bei Regen zu testen. Denn die Unabhängigkeit von der Witterung erschien den militärischen Führern zunächst als der größte Vorteil des Perkussions-Systems. Sie hatten die »Katastrophe von Dresden« noch nicht vergessen.

In der Schlacht vom 26. und 27. August 1813 bei Dresden war das österreichische Heer von den napoleonischen Reitern überrannt worden, weil die Steinschloßgewehre im strömenden Regen versagten. Von nun an konnte schlechtes Wetter keine Entschuldigung mehr für eine Niederlage sein.

Und was meinten die zivilen Benutzer; -Jäger und Schützen -zu den neuen Kapselschlössern? Nun, sie überschlugen sich nicht gerade vor Begeisterung. Der bereits einmal zitierte Ober-Landes-Forstmeister Dr. Hartig kritisierte anno 1832:

»Diese neue Erfindung würde nichts zu wünschen übrig lassen, wenn zugleich eine solche Erfindung gemacht werden könnte, daß keine Erschütterung durch das Aufschlagen des Hahns erfolge. Diese ist aber (bei den Perkussionsschlössern) eben so stark, als bei den gewöhnlichen Feuerschlössern. Vielleicht gelingt es dem menschlichen Verstande noch, auch diesen Fehler zu entfernen — und dann würden viele Kugeln auf den bezielten Fleck treffen, die ihn jetzt verfehlen.«

Dr. Hartig brauchte auf die ersehnte Verbesserung nicht lange zu warten. Das Problem war 1832 bereits gelöst. Er wußte es nur noch nicht.

Königlich bayerische Infanterie im Gefecht (1832/38). Der Offizier (mit Säbel) führt bei der Erstürmung der Befestigung. Die Soldaten haben die Bajonette auf ihre Steinschloßflinten aufgepflanzt. (Sammlung Bayerisches Kriegsarchiv.)

Der perfekte Vorderlader

Das Perkussionssystem hatte nicht nur die Zündung der Feuerwaffen verbessert; es gab zugleich den Anstoß zur völligen Neukonstruktion der Läufe und Geschosse. Nach über hundertjährigem Stillstand bekam die Waffentechnik plötzlich mehr neue Impulse als in den gesamten 500 Jahren davor.
Wir erinnern uns: Seit dem 16. Jahrhundert bestanden nebeneinander zwei Grundtypen von Vorderladerwaffen:

1. Die *Gewehre mit glatten Läufen* (seit der Erfindung des Steinschlosses »Flinten« genannt). Sie waren die Standardwaffen der Infanterie; aber auch bei der Jagd wurden glatte Gewehre verwendet. Die Flinten ließen sich mit Papierpatronen leicht und »schnell« in 10—20 Sekunden laden, sie verschossen Rundkugeln, deren Durchmesser eineinhalb bis zweieinhalb Millimeter geringer waren als die üblichen Laufkaliber von 17 bis 19 Millimetern. Um den »Rollkugeln« beim Schuß wenigstens ein Minimum an Führung zu geben, mußten die glatten Läufe möglichst lang sein. Trotzdem schossen sie schlecht.
   Beim »Neupreußischen« glatten Infanteriegewehr, Mod. 1809, trafen auf 150 Meter Entfernung nur 21 von 100 Kugeln eine 1,25 mal 1,83 Meter große Scheibe.

2. Die *Gewehre mit gezogenen Läufen.* Sie wurden hauptsächlich auf der Jagd verwendet. Beim Militär gab es gezogene Gewehre, »Büchsen«, fast nur bei den Jägereinheiten, zu denen ursprünglich nur Forstleute und Schützen eingezogen worden waren, die ihre eigenen Waffen mitgebracht hatten.

   Die Büchsen wurden mit Pflasterkugeln geladen. Der Ladevorgang dauerte zwar rund eine halbe Minute, doch dafür konnte ein geübter Schütze auf 150 Meter Distanz mit neun von zehn Schuß eine Scheibe von 50 Zentimetern Durchmesser treffen.

Die gezogenen Gewehre waren kürzer als die Flinten und hatten durchweg kleinere Kaliber. Im allgemeinen 14 bis 17 mm.

Der umständliche Ladevorgang war der Preis, mit dem die leidlich gute Schußleistung der Pflasterbüchsen erkauft werden mußte. Wenn die Rundkugel beim Schuß den Drall der Züge annehmen sollte, war es notwendig, daß sie möglichst stramm im Lauf saß. Den Spielraum zwischen Kugel und Laufwand füllte das Pflaster aus, ein gefettetes Leinenläppchen, das die Kugel umgab. Die Stoffhülle preßte sich in die Züge des Laufs ein und gab beim Schuß den Drall an die Kugel weiter. Wie früher bereits beschrieben, mußten die stramm sitzenden Pflasterkugeln gegen den Widerstand der Züge mit Ladestock und aufgesetzten Hammerschlägen bis auf den Laufboden getrieben werden.

An diesem Verfahren hatte sich dreihundert Jahre lang nichts geändert, jetzt fanden kurz nacheinander drei Erfinder neue Lösungen für das Problem der Geschoßführung in gezogenen Vorderladerläufen. Die französischen Offiziere Thouvenin, Delvigne und Minié hatten unabhängig voneinander darüber nachgedacht, wie die Vorteile von Flinte und Büchse, schnelle Schußfolge und Zielgenauigkeit, zu vereinen wären. Es galt, ein neues Geschoß zu finden, das sich ohne das hemmende Pflaster leicht in den Lauf führen

Bayerischer leichter Kavallerist mit glattem Steinschloßkarabiner. Die beiden Positionen „Fertigmachen“ und „Anschlagen“ sind einer Ausbildungsschrift aus dem Jahre 1828 entnommen. (Sammlung Bayerisches Kriegsarchiv.)

ließ und sich daher beim Schuß in die Züge einpreßte. Mit der alten Rundkugel war das nicht zu erreichen. Es mußte ein neuer Geschoßtyp entwickelt werden: das Langgeschoß.

Die Lang-Geschosse von Delvigne, Minié und Thouvenin

Hauptmann Gustave Delvigne hatte das Problem, an dem zahlreiche Konstrukteure arbeiteten, 1828 als erster gelöst. Er verwendete ein Bleigeschoß mit zylindrischem Schaft und rundkegelförmiger Spitze. Der zylindrische Schaft hatte mehrere tief eingeschnittene Rillen. Beim Laden läßt sich das Geschoß leicht bis zu einem Absatz vor der Pulverkammer hinabschieben. Wenn es dort aufliegt, wird es mit mehreren Schlägen des Ladestocks gestaucht. Das weiche Blei drückt sich zusammen, »quillt« in die Breite und füllt die Züge aus.

Nachteil: Durch das Stauchen mit dem Ladestock wird die Spitze des Geschosses beschädigt und erhält eine unregelmäßige Form. Das wirkt sich ungünstig auf die Schußleistungen aus. Denselben Nachteil hatte das System des Obersten Louis Thouvenin. Er stauchte sein Spitzgeschoß auf einem stählernen Dorn, der wie ein Amboß genau in der Laufachse stand und durch die Pulverladung ragte. Thouvenin'sche »Dornbüchsen« wurden ab 1846 in Frankreich, Belgien, Preußen, Bayern und England eingeführt.

Die eleganteste Lösung des Vorderladerproblems fand der Artillerie-Hauptmann Claude-Etienne Minié. Er legte 1848 ein neuartiges Langgeschoß vor, das nicht mehr zerhämmert werden mußte. Das Minié-Geschoß dehnte sich selbsttätig aus, sobald die Pulverladung im Lauf gezündet wurde. Das sogenannte »Expansionsgeschoß« hat eine konische Aushöhlung im Boden. In die Höhlung ist ein eisernes Näpfchen (Culot) so eingepreßt, daß seine offene Seite zur Pulverladung hin weist. Im Augenblick der Zündung wirken die Pulvergase zu allererst auf das Culot ein. Sie stoßen das Näpfchen wie einen Keil tiefer in die Höhlung des

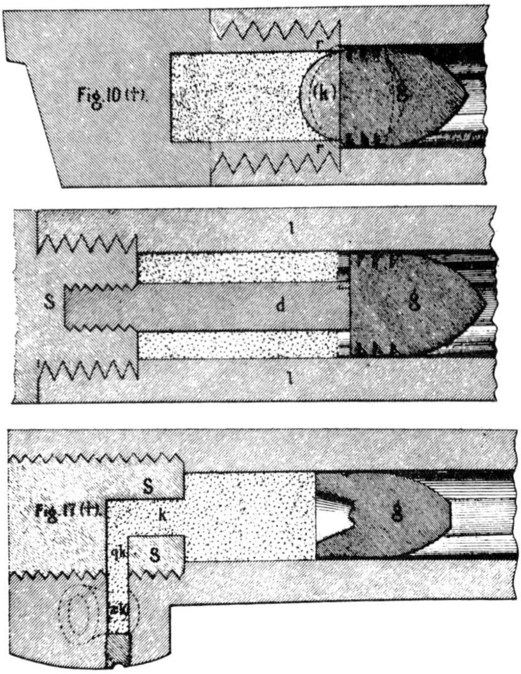

Die Geschoßführungssysteme von Delvigne, Thouvenin und Minié, Delvigne (oben) stauchte das Langgeschoß auf einem Rand (r) über der Pulverkammer. Thouvenin (Mitte) verwendete zum gleichen Zweck einen Dorn (d), der durch die Pulverkammer ragte. Minié (unten) erfand das Expansionsgeschoß, das sich dank seiner Höhlung im Boden selbsttätig „aufbläht".

Geschosses und treiben die Wände auseinander. Erst dann setzt sich das träge Bleigeschoß im Lauf in Bewegung.

Während sich die gestauchten Geschosse von Delvigne und Thouvenin auch aus gezogenen Steinschloßbüchsen verschießen ließen, hatte Minié sein System bereits den neuen Gegebenheiten der Perkussionszündung angepaßt, bei der die gesamte Pulverladung im Augenblick der Explosion des Zündhütchens schlagartig abbrennt. Bei der Steinschloßzündung brannte die Ladung wesentlich langsamer ab. Der allmähliche Druckanstieg hätte nicht ausgereicht, um das Geschoß expandieren zu lassen.

Das System Minié bewirkte in wenigen Jahren eine Revolution in der Heeresbewaffnung fast aller Staaten. Schlagartig hatten die Flinten ausgedient. Jetzt bekamen plötzlich auch die einfachen Infanteristen gezogene Gewehre, ein Vorrecht, das bis dahin nur die Jägertruppen hatten.

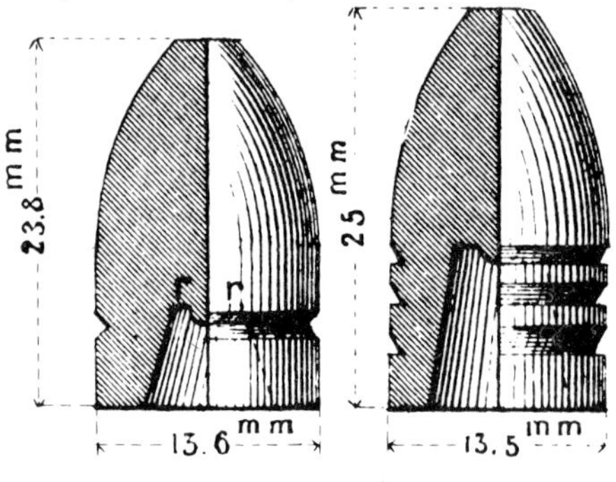

Schnitt durch zwei Langgeschosse des Typs Minié ohne Näpfchen.

Abgesehen von den technischen Gründen, die dagegen sprachen, waren die Heerführer auch lange Zeit der Meinung gewesen, man dürfe der Infanterie keine gezogenen Gewehre geben, weil weittragende Waffen die Tapferkeit der Soldaten schädigen könnten. Jetzt mußten die Herren Generale von diesem liebgewordenen Vorurteil lassen. Denn schon 1854, zu Beginn des Krimkrieges, zeigte sich, daß mit glatten Läufen nichts mehr zu holen war. Die englischen und französischen Truppen hatten bereits Minié-Gewehre, und so gerieten die russischen Truppen mit ihren altväterlichen Flinten hoffnungslos ins Hintertreffen.

Der Kriegsberichterstatter der Londoner »Times« beschrieb die furchtbare Wirkung der englischen Enfield-Gewehre, Modell 1851, nach der Schlacht von Inkerman wie folgt: »Die Salven fuhren in die Reihen der Gegner wie die Hand eines Racheengels und sie fielen wie die Blätter im Herbst ...«

Miniés Expansionsgeschoß mit Culot war allerdings noch nicht der letzte Schritt in der Entwicklung neuer Vorderladergeschosse. So gelang es bald verschiedenen Konstrukteuren, Langgeschosse herzustellen, die in ihrem ausgehöhlten Boden kein Culot mehr brauchten, um zuverlässig zu expandieren.

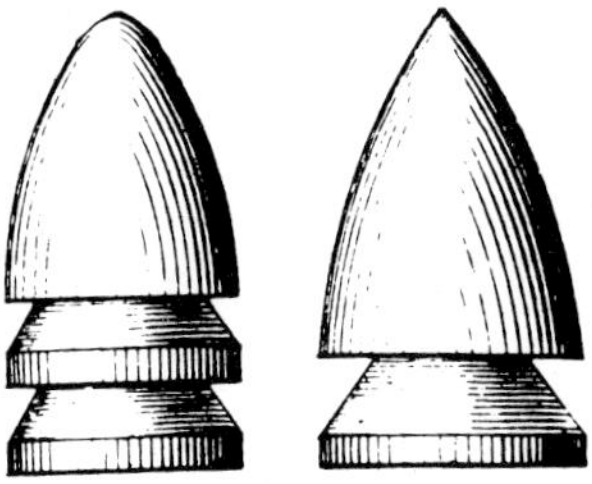

Kompressionslanggeschosse nach Lorenz. Durch den Stoß der Pulvergase beim Schuß wird das Geschoß in den tief eingeschnittenen Kerbrillen zusammengedrückt. Dadurch vergrößert sich der Geschoßdurchmesser.

Einen anderen Weg schlug der österreichische k. k. Unterlieutnant, Werkführer Josef Lorenz, ein. Er konstruierte 1854 ein »Kompressionsgeschoß« mit zwei tiefen Einschnitten im Schaft. Das Geschoß wurde beim Schuß von hinten her zusammengepreßt, also »komprimiert«. Es wurde dadurch kürzer und zugleich »dicker«. Die österreichische Armee nahm das Lorenz-Geschoß noch im selben Jahr an, und Kaiser Franz-Joseph schlug den kleinen Unterlieutnant zum Ritter.

Die Umrüstung auf gezogene Waffen, die für Langgeschosse eingerichtet waren, erzwang sogleich die erste allgemeine Kaliberverkleinerung in der Geschichte der Feuerwaffen. Die glatten Infanteriegewehre hatten Kaliber von 17,5 bis 18,5 Millimeter. Die Rundkugeln, die sie verschossen, wogen 25 bis 30 Gramm. Bei Beibehaltung dieser »Elefantenkaliber« für die neuen gezogenen Läufe hätten die dazugehörigen Langgeschosse 40 bis 50 Gramm schwer sein müssen. Viel zu schwer also für die damals üblichen Pulverladungen von 6 bis 9 Gramm. Wegen des zu erwartenden unerträglichen Rückstoßes beim Schuß und wegen der beschränkten Haltbarkeit der eisernen Läufe konnte die Ladung nicht verstärkt werden. Der einzige Ausweg: Kaliberverkleinerung.

Während Österreich und die süddeutschen Staaten Bayern, Württemberg, Baden 1858 bis zum sogenannten »mittleren Kaliber« von 13,9 mm herabgingen, machten die Schweizer noch einen Schritt weiter. Sie hatten bereits 1851 für das neue, wegen seiner Schußpräzision heute noch berühmte »Bundesgewehr«; das Gewehrkaliber auf 10,5 mm festgelegt. Damit war zugleich die unterste Kalibergrenze für langläufige Militär-Vorderlader erreicht. Etwa im Jahre 1860 endete die Geschichte der Vorderladerwaffen. Auch mit neuen Werkstoffen und modernen Fertigungsmethoden waren keine weiteren Leistungssteigerungen mehr zu erzielen. Ein guter Schütze, so behauptete Hauptmann Julius Schön im Jahre 1858, könne mit einem gezogenen Vorderlader und Kompressionsgeschoß auf 140 Meter Distanz mit zehn Schüssen zehn Treffer auf einer nur 12 x 19 Zentimeter großen Scheibe (kleiner als diese Buchseite); anbringen. Das ist ein Ergebnis, das sich auch heute noch sehen lassen kann. Die Ladeweise der Vorderladerwaffen allerdings war um 1860 immer noch fast so umständlich wie zur Zeit des Dreißigjährigen Krieges. Immer noch mußten die Gewehre von vorn geladen werden. Es mußte also etwas ganz neues kommen — und da war es auch schon: der Hinterlader.

Major Priem hatte seinen großen Tag. Am 4. Dezember 1840, nach fast zehnjähriger Entwicklungszeit, konnte er dem preußischen König Friedrich Wilhelm IV. endlich das neue Infanteriegewehr vorlegen, von dem trotz strengster Geheimhaltung bereits die unglaublichsten Dinge bekannt geworden waren. Es hieß, daß man mit dem »leichten Perkussionsgewehr« fünfmal (!) pro Minute feuern könne, dank einer neuartigen Zündung, die der Gewehrfabrikant Dreyse aus Sömmerda erfunden hatte.

Jetzt lag dieses Wundergewehr auf dem grün bezogenen Kabinettstisch. Major Priem, der als militärischer Beauftragter maßgeblich an der Entwicklung der Waffe beteiligt war, wandte sich zum König und hub zu einer großen Rede an. Er sagte: »Majestät, die Vorsehung hat diese Waffe in Eure Hände gelegt. Von nun an könnt Ihr bestimmen, wo die Grenzen von Preußen sein sollen.«

Beeindruckt rückten die Minister ihre Augengläser zurecht, um dieses »Geschenk der Vorsehung« näher in Augenschein zu nehmen. Aber es gab nicht viel Besonderes zu sehen. Der Lauf, der Schaft und die Halteringe unterschieden sich kaum von den bereits bekannten Gewehrmodellen, nur des Seitenschloß und der Hahn fehlten. Dafür hatte das neue Gewehr an dieser Stelle einen blanken geraden Hebel mit einem Kugelknopf am Ende, den Kammerstengel. Mit diesem Hebel konnte man den sogenannten »Kammerverschluß« am Laufende betätigen, denn das Dreyse-Gewehr war ein Hinterlader,und die Bezeichnung »Leichtes Perkussionsgewehr« war nur zur Tarnung des geheimen Projekts angenommen worden, um ausländische Spione zu verunsichern.

Nun hatte es bis dahin schon eine ganze Reihe Versuche mit Hinterladungssystemen gegeben, die zwar an Jagdwaffen leidlich funktionierten, für militärische Zwecke jedoch zu kompliziert, zu empfindlich und in der Herstellung zu teuer waren. Auch das Dreyse'sche System war ziemlich aufwendig im Vergleich zur einfachen Konstruktion der damals üblichen Perkussions-Vorderlader-

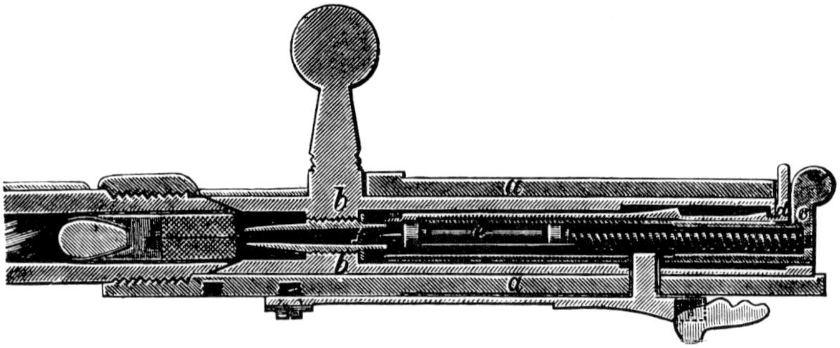

Preußisches Zündnadelgewehr Modell 1841, Schnitt durch das System. In der Schloßhülse (a), die mit dem Lauf verschraubt ist, wird der Zylinder (b) mit Hilfe des angesetzten Kammerstengels verriegelt. In der Abbildung ist das Schloß entspannt, die Zündnadel (c) sticht in die Patrone.

gewehre. Doch der König, der bereits seit zehn Jahren ein von Dreyse konstruiertes Jagdgewehr besaß, hatte den Erfinder höchstselbst ermuntert, auch ein Hinterladungs-Militärgewehr zu entwickeln.

Der Dreyse'sche Kammerverschluß besteht aus drei Hohlzylindern, die sich ineinander bewegen lassen. Der äußere Zylinder ist als Verschlußhülse fest mit dem Laufende verbunden. Der zweite Zylinder trägt den Kammerstengel und enthält den dritten Zylinder sowie ein Gestänge, zwei Federn und eine lange spitze Stahlnadel, die beim Schuß nach vorn schnellt und eine neuartige Patrone zündet: die »Einheitspatrone«.

Auch sie ist eine Erfindung Dreyses. Sie sieht auf den ersten Blick aus wie eine der gewöhnlichen Patronen, wie sie damals seit zweihundert Jahren für Vorderlader verwendet wurden: eine abgemessene Pulverladung und ein Geschoß, beides in Papier gewickelt, das als Pfropfen zur Abdichtung verwendet wird. Doch die Dreyse-Patrone enthält noch eine vierte Komponente: das Zündmittel. Etwa in der Patronenmitte, zwischen Geschoß und Pulverladung, sitzt ein dicker Papp-Pfropfen, der »Treibspiegel«. Er hat auf der Vorderseite eine Mulde, in der das

Schnitt durch die preußische Zündnadeleinheitspatrone. Die Papierhülle enthält die Pulverladung (pl) und den Papptreibspiegel, in den hinten der Zündsatz (zs) und vorn das Geschoß (gs) eingepreßt sind.

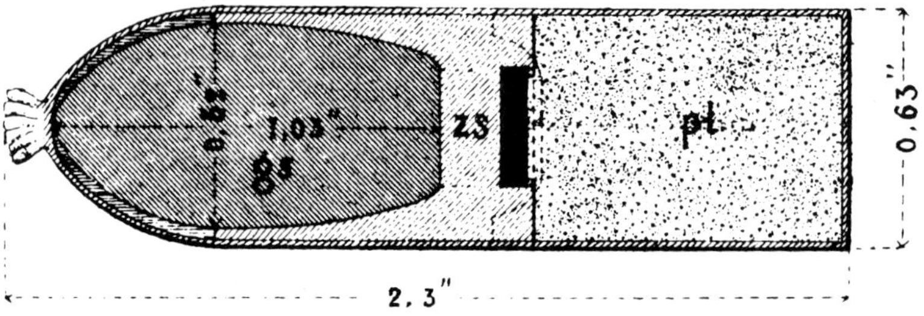

Nikolaus von Dreyse
(1787—1868)

Geschoßende fest eingepreßt ist. Am hinteren Ende des Pfropfens, genau im Mittelpunkt, befindet sich eine winzige Aussparung für die Zündpille.

Beim Schuß schnellt die lange Zündnadel des zylindrischen Kammerverschlusses nach vorn, durchsticht die gesamte Pulverladung der Patrone und trifft schließlich die Zündpille.

Der gelernte Schlosser Nikolaus Dreyse, geboren 1787 in Sömmerda, hatte während seiner Wanderjahre von 1809 bis 1814 in Paris bei dem berühmten Büchsenmacher Johannes Samuel Pauly, einem gebürtigen Schweizer, gearbeitet, der damals bereits Hinterlader mit Metallpatronen herstellte. Nach seiner Rückkehr übernahm Dreyse die väterliche Schlosserwerkstatt und stellte dort zunächst Fensterbeschläge und Pferdestriegel her. Dann versuchte er sich an der Konstruktion einer Dampfmaschine, und schließlich erinnerte er sich wieder an das, was er in Paris gelernt hatte: Dreyse befaßte sich mit Waffen. 1824 stellte er die damals noch brandaktuellen Zündhütchen in verbesserter Ausführung her. Drei Jahre später erfand er die Einheitspatrone, und von da an arbeitete er verbissen an der Konstruktion des dazu passenden Gewehrs. Zunächst sollte es ein Vorderlader werden.

Dreyse und sein damaliger Kompagnon Collenbusch experimentierten mit Waffen, die zwar ganz konventionell durch die Mündung mit der Dreyse-Patrone geladen, dann jedoch mit einem neuartigen, im Laufende eingesetzten Nadelmechanismus gezündet wurden. Dreyse brauchte lange, ehe er erkannte, daß er sich in eine Sackgasse verrannt hatte, denn die Vorteile seiner Patrone konnten in einem Vorderlader nicht zum Tragen kommen. Die Lösung des Problems hieß: Hinterlader.

Inzwischen war man in Berlin auf die Versuche des Schlossers aus Sömmerda aufmerksam geworden. Friedrich Wilhelm IV. erkannte die Bedeutung sofort und entzog die weitere Entwicklung den Augen der Öffentlichkeit. Der Preuße Dreyse enttäuschte seinen König nicht, und dafür zeigte sich der Herrscher am Ende auch erkenntlich. Nachdem das preußische Kabinett die Annahme des Dreyse-Zündnadelgewehrs als Modell 1841 für die Heeresbewaffnung angenommen hatte, durfte sich der Erfinder mit staatlicher Hilfe in Sömmerda eine Gewehrfabrik aufbauen, und er wurde außerdem vom König in den Adelsstand erhoben.

Nikolaus von Dreyse, wie er sich fortan nannte, hatte ein für die damalige Zeit sehr bemerkenswertes System entwickelt, das allerdings — wie sich sehr bald herausstellte — mehrere schwere Mängel aufwies. Im Streben nach einer perfekten Waffe; hatte sich Dreyse von seiner Phantasie auf Abwege führen lassen.

Da war zum Beispiel die Sache mit dem Treibspiegel: Das Zündnadelgewehr verschoß eiförmige Bleigeschosse mit einem Kaliber von 13,6 mm. Der Lauf jedoch hatte das Kaliber 15,43 mm. Damit sich das kleine Geschoß im weiten Lauf trotzdem führte, war es mit seinem hinteren Ende in den Papp-Treibspiegel eingepreßt. Dieser »Pfropfen« hatte einen Durchmesser von 16,2 mm. Er preßte sich in die vier ungewöhnlich tief eingeschnittenen Züge und gab beim Schuß die Rotation an das Geschoß weiter. Unmittelbar nach Verlassen des Laufs — so wollte es Dreyse — sollte sich der Treibspiegel vom Geschoß trennen und das Geschoß allein ins Ziel fliegen. Mit dieser komplizierten Art der Geschoßführung ver-

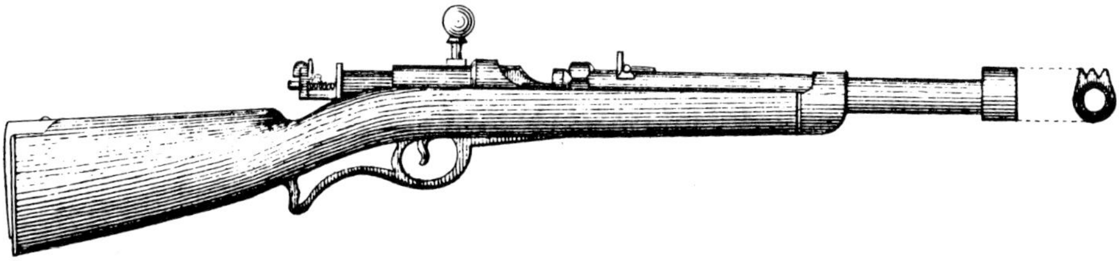

Preußischer Zündnadelkarabiner Modell 1857, Kammer geöffnet, Schlößchen zurückgezogen.

suchte der Erfinder den physikalischen Gesetzen ein Schnippchen zu schlagen. Innerhalb des Laufs sollte der Treibspiegel dem Druck der Pulvergase eine möglichst große Angriffsfläche bieten. Außerhalb des Laufs jedoch sollte das kleinere Bleigeschoß leichter den bremsenden Luftwiderstand überwinden.

Die Idee ist originell, doch in der Praxis funktionierte das System oft nicht, weil sich Treibspiegel und Geschoß nicht immer im richtigen Augenblick trennten. Manchmal trennten sie sich überhaupt nicht, dann gab es die sogenannten »Brummer«, die wie Querschläger ziellos irgendwohin flogen. Etwa jeder zehnte Schuß ging auf diese Weise verloren.

Immerhin war es Dreyse als erstem gelungen, einen halbwegs gasdichten Hinterladerverschluß zu bauen. Bis dahin hatten sich die meisten Hinterlader als unbrauchbar erwiesen, weil an der Nahtstelle zwischen Verschluß und Laufende zuviel Druck verloren gegangen war. Mit seinem zylindrischen Kammerverschluß hatte Dreyse nun endlich eine Lösung dieses Problems gefunden. Der Rand des Kammermundstücks war trichterförmig ausgefräst, er paßte genau auf das konisch geformte Laufende, und der Kammerstengel, dessen Fuß in einer Aussparung der Kammerhülse rastete, verriegelte die beiden Teile miteinander. Nur mit kräftigen Handballenschlägen auf den Kugelknopf des Kammerstengels ließ sich der Verschluß öffnen und schließen. Und wenn er heißgeschossen war, blieb den Soldaten oft nichts anderes übrig, als mit aufgelesenen Steinen den Verschluß aufzuschlagen.

Der Dreyse-Verschluß ist der Prototyp aller Zylinderverschlüsse,

wie sie heute noch bei den meisten Gewehren verwendet werden. Ob Kleinkalibergewehr oder Elefantenbüchse; Dreyses Idee lebt heute noch fort. Sein Gewehr hatte allerdings noch keine Selbstspann-Vorrichtung, wie sie heute selbstverständlich ist. Nach dem Umlegen des Kammerstengels mußte der Schütze mit dem Daumen das »Schlößchen« von hinten in den Verschlußzylinder hineinschieben. Damit wurde die Spiral-Schlagfeder gespannt.
Trotz mancher Mängel und Umständlichkeiten, die auch durch nachträgliche Änderungen nicht zu beheben waren, machten die preußischen Zündnadelgewehre Geschichte. Zumindest bis zum Jahre 1866, in dem Frankreich mit dem Modell »Chassepot« ein wesentlich besseres Zündnadelgewehr einführte, war die preußische Armee die bestbewaffnete in Europa. Der preußische Sieg von 1866 gegen Österreich und die süddeutschen Staaten, der Preußens Vormachtstellung im späteren Reich begründete, ist sicher nicht zuletzt auf das Zündnadelgewehr zurückzuführen. Insgesamt entstanden in den 30 Jahren von 1841 bis 1871 neun verschiedene Zündnadelgewehre. Die Infanteriegewehre M 41 und M 62, das Füsiliergewehr M 60, die Zündnadelbüchsen M 49, M 54 und M 65, das Zündnadelpioniergewehr M 69, der Zündnadelkarabiner M 57 und sogar eine Pistole. Sie trägt die Modellbezeichnung M 56 und ist heutzutage eine Rarität.

Das Chassepot-Gewehr

Im Krieg 1870/71 trafen die Zündnadelgewehre von Dreyse und Chassepot aufeinander. Und da erwies sich, was militärische Beobachter bereits vor dem Krieg behauptet hatten: die französische Zündnadel-Konstruktion war der preußischen haushoch überlegen.
Kein Wunder. Das Chassepot-Gewehr hatte bereits das »kleine« Kaliber von 11 Millimeter. Ein massives glattes Weichbleigeschoß mit einem Durchmesser von 11,8 Millimeter preßte sich ohne Hilfe

eines Treibspiegels in die Züge und führte sich gut. Das Geschoß war in eine seidene Patronenhülle eingebunden, die die Pulverladung von 5,68 g und die Zündpille enthielt. Bei der französischen »Einheitspatrone« lag die Zündpille bereits in der Mitte des Pa-

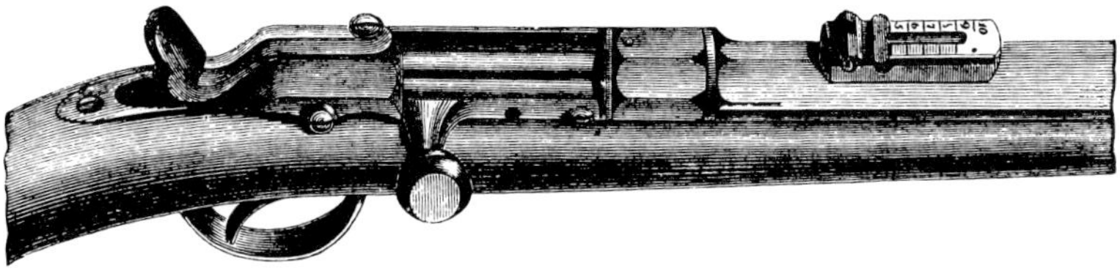

Französisches Zündnadelgewehr Modell 1866, System Chassepot, Kaliber 11 Millimeter.

tronenbodens, das heißt, die Zündnadel mußte nicht wie beim Dreyse-Gewehr die gesamte Pulverladung durchstechen. Auch bei der Abdichtung des Verschlusses gingen die Franzosen einen neuen Weg. Sie setzten einen Kautschuk-Pfropfen hinter die stählerne Stirnfläche des Zylinderverschlusses, Beim Schuß wurde der Kautschuk gestaucht, breitgequetscht und damit der Verschluß abgedichtet.

Das Geschoß des Chassepotgewehrs erreichte eine Anfangsgeschwindigkeit von 420 Meter pro Sekunde. Die preußischen Kugeln waren weit weniger rasant. Sie hatten eine V_0 von nur 296 m/sec. Es hieß damals, 300 Chassepot-Gewehre seien im Gefecht ebenso viel wert wie 500 Dreyse-Gewehre. Daß die deutschen Staaten trotz ihrer schlechteren Infanterie-Waffen den Krieg gewannen, erscheint daher umso bedeutsamer.

Nach dem Vorbild des Königreichs Preußen hatten im Jahre 1870 auch die meisten anderen deutschen Staaten bereits Zündnadelgewehre eingeführt. Die verschiedenen Konstruktionen unterschieden sich nur wenig voneinander. Bayern war der einzige Staat, der aus der Rolle fiel.

In Bayern hatte man bei Kriegsausbruch zwei grundverschiedene Waffen-Systeme an die Truppen ausgegeben. Das »Podewils-Gewehr«, ein umgeänderter Vorderlader von äußerst mäßiger Leistung, den der Direktor der königlich-bayerischen Gewehrfabrik Amberg, Philipp Freiherr von Podewils, konstruiert hatte — und das »Werder-Gewehr«, eine Waffe mit Fallblock-Verschluß und Metallpatronen. Das Werder-Gewehr galt damals ein paar Jahre lang als das beste Infanteriegewehr in Europa.
Zunächst jedoch zum Podewils-Gewehr Mod. 1867. Man hatte dem gezogenen bayerischen Vorderlader, Modell 1858 (Kaliber 13,9 mm), die Schwanzschraube abgenommen und dafür eine zy-

Bayerisches Podewils-Gewehr Modell 1867, Ansicht von der Seite und Blick von oben in die geöffnete Kammer. Das Gewehr wurde mit Papierpatronen geladen, die Minié-Geschosse vom Kaliber 13,6 Millimeter eingebunden hatten. Die Zündung erfolgte mit einem normalen Perkussionsschloß. Der Zündfunke mußte die Papierhülle der Patrone durchschlagen.

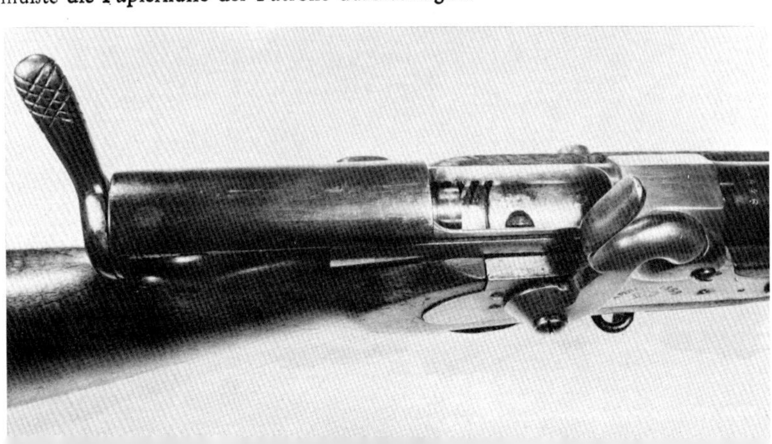

lindrische Verschlußeinrichtung ans Laufende geschraubt. Die Perkussionszündung mit Hahn, Piston und Zündhütchen blieb. Zum Laden läßt sich der Verschlußzylinder entriegeln und nach hinten herausziehen. Eine Lademulde wird sichtbar. Der Schütze legt die Papierpatrone mit Miniégeschoß (ohne Culot) in die Mulde, schiebt den Verschlußzylinder wieder nach vorn und verriegelt ihn. Er spannt den Hahn und setzt das Zündhütchen auf den Piston.
Beim Schuß muß der Zündstrahl erst das Patronenpapier durchschlagen, bevor er das Pulver erreicht. Weil das oft nicht funktionierte, gewöhnten sich die bayerischen Soldaten an, ihre Patronen vor dem Laden ein paarmal anzustechen, um die Zündung zu erleichtern. Auch mit dem Verschluß gab es oft Pannen, und Ladestörungen waren an der Tagesordnung. Das Podewils-Gewehr ist ein Musterbeispiel für eine nicht geglückte Umänderung.
Über jeden Tadel erhaben ist dagegen das Werder-Gewehr, Mod. 1869, das der Direktor der Maschinenfabrik Nürnberg, Johann Ludwig Werder, erfunden hatte. Es hat einen sogenannten Fallblockverschluß. Verschlüsse ähnlicher Art findet man heute noch vereinzelt bei Jagd- und vor allem bei Scheibenstutzen. Der Blockverschluß mit zentral geführtem Schlagbolzen war damals nicht

Englisches Infanteriegewehr Modell 1871, System Martini-Henry. Der Fallblockverschluß wird mit dem Hebel (E) betätigt. In der Abbildung ist der Fallblock (D) zum Laden nach unten geschwenkt, das Patronenlager ist geöffnet. Das Gewehr hat ein Kaliber von 11 Millimetern.

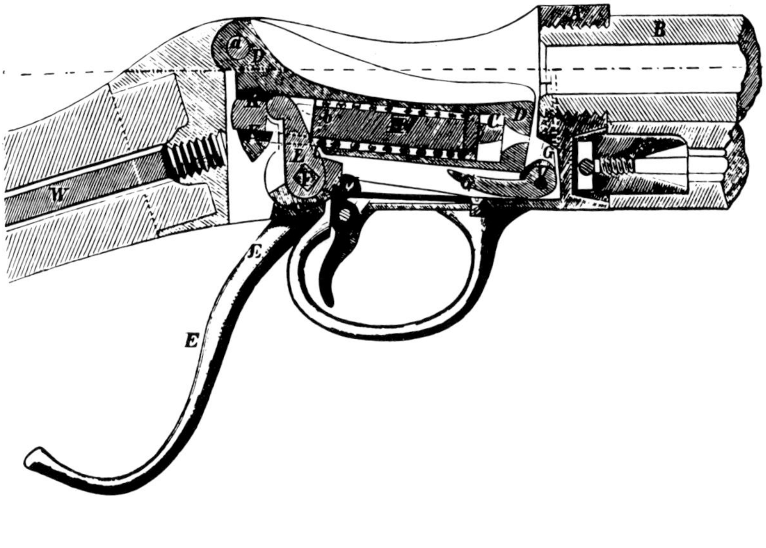

mehr ganz neu. Das amerikanische System »Peadbody« hatte ihn als erstes, und der österreichische Textilfabrikant Friedrich von Martini verbesserte das System nocheinmal Mitte der 60er Jahre. Durch die Vereinigung des Martini-Verschlusses mit einem Lauf des Konstrukteurs Henry; entstand das berühmte englische Infanteriegewehr Martini-Henry, bei dem sich der Verschlußblock in einer rückwärts gelegenen Achse dreht und durch einen unter dem Schaft liegenden Hebel bewegt wird. Bei verschiedenen Konstruktionen dient dieser Hebel zugleich als Abzugsbügel.

Das Werder-Gewehr hat einen weiterentwickelten Martiniverschluß; ohne Unterhebel. Stattdessen ist vor dem Abzug ein kleiner Drücker angebracht. Wird er ausgelöst, so schlägt der Fallblock unter Federdruck nach unten, gibt das Patronenlager frei und betätigt zugleich einen gabelförmigen Auswerfer, der die abgeschossene Patronenhülse nach hinten wegschleudert. Diese Einrichtung, die wir unter dem Namen »Ejektor« sonst nur bei teuren Jagd-Kipplaufwaffen kennen, war damals eine Sensation. Sie trug dem Modell Werder den Ehrennamen »Bayerisches Blitz-Gewehr« ein. Erst 15 Jahre später, beim Modell 71/84, gab es wieder ein deutsches Militärgewehr, bei dem die leeren Hülsen ausgeworfen wurden, wenn auch nicht automatisch.

Viel Beachtung fand damals auch die Schloßkonstruktion, bei der die einzelnen Teile so zweckmäßig gestaltet, angeordnet und befestigt waren, daß die Soldaten kein Werkzeug mehr brauchten,

Bayerisches Podewils-Gewehr, Modell 1867 (unten) und bayerisches Werder-Gewehr Modell 1869 (oben).

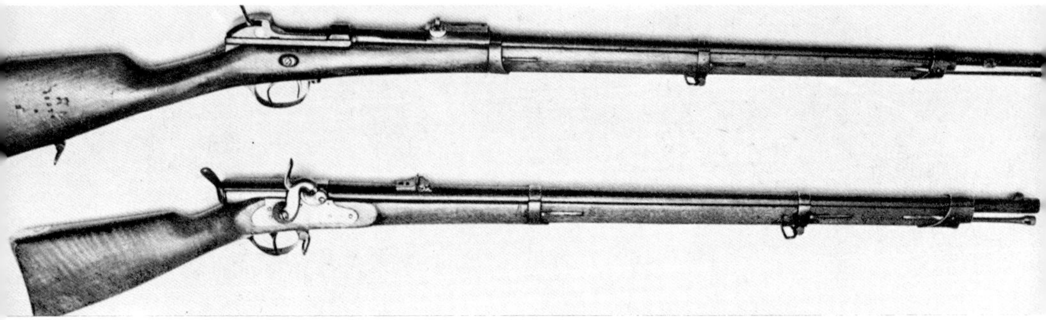

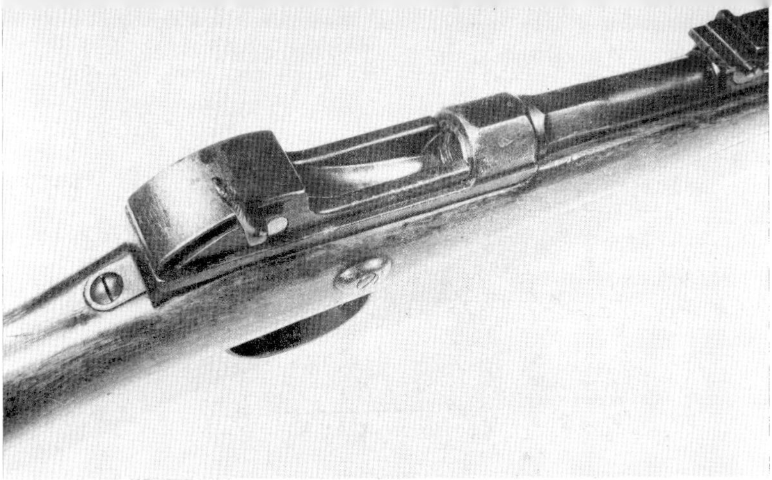

Bayerisches Werder-Gewehr Modell 1869, Kaliber 11 Millimeter. Verschlußblock gesenkt, Patronenlager zum Laden geöffnet.

um das Schloß beim Reinigen auseinanderzunehmen. Noch denkwürdiger freilich war die Tatsache, daß die Bayern als erste in Deutschland beim Militär eine Metallpatrone eingeführt hatten. Das Bleigeschoß vom Kaliber 11,15 mm ist 22 g schwer und hat drei Fettrillen, die Messinghülse ist leicht konisch. Sie hat am Boden einen vorstehenden Rand und in der Bodenmitte ein eingesetztes Zündhütchen von 7 mm Durchmesser. Die Patrone enthält nur eine relativ geringe Schwarzpulver-Ladung von 4,3 Gramm. Dennoch erreicht das Geschoß eine Anfangsgeschwindigkeit von 410 m/sec. Es gab auch einen Werder-Karabiner und eine Pistole mit dem gleichen Verschluß-System. Für diese beiden Waffen war eine kürzere 11-Millimeter Patrone eingeführt.
Der Bayern-Stolz auf das heimische Hinterlader-System fand sogar Ausdruck in der satirischen Monatschrift »Münchner Punsch«. In der Juli-Nummer des Jahrgangs 1871 versuchte sich die Redaktion an der Steigerung des Begriffs Hinterlader. Lösung: »Dreyse — Chassepot — Werder«.

Links: Schnitt durch das Werder-System, Schloß gespannt. Rechts: Schloßteil (entspannt) zum Reinigen aus dem Gewehr genommen.

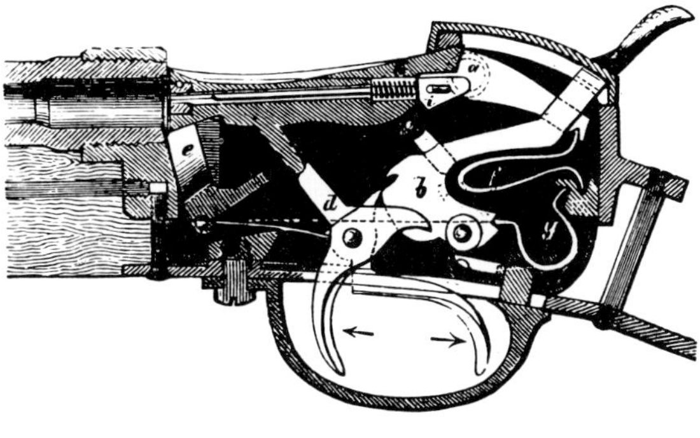

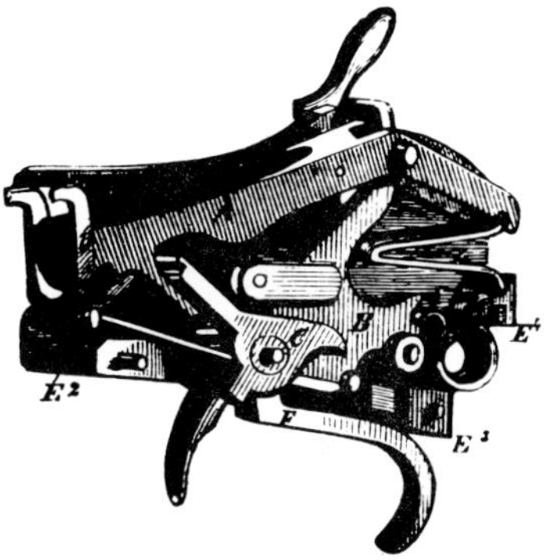

Die um 1860 erfundene »Zentralfeuerzündung« mit dem eingesetzten Zündhütchen im Patronenboden war damals der letzte Schrei in der Waffentechnik. Zwar hatte es bereits seit den 30er Jahren Versuche mit »selbstdichtenden« Metallpatronen gegeben, und 1849 bekam der Pariser Büchsenmacher Nicola Flobert ein Patent auf seine erste Randfeuerpatrone. Flobert hatte einen Gedanken weiterverfolgt, den andere Erfinder schon 50 Jahre vor ihm gehabt, dann aber wieder verworfen hatten. Er verwendete Knallquecksilber, – die Zündhütchen-Zündmasse, – als Treibladung für das Geschoß. Bereits Ende des 18. Jahrhunderts, als diese chemische Verbindung entdeckt wurde, hatte man daran gedacht, Feuerwaffen mit dem Explosionsstoff zu laden und durch Schlag zu zünden. Doch dieses Verfahren brachte beim Vorderlader keine Verbesserung; außerdem waren die damals üblichen schmiedeeisernen Läufe dem hohen Druck nicht gewachsen.

Als Flobert die Idee wieder aufgriff, kannte man bereits verschiedene Hinterladerkonstruktionen, und man hatte Erfahrung in der Herstellung von Zündhütchen aus Kupferblech. Floberts Patronen sind nichts anderes als Zündhütchen mit einem hohlen Wulst oder Rand am Boden und einer Blei-Rundkugel in der Öffnung. Sie werden heute noch hergestellt in den Kalibern 4, 6 und 9 Millimeter als Munition für Zimmerstutzen und Vogelflinten. Die bekannteste Patrone auf der ganzen Welt, die Kleinkaliberpatrone Kaliber ».22 Long Rifle« (in Deutschland: 5,6 mm l.f.B.), ist eine Weiterentwicklung der Flobertpatronen. Die Kleinkaliber-Patronen haben außer dem Quecksilber-Zündsatz im Hülsenboden noch eine Pulverladung und statt der Rundkugel ein Lang-Geschoß. Der Amerikaner Rollin White entwickelte 1853 die ersten Randfeuer-Revolverpatronen. Die Firma »Smith & Wesson« brachte bereits 1857 den ersten Revolver für diese Munition auf den Markt.

Bei den Randfeuerpatronen erfolgt die Zündung durch einen Stoß des Schlagbolzens auf den vorstehenden Hülsenrand. Die Quecksilber-Zündmasse ist in den hohlen Rand eingegossen. Die Schlagbolzenspitze quetscht den Rand an einem Punkt. Damit Randfeuerpatronen zuverlässig zünden, und auch aus fertigungstechnischen Gründen, kann für die Herstellung nur sehr dünnes Blech verwendet werden. Diese Tatsache beschränkt die Verwendung dieser Zündungsart auf Munitionssorten mit schwachen Ladungen. Das ist der Hauptgrund, warum die billige Randfeuermunition heute nur noch für kleinkalibrige Waffen hergestellt wird.

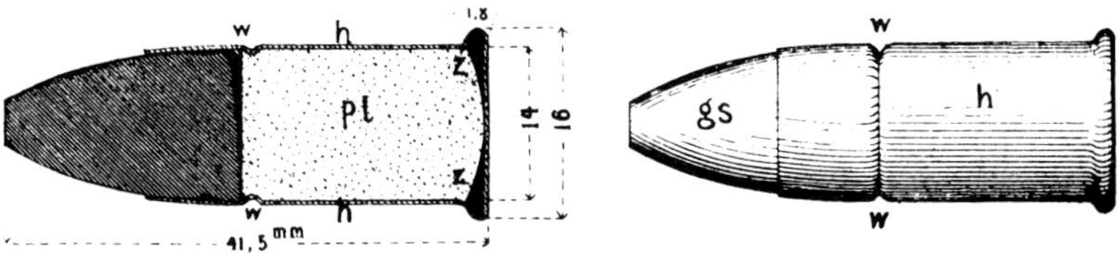

Randfeuerpatrone, Mitte 19. Jahrhundert. Die Zündmasse, schwarz eingezeichnet (z), ist in den hohlen Bodenrand eingegossen.

Es gab damals zwar vorübergehend auch Randfeuer-Büchsenpatronen. Sie waren vor allem in den USA verbreitet, doch sie verschwanden bald wieder. Der Siegeszug der Zentralfeuerzündung war nicht mehr aufzuhalten, als das stärkere Nitro-Pulver das Schwarzpulver verdrängte.

Bei den Zentralfeuer-Büchsenpatronen — daran hat sich bis heute nichts geändert — ist der Boden aus wesentlich stärkerem Material als die Hülsenwände. In der Bodenmitte ist eine runde Vertiefung ausgefräst, die sogenannte »Zündglocke«. In der Mitte dieser Vertiefung bleibt eine kleine Erhebung stehen, der »Amboß«. Ein flaches Zündhütchen wird in die Glocke eingepreßt. Wenn der Schlagbolzen das Zündhütchen zentral trifft, wird das Blech eingedrückt und die Zündmasse am Amboß gequetscht. Die Zünd-

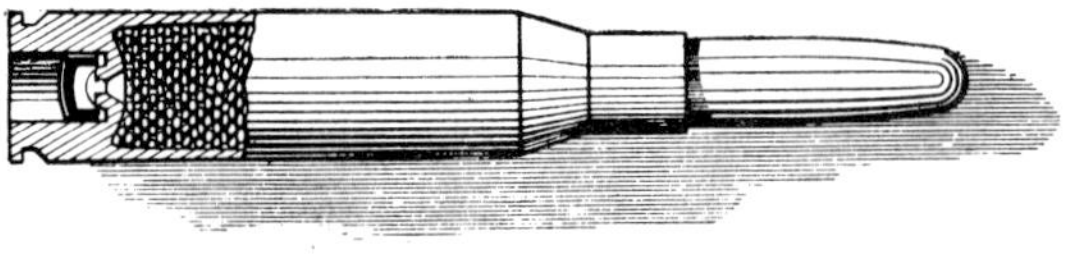

Zentralfeuerpatrone mit eingefräster Bodenrille. Das Zündhütchen ist hier in der Bodenmitte ungewöhnlich tief eingesetzt.

flamme schlägt durch zwei oder mehrere haarfeine Zündkanäle neben dem Amboß ins Patroneninnere, also in die Pulverladung.
Das hier beschriebene und in Europa fast ausschließlich verwendete Zündsystem trägt den Namen »Berdan«, nach seinem Erfinder, dem amerikanischen General und Waffenkonstrukteur Hiram Berdan, der darauf anno 1866 sein erstes Patent erhalten hatte.
Das zweite bekannte System — vor allem in den USA verbreitet — trägt den Namen des Engländers Edward Boxer. Bei Patronen mit Boxer-Zündung hat die Zündglocke in der Mitte ein zentrales Zündloch. Der Amboß ist nicht aus dem Patronenmaterial herausgearbeitet, sondern separat aus Stahlblech gestanzt. Er wird gemeinsam mit dem Zündhütchen in die Zündglocke eingepreßt. Ganz ähnlich ist die Zündung der Schrotpatronen aufgebaut. Hier sind Amboß und Hütchen in einer Kapsel vereinigt.
Boxer-Patronen sind leichter neu zu laden; als Berdan-Patronen, da bei diesen oft der Amboß beschädigt wird, wenn man die abgefeuerten Zündhütchen entfernt. Die Überlegung, wie leicht man abgeschossene Patronen wiederladen kann, spielt heute; wegen des im neuen Waffengesetz eingeschränkten Munitionserwerbs wieder eine ähnlich wichtige Rolle; wie damals; vor hundert Jahren, als die leergeschossenen Zentralfeuer-Hülsen grundsätzlich mehrmals wieder geladen wurden.
Bereits vor dem Siegeszug der Zentralzündung war im vorigen Jahrhundert noch ein anderes System verbreitet, das heute fast vergessen ist: die Stiftzündung, System Lefaucheux. Lefaucheux-Patronen gab es ursprünglich in vielen Kalibern; für Revolver und Jagdflinten. Die Schrotpatronen, die in Frankreich seit 1835 und

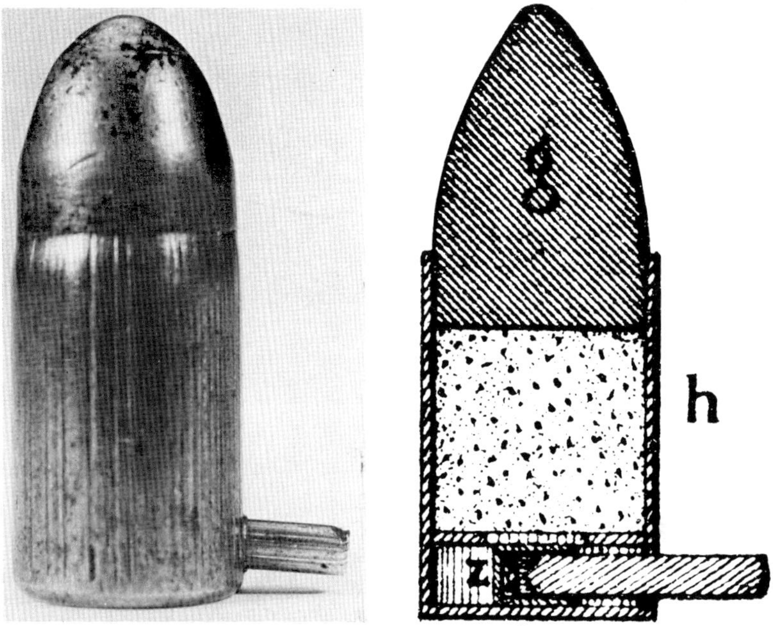

Lefaucheux-Revolverpatrone mit Stiftzündung. Der seitlich aus der Metallhülse ragende Stift wird vom Hahn in das Zündhütchen (z) geschlagen. Es explodiert und zündet die Pulverladung (gepunktet).

bis auf den heutigen Tag hergestellt werden, haben eine Papphülse mit einem Metall-Randboden, aus dem seitlich der Zündstift herausragt. Die Revolverpatronen sind längst nicht mehr im Handel. Sie hatten randlose Kupferhülsen und ebenfalls den typischen Lefaucheux-Zündstift. Dieser Zündstift dient als Schlagbolzen. Er führt durch die Patronenwand bis in die Höhlung eines Zündhütchens, das innen im Patronenboden liegt. Wird der Stift vom Hahn eingeschlagen, so trifft seine Spitze auf die Zündmasse. Die Explosion des Zündhütchens entzündet das umliegende Pulver. Lefaucheux-Waffen sind daran zu erkennen, daß sie am oberen Ende des Patronenlagers eine Kerbe tragen. Durch diese Kerbe ragt der Zündstift der Patrone aus dem Lauf und kann vom Hahn erreicht werden.

Viele Jäger und Waffenliebhaber haben es bedauert, daß das originelle Lefaucheux-System Ende des vorigen Jahrhunderts allmählich wieder vom Markt verschwand. Sie hatten besonders geschätzt, daß man an dem aus der Waffe herausragenden Zündstift sofort sehen — oder bei Dunkelheit fühlen — konnte, ob die Waffe geladen war. Doch dieser kleine Vorteil wog nichts im Vergleich zu den Nachteilen der Lefaucheux-Munition. Die Herstellung war teuer, da die Zündhütchen und -stifte in Handarbeit sorgfältig eingesetzt und mit Papp- oder dünnen Blechstreifen verkeilt werden mußten. Der gewichtigste Nachteil der Stift-Munition jedoch war die Bohrung in der Hülsenwand und die Aussparung

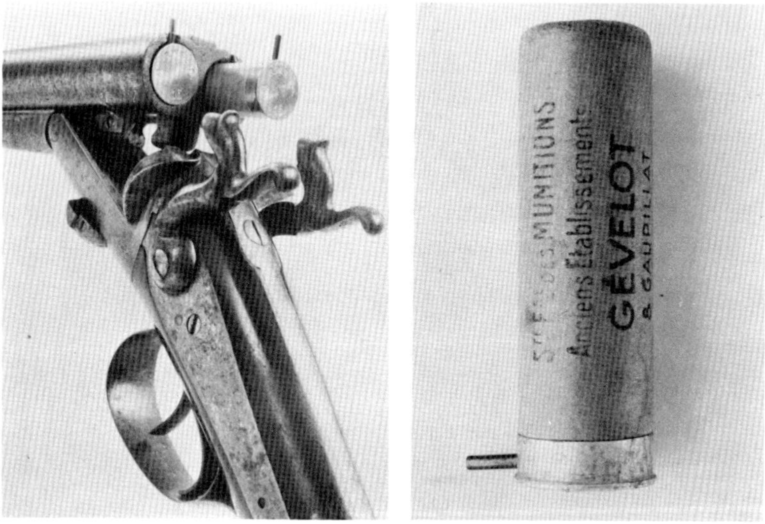

Schrotpartone System Lefaucheux (rechts) und Lefaucheux-Doppelflinte. Die Waffe ist zum Laden geöffnet, beide Hähne gespannt. Die Zündstifte der Schrotpatronen ragen durch Aussparungen in den Patronenlagern.

im Patronenlager. An dieser schwachen Stelle konnten beim Schuß Pulvergase austreten, die den Schützen belästigten, für den Antrieb des Geschosses verloren gingen und damit die Überlegenheit der Metallpatrone überhaupt in Frage stellten. Denn gerade die »Selbstdichtung« (auch »Liderung« genannt); war ja der große Vorteil der Metallpatronen gegenüber den Zündnadel-Einheitspatronen, die nur eine Hülle auf Papier oder Stoff besessen hatten.

Dreyse hatte das Problem der Gas-Abdichtung bei Hinterladern mit einem schwer zu handhabenden Labyrinth-Verschluß zu lösen versucht. Und beim französischen Chassepot-Gewehr sollte der durch den Rückstoß breitgequetschte Gummipfropfen das Austreten von Pulvergasen verhindern. Die Metallpatrone jedoch dichtet sich sozusagen selbst ab. Das geschieht folgendermaßen:

Wenn die Pulverladung schlagartig abbrennt, wirkt sich der dabei entstehende Gasdruck nach allen Richtungen gleichzeitig aus. Er drückt das Geschoß aus dem Lauf und er wirkt gegen den Patronenboden. Beides wird für den Schützen als Rückstoß fühlbar. Zugleich aber pressen die Pulvergase auch gegen die Wandungen der Patronenhülse, die werden »aufgebläht« und legen sich so eng an die Wand des Patronenlagers, daß kein Gas mehr nach hinten aus dem Lauf entweichen kann. Wenn das Geschoß die Laufmündung verlassen hat, sinkt der Druck im Lauf ab, das elastische dünne Messing- oder Kupferblech der Patronenhülse »schrumpft« wieder auf das normale Maß, und die abgeschossene Hülse läßt sich ohne zu klemmen wieder aus dem Patronenlager ziehen.

Ohne die Entwicklung der Metallpatronen und ihre hochpräzise industrielle Fertigung wäre der heutige Stand der Waffentechnik überhaupt nicht denkbar. Der bedeutsame Schritt vom Schwarzpulver zum rauchlosen, leistungsfähigeren Nitro-Pulver in den 80er Jahren des vorigen Jahrhunderts; setzte die Existenz der Metallpatrone voraus.

Moderne Pulversorten nehmen nach der Umsetzung in Schußgase das 800- bis 1000fache ihres ursprünglichen Volumens ein. Das bedeutet: im Patronenlager treten kurzfristig rund 3000 Atmosphären Druck auf und Temperaturen um 2500 Grad Celsius.

Diesen ungeheuren Belastungen muß nicht nur die Waffe selbst, sondern auch die Patronenhülse gewachsen sein. Sie ist ein Präzisions-Produkt, das je nach Art zehn bis zwanzig Produktionsstufen und Maßkontrollen durchläuft. Ohne die Möglichkeiten der modernen und weitgehend automatischen Massenanfertigung wären Patronen unerschwinglich teuer; sie kosten ohnehin genug.

Fünfhundert Jahre lang hatte man überall auf der Welt die Feuerwaffen von vorn geladen; mit dem Ladestock, mit dem Pulver aus der Pulverflasche und Kugeln aus dem Beutel. Doch nun kam mit einem Schlag die große Wende. In weniger als zwei Jahrzehnten wurden alle Heere dieser Welt auf Hinterlader mit Metallpatronen umgerüstet. Weil das eine Menge Geld kostete, und weil man sich noch nirgends so recht darüber im klaren war, wie das Gewehr der Zukunft aussehen würde, versuchten viele Staaten, die Zeit bis zur Einführung einer Neukonstruktion mit einem Provisorium zu überbrücken: die vorhandenen gezogenen Vorderlader für Expansions- oder Kompressionsgeschosse wurden auf Hinterladung umgeändert. Das ging nicht immer gut, wie das bereits erwähnte Beispiel des bayerischen Podewils-Gewehrs beweist.
Es gibt jedoch auch Beispiele geglückter Umänderungen. Am bekanntesten in dieser Waffengruppe, die die Sammler besonders schätzen, ist das englische Infanteriegewehr Mod. 53/66, System Snider. Die Modellbezeichnung deutet an, daß es sich dabei um einen Vorderlader aus dem Jahre 1853 handelt, der 1866 auf Hinterladung umgeändert wurde. Das System Snider ist typisch für die meisten umgeänderten Hinterlader mit Klappenverschluß und Perkussionsschloß; man nannte diese Verschlußarten damals »à tabatière«, weil sie an Schnupftabakdosen erinnerten.

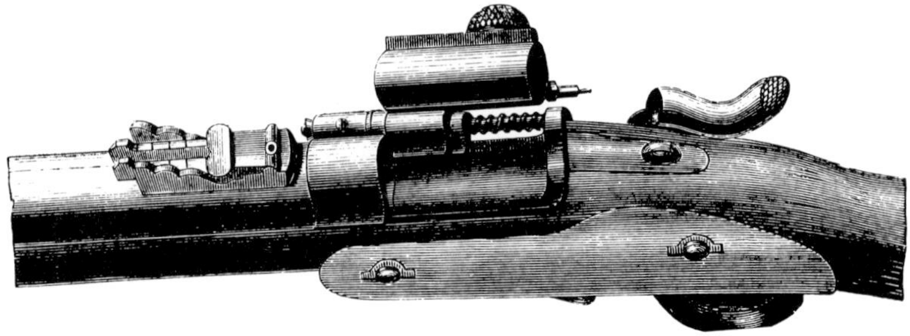

Englisches Infanteriegewehr Modell 1853/66, System Snider. Der Verschlußblock (mit eingesetztem Schlagbolzen) ist zum Laden nach oben gedreht, der Hahn gespannt.

Beim Snider-Gewehr liegt die Achse, um die sich die Verschlußklappe dreht, parallel zur Laufrichtung rechts seitwärts am Verschlußgehäuse. Die Klappe ist, vereinfacht gesagt, ein massiver Stahlzylinder, der genau in die Lademulde hinter dem Patronenlager paßt. Der Zylinder ist der Länge nach schräg durchbohrt. In der Bohrung liegt ein Schlagbolzen, auf dessen hinteres Ende der Hahn des Perkussionsschlosses trifft. Die Spitze des Schlagbolzens zündet die Metallpatronen mit dem Kaliber .577 (14,7 mm und einer aus Messingblech gewickelten Hülse) im Patronenlager.
Zum Ausziehen der abgeschossenen Hülse wird die Ladeklappe an ihrem Knopfgriff nach oben gedreht und in ihrer Achse nach hinten gezogen. Eine federnde Klaue an der Klappen-Vorderseite faßt den Rand der Patrone und zieht sie aus dem Lager.
Das österreichische Umänderungssystem, das der Wiener Büchsenmacher Franz Wänzel erfunden hatte, ist den meisten deutschen Sammlern bekannt. Wänzel-Gewehre sind noch in größerer Stückzahl erhalten.
Unter dem Eindruck der Niederlage von 1866, die den österreichischen Heeren nicht zuletzt der preußische Hinterlader bereitet hatte, änderte man ab 1867 alle Militärgewehre in der Donaumonarchie um. Ein neues Verschlußgehäuse wurde hinten an den abgeschnittenen Lauf angeschraubt. Die Verschlußklappe drehte sich um eine Achse quer zum Lauf. Das Perkussionsschloß blieb, der Hahn schlug auf einen Schlagbolzen, der federnd in der Verschlußklappe eingesetzt war und eine Metall-Randzünderpatrone vom Kaliber 15,4 mm mit einem 40,87 Gramm schweren Weichbleigeschoß zündete. Ebenso wie beim bereits beschriebenen System Snider mußte die Wänzel-Verschlußklappe beim Schuß gegen den Druck der Pulvergase gesichert werden. Das geschah durch einen Sperrbolzen, der mit dem Perkussionsschloß verbunden, beim Abfeuern nach oben in das Verschlußgehäuse trat und die Klappe verriegelte. Ähnlich dem Wänzel'schen Verschluß arbeiten die Umänderungssysteme von Albini-Brändlin (Belgien) und Milbank-Amsler (Schweiz).

Die Zündnadelkonstruktionen von Dreyse und Chassepot leiteten in Europa die Hinterladerzeit ein, doch sie waren nur Übergangslösungen. Das französische Chassepotgewehr Mod. 1866 zum Beispiel wurde bereits nach sieben Jahren durch ein neues Gewehr mit Metallpatrone abgelöst; die Dreyse'schen Konstruktionen hatten sich bereits mit dem Krieg von 1870/71 überlebt. Gleichzeitig verschwanden fast überall in Europa die Umänderungsmodelle, die ja ohnehin nur als Provisorien konzipiert worden waren. Die neuen einschüssigen Hinterlader- Konstruktionen, die nun kamen, zeigten wesentlichere Gemeinsamkeiten: Sie waren ausnahmslos für Metallpatronen mit Bleigeschossen eingerichtet. Sie hatten fast alle das neue »kleine« Kaliber von 11 Millimetern und Zentralzündung. Unterschiede gab es allerdings im System.
Da waren zunächst die bereits beschriebenen Fallblockverschlüsse des englischen Martini Henry-Gewehrs Mod. 1871, des amerikanischen »Peabody«-Gewehrs, das auch für kurze Zeit in der Schweiz eingeführt war, und des bayerischen Werder-Gewehrs

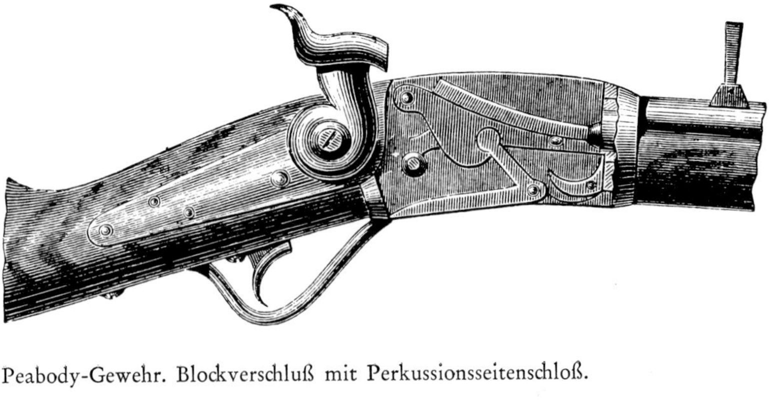

Peabody-Gewehr. Blockverschluß mit Perkussionsseitenschloß.

1869; dann gab es das österreichische Werndl-Gewehr Mod 1867, dem man ansieht, daß es in der Zeit der Umänderungen konstruiert wurde. Das System, das der spätere Direktor der »Österreichischen Waffenfabriksgesellschaft« in Steyr, Josef Werndl (1831—1889), vorgelegt hatte, konkurrierte zeitlich mit dem bereits beschriebenen Umänderungs-System Wänzel. Tatsächlich wurde es im selben Jahr angenommen und hielt sich, mit mehreren Ab-

Österreichisches Infanteriegewehr Modell 1867, System Werndl, Kaliber 11 Millimeter. Verschlußwalze in Ladestellung, Hahn gespannt.

änderungen, bis 1886. Werndls Verschlußeinrichtung besteht aus einem Zylinder, der sich um eine hinter dem Lauf parallel zu ihm angebrachte Achse drehen läßt. Der Verschlußzylinder hat eine schräg nach vorn verlaufende Ausnehmung als »Laderinne«, die beim Schließen des Verschlusses durch die Drehung des Zylinders nach unten zu liegen kommt. Der Zündstift geht schräg durch den Verschlußzylinder und wird vom Hammer des seitlichen Perkussionsschlosses betätigt. Für Werndl-Gewehre und -Karabiner gab

Remington-„Rolling-Block"-Einzellader. Ansicht bei geschlossenem System und entspanntem Hahn (oben) und Schnittzeichnung der geöffneten Waffe.

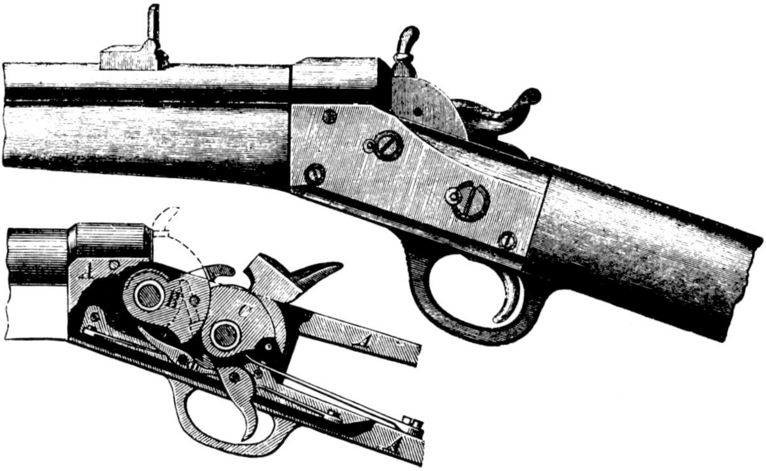

es — wie für die bayerischen Werder-Waffen — verschiedene Munition. Die Patronen vom Kaliber 11 Millimeter waren 60 bzw. 46 mm lang und wogen 32 bzw. 28 Gramm. Die Munition wurde 1877 nochmals verändert.
Weite Verbreitung in aller Welt fand das Rolling-Block-System der berühmten US-Firma Remington. Der Verschluß besteht aus den beiden drehbaren Kreis-Sektoren B und C (siehe Abbildung). Wenn die Patrone ins Patronenlager A geschoben ist, wird B nach vorn gedreht. Beim Schuß schnellt C mit dem Hahn nach vorn, verriegelt B und schlägt auf den in B enthaltenen Schlagbolzen. Noch während des Ersten Weltkrieges, als Einzellader längst veraltet waren, bezog Frankreich Rolling-Block-Gewehre aus den USA zur Bewaffnung rückwärtiger Truppen.
Die Fallblock- und Drehblock-Systeme konnten sich auf die Dauer nicht gegen den Zylinderverschluß behaupten. Dieses System, dessen Theorie bereits mit dem Dreyse'schen Zündnadelgewehr beschrieben wurde, taucht in den Jahren nach 1870 in erheblich verbesserter Form wieder auf.
Als die bemerkenswerteste Einzelladerwaffe in ganz Europa galt damals jenes Gewehr, das im neu gegründeten deutschen Kaiserreich eingeführt wurde: das Mauser-Gewehr Mod. 1871.

Die Einzellader mit Zylinderverschluß

Nach der deutschen Wiedervereinigung von 1871 sollte für alle Truppen von der Ostsee bis zu den Alpen ein einheitliches neues Gewehrsystem eingeführt werden. Die preußische Gewehr-Prüfungskommision in Spandau prüfte eingehend die verschiedensten in- und ausländischen Konstruktionen und entschied sich schließlich überraschenderweise für ein Mustergewehr, das zwei Außenseiter eingereicht hatten: die Gebrüder Wilhelm und Paul Mauser aus dem württembergischen Oberndorf.
Das Gewehr, Modell 1871, begründete das weltweite Ansehen, das

Die bekanntesten deutschen Waffenbauer: Wilhelm Mauser (1834—1882) und Paul von Mauser (1838—1914). Er wurde erst nach dem Tod seines Bruders geadelt.

der Name Mauser bis auf den heutigen Tag genießt. In Oberndorf entstanden so berühmte und denkwürdige Konstruktionen wie das Gewehrmodell 98, die Selbstladepistole »C 96« und der »Zick-Zack«-Revolver. Nach dem Zweiten Weltkrieg wurde das Oberndorfer Werk von der französischen Besatzungsmacht völlig demontiert und anschließend dem Erdboden gleichgemacht Es schien so, als sei die Mauser'sche Waffenbautradition gebrochen. Erst vor wenigen Jahren kam nach langer Pause wieder ein »Mauser«-Gewehr auf den Markt: die Jagdbüchse Mod. 66 mit einem weiterentwickelten »98er« System. Mit diesem Repetierer fand das

Deutsches Infanteriegewehr Modell 1871, System Mauser, Kaliber 11 Millimeter. Verschluß geöffnet.

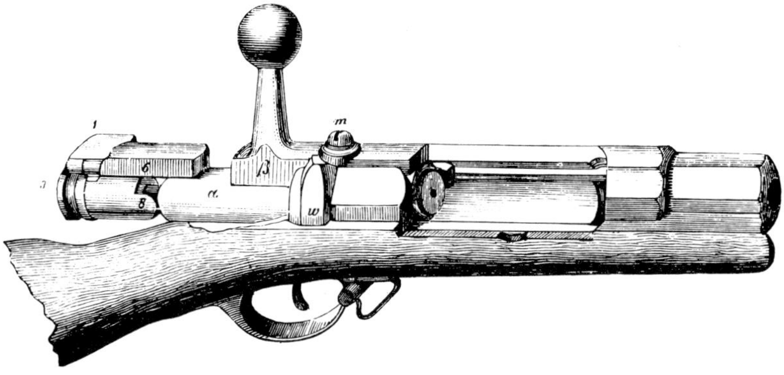

Unternehmen auf Anhieb wieder Anschluß an die Spitzengruppe der internationalen Waffenhersteller. Spezialität der Firma Mauser sind heute Repetier-Jagdbüchsen mit Wechselläufen für viele Kaliber.

Die Gebrüder Wilhelm (geb. 1834) und Paul (geb. 1838) Mauser, Söhne eines Arbeiters, der in der »Königlich Württembergischen Gewehrfabrik« Oberndorf beschäftigt war, erlernten dort ebenfalls ihr Handwerk. Im Werk wurden damals Zündnadelgewehre hergestellt. Wilhelm und Paul erkannten bald die Mängel des Dreyse-Verschlusses und sannen auf Abhilfe. 1865 hatten sie eine »Modifikation« des Zündnadelgewehrs entwickelt, für die jedoch weder der preußische König, noch der österreichische Kaiser Interesse zeigten. Durch Zufall wurde der amerikanische Geschäftsmann Samuel Norris auf die beiden schwäbischen »Mächeler« aufmerksam. Er gab ihnen eine ähnliche Verbesserung des französischen Chassepot-Gewehrs in Auftrag, die die Mausers in Lüttich vollendeten und patentiert bekamen. Trotzdem wurde kein Geschäft daraus. Denn Norris war pleite und ließ die Brüder sitzen.

Trotzdem gaben die beiden Oberndorfer Dickschädel nicht auf. Ihre dritte Entwicklung, ein Militärgewehr für eine 11-Millimeter-Metallpatrone, wurde endlich ein ganz großer Wurf. In der Hoffnung auf Staatsaufträge zur Herstellung ihres eigenen Gewehrs gründeten Wilhelm und Paul in Oberndorf zunächst ein eigenes kleines Unternehmen, das jedoch bereits Monate nach der Eröffnung wieder abbrannte. Mit einem Auftrag über 100 000 Infanteriegewehre im Rücken gelang es den Brüdern Mauser schließlich im Jahre 1873, die Gewehrfabrik Oberndorf zu kaufen und in eigener Regie zu betreiben.

Mit der Übernahme jenes Werks, in dem sie einst selbst gearbeitet hatten, schufen die Mausers die Grundlage für die spätere Weltgeltung ihres Namens. Paul und Wilhelm haben nie vergessen, daß sie als einfache Arbeiter begonnen hatten. Die sozialen Leistungen, die sie ihren Werksangehörigen gewährten, waren jahrzehntelang vorbildlich im ganzen Reich; die Mauser-Qualität ist es bis auf den heutigen Tag geblieben.

Die Mausers waren unter den ersten in Deutschland, die nach dem amerikanischen Produktionssystem arbeiteten; einem präzisen, rationellen und vollmechanisierten Verfahren, das der berühmte Samuel Colt und andere entwickelt hatten. Die Werkzeugmaschinen für das Modell 71 wurden übrigens zum Teil bereits in der Maschinenfabrik Ludwig Löwe, Berlin, hergestellt; einer Firma, von der wir später noch Rühmliches und Unrühmliches hören werden.

Bei ihrer Neukonstruktion hatten die Gebrüder Mauser einige Formelemente des altbekannten Zündnadelgewehrs übernommen, die den Soldaten und vor allem den Herren von der Prüfungskommission vertraut waren und ihnen die Entscheidung für das Mausergewehr erleichtert haben mögen. Bewußt oder unbewußt; es war psychologisch richtig, die Form des Kammerstengels, die Funktion des Zylinderverschlusses und der Abzugseinrichtung im wesentlichen gleich oder ähnlich zu gestalten.

Von diesen Äußerlichkeiten abgesehen, hatte das Modell 71 mit

Deutsche Patrone Modell 1871 (11×60 R) mit Schwarzpulverladung, 11-Millimeter-Bleigeschoß (mit Papierwicklung), Messinghülse und Zentralfeuerzündung. Daneben: Etikett einer Original-Patronenpackung M/71.

dem Zündnadelgewehr kaum etwas gemein. Der Zylinderverschluß mit seiner »Selbstspann-Vorrichtung« verringerte die Zahl der Ladegriffe auf drei (Öffnen, Patrone einlegen, Schließen) gegenüber vier beim Zündnadelgewehr (Öffnen, Patrone ins Lager schieben, Schließen, Schlößchen spannen) und ließ sich außerdem viel leichter handhaben. Völlig neuartig war der Sicherungs-Mechanismus, der mit einem Dreh-Flügel am Schlößchen eingestellt wurde.
Mauser-Gewehre Modell 71 waren beim Militär in drei Versionen eingeführt: als Infanteriegewehr, 135 Zentimeter lang, als Jägerbüchse, 124,5 Zentimeter lang und als Karabiner mit umgebogenem Kammerstengel und nur einem Meter Länge. Die Modelle 71 haben ein Laufkaliber von 11 mm und sind alle für die Patrone Mod. 71 eingerichtet. Sie hat eine 60 mm lange Messinghülse mit Rand und Zentralzündung; die Schwarzpulverladung beträgt 5 Gramm, das Bleigeschoß hat ein Kaliber von 11 mm, wiegt 25 Gramm und ist an seinem zylindrischen Teil mit Wachspapier umwickelt. Diese Vorkehrung, die bei zahlreichen Bleigeschoß-Patronen der damaligen Zeit getroffen wurde, sollte verhindern, daß sich Bleirückstände in den Zügen des Laufs bilden.
Aus dem langläufigen Infanteriegewehr abgefeuert, erreichte das Geschoß eine Geschwindigkeit von 440 Metern pro Sekunde, für die damalige Zeit eine beachtliche Rasanz, wenn auch bescheiden im Vergleich zur Leistung moderner Militär-Munition. Die NATO-Standard-Patrone Kaliber .308 (7,62 x 51) zum Beispiel hat — aus dem G3-Gewehr verschossen — eine Mündungsgeschwindigkeit (V_0) von 800 m/sec. Und spezielle Hochgeschwindigkeitspatronen erreichen bereits Geschwindigkeiten von 1150 Metern pro Sekunde und mehr.
Im Vergleich zum Dreyse-Gewehr (V_0 296 m/sec) allerdings brachte das neue Waffensystem eine bedeutende Vergrößerung der Schußweite. Aus Freude über den Erfolg hatte die Gewehr-Prüfungs-Kommission in Spandau allerdings etwas übertrieben. Sie versah das neue Mauser-Gewehr mit einem sehr komplizierten Visiermechanismus, der aus zwei Kimmen-Klappen und überdies

einem ausziehbaren Visier-Rahmen mit weiteren drei Kimmen bestand. Als höchste Visierschußweite waren bei der Jägerbüchse 1600 Meter vorgesehen. Um jedoch ein Ziel in dieser Entfernung »aufs Korn« zu nehmen, mußte der Kimmenrahmen; neun (!) Zentimeter hoch ausgezogen werden; eine ballistische Kuriosität, die sich allerdings an vielen Waffen der damaligen Zeit findet.

Die Bewaffnung mit Gewehren Modell 71 dauerte sechs Jahre. Bayern, das zunächst seine Werder-Gewehre für die Patrone Mod. 71 abgeändert hatte, ehe es dann doch das neue Gewehrmodell einführte, schloß die Umbewaffnung im Jahre 1877 ab. Zu diesem Zeitpunkt hatten die Nachbarstaaten den deutschen Vorsprung in der Heeresbewaffnung längst wieder aufgeholt.

Am Vorbild des Mausergewehrs Mod. 71 orientierte sich zweifellos auch Captain Basile Gras, Konstrukteur des gleichnamigen französischen Modells 1874.

Die ersten Gras-Gewehre waren umgeänderte Chassepot-Gewehre, die man mit einem selbstspannenden Verschluß für eine 11-Millimeter-Metallpatrone eingerichtet hatte. Die neue Patrone sieht der deutschen 71er-Patrone zum Verwechseln ähnlich. Übrigens blieben die französischen Umbauten diesseits des Rheins nicht unbemerkt.

Mantelrahmenvisier der Jägerbüchse Modell 1871, auf Höchstschußweite (1600 Meter) ausgezogen. Die oberste Kimme liegt neun Zentimeter über dem Lauf.

Mitte der 70er Jahre ließen Preußen, Sachsen und Württemberg viele tausend Chassepotgewehre und -Karabiner, die noch als Kriegsbeute in den deutschen Depots lagerten, in ähnlicher Weise für die deutsche Patrone umändern. Die Karabiner wurden als Zwischenlösung bis zur Einführung des Karabiners 71 — im Jahre 1875 — bei den Kavallerie-Regimentern geführt. Der deutsche Umbau — wichtig für Sammler — ist oberflächlich daran zu erkennen, daß die Mulde unter dem Schlößchen, in der vorher eine Gleitrolle lief, nun mit einem Messingstück ausgefüllt ist.

Die Mehrladersysteme

Der Krieg von 1870 hatte die Spannungen zwischen Frankreich und Deutschland nicht gelöst, sondern — wie zu erwarten war — noch erheblich verschärft. Frankreich, der Verlierer, wollte seine »nationale Ehre« wiederherstellen und die annektierten Gebiete Elsaß-Lothringen zurückerobern. Paris sann auf Revanche; mit einem neuen Krieg war zu rechnen. Aus dieser Situation heraus ist das »Wettrüsten« zu verstehen, das von nun an in beiden Ländern die Waffenentwicklung vorantrieb.

Nachdem Frankreich mit dem Modell Gras den deutschen Vorsprung aufgeholt hatte, beschloß man in Deutschland, den nächsten Schritt zu tun und ein »Schnellfeuergewehr« einzuführen, bei dem die Patronen nicht mehr einzeln nachgeladen wurden mußten. Das Gewehr 71/84 mit Vorderschaftmagazin erfüllte diese Bedingungen. Nur zwei Jahre später nahm Frankreich ein — äußerlich gesehen — ähnliches Gewehr an, das Modell 1886, System Lebel.

Im Grunde genommen waren damals Magazingewehre, aus denen man ohne Lade-Pause bis zu 16 Schüsse abfeuern konnte, keine Sensation mehr. Die mehrschüssigen neuen Waffen kamen aus den USA, wo die Entwicklung einen völlig anderen Weg gegangen war als im alten Europa. Anfang der 60er Jahre, als hierzulande das preußische Zündnadelgewehr noch als unglaubliche Neuerung

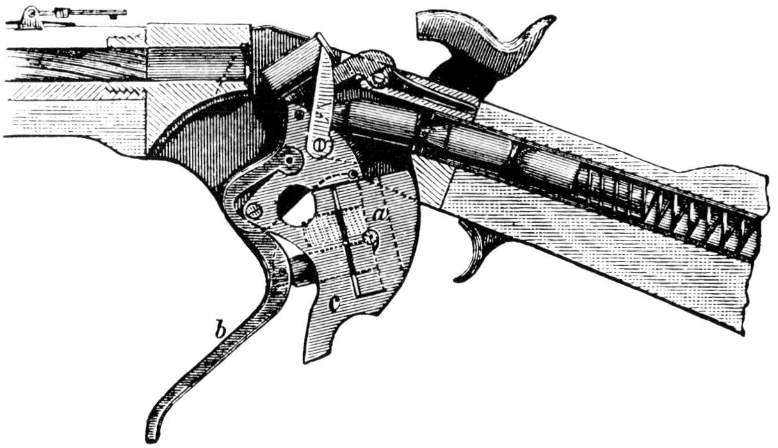

Amerikanisches Spencer-Gewehr Modell 1860 mit Röhrenmagazin im Kolben. Das Magazin des Karabinermodells nahm sieben Patronen vom Kaliber 13,2 Millimeter auf. Der Repetiermechanismus wird mit dem Hebel (b) betätigt.

galt, führten die Nord- und Süd-Staaten der USA gegeneinander bereits einen mörderischen Krieg mit Mehrladewaffen und Metallpatronen. Aus dem Bürgerkrieg von 1861—65 gingen zwei bewährte Mehrladegewehre hervor, von denen das eine auch die europäische Waffenentwicklung beeinflußte: das System »Henry«; mit dem Röhrenmagazin unter dem Lauf. Zuvor soll jedoch kurz das Gegenstück beschrieben werden: das »Spencer-Gewehr«; Modell 1860 mit dem Röhrenmagazin im Kolben.

Der Hinterschaft ist der Länge nach durchbohrt, er enthält ein Magazinrohr, das herausgezogen und beim Karabiner mit sieben Patronen Kaliber 13,2 mm gefüllt werden kann. Die Patronen liegen hintereinander und stehen unter dem Druck einer Spiralfeder. Die vorderste Patrone wird vom Verschlußblock aufgenommen und ins Patronenlager transportiert, wenn der Schütze einen Ladehebel unter dem Schaft nach unten und wieder zurückschwenkt. Gleichzeitig wird die abgeschossene Hülse ausgezogen. Der Hahn des Perkussionsschlosses zündet die Patrone im Lager mittels Zündstift, der federnd im Verschlußblock eingesetzt ist.

Der größte Nachteil des Spencer-Systems: die Bohrung für das Magazinrohr schwächte den Kolben an seiner dünnsten Stelle, dem Kolbenhals, so sehr, daß das Holz häufig zerbrach. Davon abge-

sehen entsprach der Zündmechanismus, bestehend aus Perkussions-Seitschloß und Zündstift für Randfeuerpatronen, nicht mehr dem neuesten Stand der Waffentechnik.
Heute ist das Spencer-System fast vergessen und nur noch für Sammler interessant. Die einzige Waffe mit Hinterschaftmagazin, die zur Zeit noch gebaut wird, ist der belgische »FN-Browning-Karabiner«, ein leichter Sport-Halbautomat im Kaliber .22 lfB.

Das »Henry-Gewehr«

Im Gegensatz zu den »Spencer«-Repetierern hat das »Henry«-System seit den Tagen des amerikanischen Bürgerkriegs vor über hundert Jahren nichts an Aktualität eingebüßt. Damals führte ein Teil der Nordstaaten-Truppen den 12schüssigen Henry-Repetierer. Die Südstaatler fürchteten diese neue Waffe. Sie nannten sie: »Das verdammte Yankee-Gewehr, das nur am Sonntag geladen und die ganze Woche abgeschossen wird.«
Waffen dieses »Lever-Action«-Systems werden heute von der Firma Winchester und anderen Herstellern in allen gängigen Kalibern angeboten: als Kleinkaliber-Sportgewehr ebenso, wie als .44er »Donnerbüchse«. Der »Henry-Stutzen«, die klassische Langwaffe des Wilden Westens, das Sattelgewehr Old Shatterhands, war dank Karl May in Deutschland schon lange ein Begriff, ehe die ersten Waffen dieser Art in den Schaufenstern der Waffengeschäfte auftauchten. Dann allerdings gerieten die Karl-May-Fans in Verwirrung. Sie erkannten, daß ihr Autor sie aufs Eis geführt hatte.
Der sächsische Volksschullehrer und Erfolgsschriftsteller May beschrieb 1892 in »Winnetou«, wie der Romanheld Old Shatterhand seinem legendären Stutzen zum erstenmal begegnete. Die Szene spielt in St. Louis, wo ein alter Büchsenmacher, genannt »Mr. Henry the Gunsmith«, in einer Werkstatt dem zugereisten jungen Deutschen die Funktion der halbfertigen Waffe mit den folgenden Worten erklärt:

»Dieses Eisen wird eine Kugel, die sich durch einen besonderen Mechanismus bewegt. Fünfundzwanzig Löcher sind darin enthalten, ebensoviele Patronen. Bei jedem Schuß rückt die Kugel weiter und schiebt die nächste Patrone in den Lauf . . .«
Diese Beschreibung zeigt, daß Karl May niemals eine »Henry« gesehen hatte, als er darüber schrieb. Denn die Waffen dieses Systems sind Unterhebel-Repetierer mit Röhrenmagazin unter dem Lauf. Ein »Kugelmagazin«, wie es Karl May beschrieb, ist in der gesamten Waffengeschichte unbekannt.
Mr. Henry war übrigens kein alter Büchsenmacher aus St. Louis, sondern ein begabter Arbeiter der Gewehrfabrik Robbins & Lawrence in Vermont. Dieser Benjamin Tyler Henry verbesserte

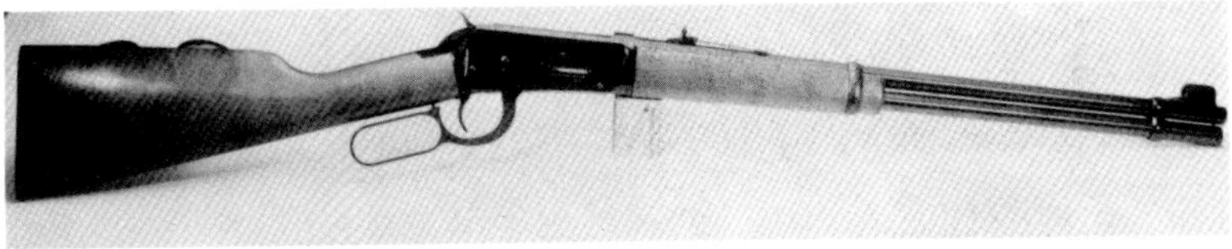

Moderner Winchester-Repetierer Modell 94, Kaliber .44 Magnum.

ein älteres und nicht besonders gut funktionierendes Repetiergewehr von Hunt und Jennings, versah es mit dem typischen langen Unterhebel-Repetier-Griff, richtete es für eine .44er Randfeuerpatrone ein und meldete das ganze 1860 zum Patent an.
Trotz der gewaltigen Überlegenheit dieser Waffe, dauerte es ziemlich lange, ehe sie sich im großen Stil durchsetzte. Erst als sich der Hemdenfabrikant Oliver Winchester der Produktion annahm und die Reklametrommel rührte, wurde das Henry-Gewehr, seit 1866 unter dem Namen »Winchester« im Handel, auch ein geschäftlicher Erfolg. Der zugkräftigste Slogan lautete damals: „Ein entschlossener Mann, mit einem dieser Gewehre bewaffnet und besonders, wenn er zu Pferde ist, kann nicht gefangengenommen werden.«.
Wie immer, so versprach die Werbung auch hier etwas mehr, als das Produkt zu halten vermochte. Doch was das Henry-Gewehr leistete, war trotzdem erstaunlich: die 15 Patronen im Magazin und die 16. im Lauf konnte ein geübter Schütze innerhalb von

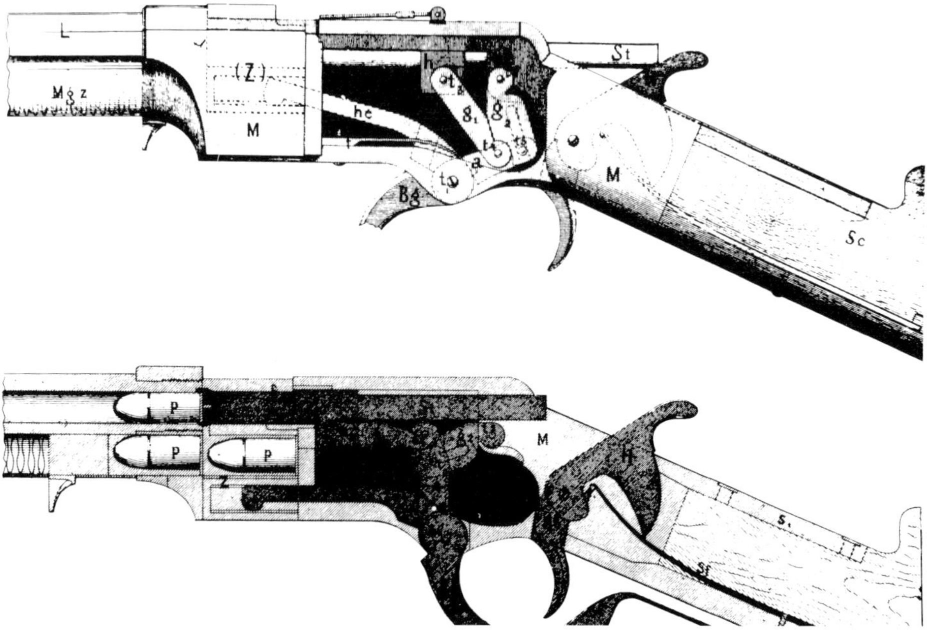

Vorderschaftrepetiergewehr System Henry-Winchester. Das Magazin (Mgz) unter dem Lauf (L) ist leer, der Zubringer (Z) in oberer Stellung (oben). Die untenstehende Abbildung zeigt dasselbe Gewehr mit Patronen im Magazin, auf dem Zubringer und im Partronenlager. Der Verschluß ist geschlossen, der Hahn gespannt.

11 Sekunden abfeuern. Es gibt eine Menge Geschichten aus der wilden Zeit damals; von »entschlossenen Männern«, die mit Henry-Gewehren ganze Banden von Strauchdieben in die Flucht schlugen. Wie funktioniert dieses System?

Die Patronen liegen, Geschoßspitze an Hülsenboden, hintereinander unter dem Druck einer Spiralfeder im Magazinrohr unter dem Lauf, die erste Patrone im Patronenlager. Der Hahn; in der Mitte hinter dem horizontal verschiebbaren Verschlußstück schlägt auf einen durchgehenden Zündstift und löst so den Schuß. Nun schiebt der Schütze die vier ausgestreckten Finger der rechten Hand in die ovale Grifföse des Repetierhebels, der zugleich den Abzugbügel bildet und schwenkt den Hebel nach unten-vorwärts. Der Repetiermechanismus drückt das Verschlußstück nach hinten, spannt dadurch den Hahn und zieht gleichzeitig die abgeschossene

Patronenhülse aus dem Lager. Im selben Bewegungsablauf hebt der gekoppelte Zubringer am Ende des Magazinrohrs die hinterste Patrone nach oben bis vor das Patronenlager. Wenn der Schütze nun den Repetierhebel zurückschwenkt, drückt das vorkommende Verschlußstück die Patrone in den Lauf, zugleich senkt sich der Zubringer wieder in seine Ausgangsstellung am Ende des Magazinrohrs. Die Waffe ist feuerbereit.

Es ist heute schwer begreiflich, warum kein europäischer Großstaat damals das Henry-Winchester-System für die Heeresbewaffnung annahm (lediglich die Türkei führt es bei einem Teil ihrer Streitkräfte ein). Vielleicht lag es daran, daß die Winchester-Waffen für relativ schwache und kurze Patronen eingerichtet waren, die für amerikanische Verhältnisse genügen mochten, während die europäischen Militärs möglichst weit schießende Waffen mit dementsprechend stark geladenen und langen Patronen forderten. Allerdings wäre auch diese Forderung sehr wohl mit dem Henry-System zu verwirklichen gewesen, wie das spätere Winchester-Modell 1895 beweist.

Immerhin lernten die Konstrukteure der alten Welt von der zukunftweisenden amerikanischen Waffentechnik. Wenn sich auch das »Lever-Action«-System in Europa nicht im großen Stil durchsetzen konnte, so wurde doch wenigstens ein Teil der Waffe, das Röhrenmagazin unter dem Vorderschaft, richtungweisend für den kontinentalen Waffenbau.

Das Vetterli-Gewehr

Ausgerechnet die kleine Schweiz führt als erster Staat in Europa ein Repetiergewehr mit Zylinderverschluß und Röhrenmagazin ein: das Vetterli-Gewehr, Modell 1869.

Auch damals schon war den Bürgern der Käse- und Uhren-Republik nichts zu teuer, wenn es um die Landesverteidigung ging. In ihrer Freude über das neue Gewehr gerieten die sonst eher bedächtigen Eidgenossen außer Rand und Band. Sie widmeten dem Konstrukteur das folgende Gedicht:

Welch Scharfsinn, herrliches Genie.
Wir preisen Sie, Herr Vetterli!
Und freut sich jeder brave Christ,
daß hierdurch es gelungen ist:
Den Superlativ aller Waffen,
Ein Repetiergewehr zu schaffen!

Für die damalige Zeit war das Gewehr des Direktors Friedrich Vetterli von der Schweizerischen Industrie-Gesellschaft (SIG) Schaffhausen tatsächlich eine »Superlativ«-Waffe, denn es konnte 11 Patronen im Röhrenmagazin aufnehmen.

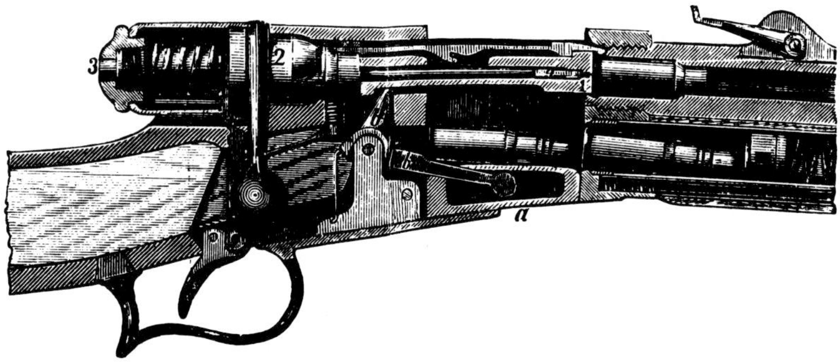

Schweizer Vetterli-Gewehr Modell 1869 mit Vorderschaftmagazin für 11 Patronen. Die Waffe ist abgefeuert, der Verschluß noch geschlossen. Das Gewehr hat ein Laufkaliber von 10,4 Millimetern.

Der Zubringer war ähnlich wie bei der Winchester durch einen Winkhebel mit dem Zylinderschloß gekoppelt. Das heißt: beim Zurückziehen des Verschlußkolbens kam der Zubringer nach oben; beim Vorschieben und Schließen senkte er sich wieder.

Das Vetterli-Gewehr hatte als erstes eine »Warzen-Verriegelung«, wie sie später bei allen Repetiergewehren selbstverständlich wurde. Bislang hatte man die Zylinderverschlüsse lediglich dadurch gegen den Druck der Pulvergase gesichert, daß man den Fuß des Kammerstengels in eine Aussparung der Verschlußhülse rasten ließ (Zündnadelgewehr, Chassepot, Modell 71). Bei der »Warzen«-Verriegelung treten zwei oder mehrere Nasen (Warzen) des Verschlußzylinders in entsprechende Nuten ein, die in der Kammerbahn senkrecht zur Laufachse eingefräst sind.

Das Vetterli-Gewehr, Modell 69, hat ein Laufkaliber von 10,4 mm und ist für eine Randfeuerpatrone eingerichtet, die ursprünglich für das Ordonnanzgewehr, Modell 1867, System Peabody, eingeführt worden war. Die Patrone hat ein Bleigeschoß, eine 38 mm lange Kupferhülse und einen mit Talg gefetteten Papierstreifen um den Hülsenmund. Auf dem Hülsenboden ist das Schweizerkreuz eingeprägt.

Ab 1875 wurden die Vetterli-Gewehre für eine Zentralfeuerpatrone eingerichtet. Damit verschwand zugleich eine konstruktive Kuriosität, die Sammler an den ersten Vetterli-Gewehren so schätzen: der gabelförmige Schlagbolzen, der den Patronenrand an zwei Stellen zugleich trifft. Das war notwendig, weil es bei der Munitionsherstellung damals noch nicht gelang, den Rand der Randfeuerpatrone rundum mit Zündmasse auszugießen. Nur vier Punkte des hohlen Randes waren mit Knallquecksilber versorgt. Wenn die Schlagbolzenspitze dazwischen schlug, konnte es sein, daß der Schuß nicht zündete. Mit seinem Gabel-Schlagbolzen hatte Vetterli dieses Risiko erheblich vermindert.

Mit dem Vetterli-Gewehr nahm die Schweiz eine Entwicklung vorweg, zu der die benachbarten Großstaaten Deutschland, Frankreich und Österreich-Ungarn rund 15 Jahre länger brauchten. Eine bayerische Gewehr-Versuchskommission, die das Vetterli-Gewehr im Herbst 1871 getestet hatte, befand: Für eine Erhöhung der Feuergeschwindigkeit besteht kein Bedürfnis. Die Herren Offiziere von der Kommission mußten ihre Meinung bald ändern.

Schweizer Randfeuerpatrone Modell 1867, Kaliber 10,4 Millimeter, für Peabody- und Vetterli-Gewehr. Das Bleigeschoß hat eine mit Talg gefettete Papierwicklung.

Österreich erprobte in den 70er Jahren Konstruktionen von Fruhwirth, Kropatschek und Gasser und konnte sich schließlich für keins der neuen Gewehre entscheiden. Frankreich unternahm 1878 einen Truppenversuch mit einem Gras-Kropetschek-Vorderschaftmagazingewehr und 1882 legte Paul Mauser ein deutsches Versuchsgewehr, mit Vorderschaftsmagazin vor, das er aus dem Modell 71 entwickelt hatte. Es wurde — nocheinmal überarbeitet — zwei Jahre später unter der Bezeichnung Modell »71/84« für die Truppenbewaffnung angenommen. Die Umbewaffnung erfolgte etwas überhastet, weil man sich wieder einmal vor einem neuen Krieg mit Frankreich fürchtete. So mußten manche der wünschenswerten konstruktiven Veränderungen unberücksichtigt bleiben: zum Beispiel eine Verkleinerung des Kalibers.
Das Gewehr 71/84 hat ein Röhrenmagazin, das im Holz des Vorderschafts eingebettet ist. Eine stählerne Schraubkappe mit geriffeltem Rand verschließt das vordere Ende. Als Zubringer dient ein »Ladelöffel«; er hat im hinteren Teil eine Drehachse und kann — gekoppelt mit dem Zylinderverschluß — zwei verschiedene

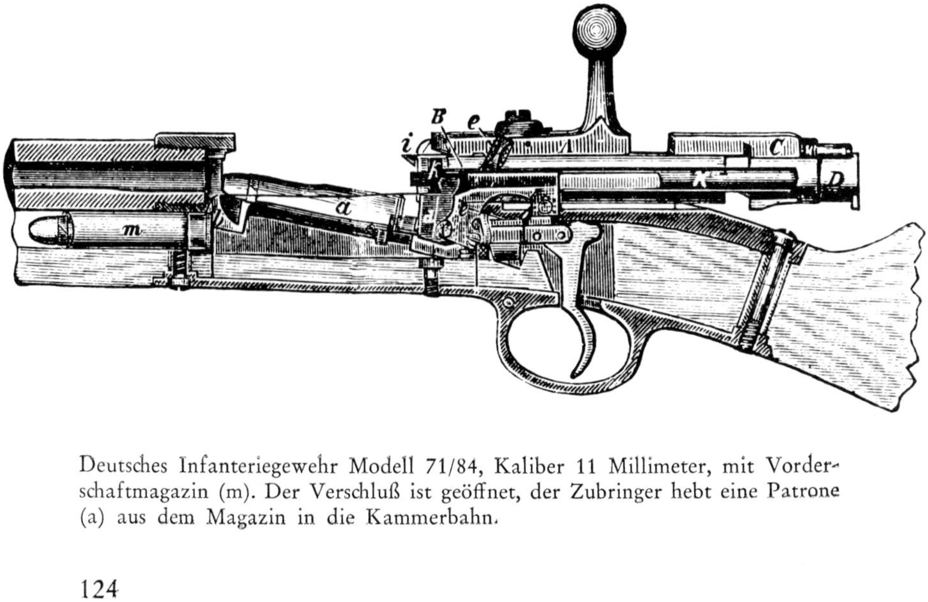

Deutsches Infanteriegewehr Modell 71/84, Kaliber 11 Millimeter, mit Vorderschaftmagazin (m). Der Verschluß ist geöffnet, der Zubringer hebt eine Patrone (a) aus dem Magazin in die Kammerbahn.

Stellungen einnehmen. Das Magazin faßt acht Patronen Modell 71, die Zuführung kann abgestellt werden, wenn der Schütze Zeit genug hat, um seine Waffe einzeln mit Patronen nachzuladen.
Bei den Truppenversuchen im Winter 1882 zeigte sich ein gefährlicher Mangel, der allen Gewehren mit Röhrenmagazin und Zentralzündung eigen ist: Mehrere Gewehre explodierten, weil die hintereinanderliegenden Patronen in einer Kettenreaktion gegenseitig zündeten. Da die Patronen im Magazinrohr von einer Spiralfeder eng zusammengepreßt werden, genügt ein unglücklicher Schlag, um eine der Geschoßspitzen in das vor ihm liegende Zündhütchen der nächsten Patrone zu treiben. Um künftig ähnliche Un-

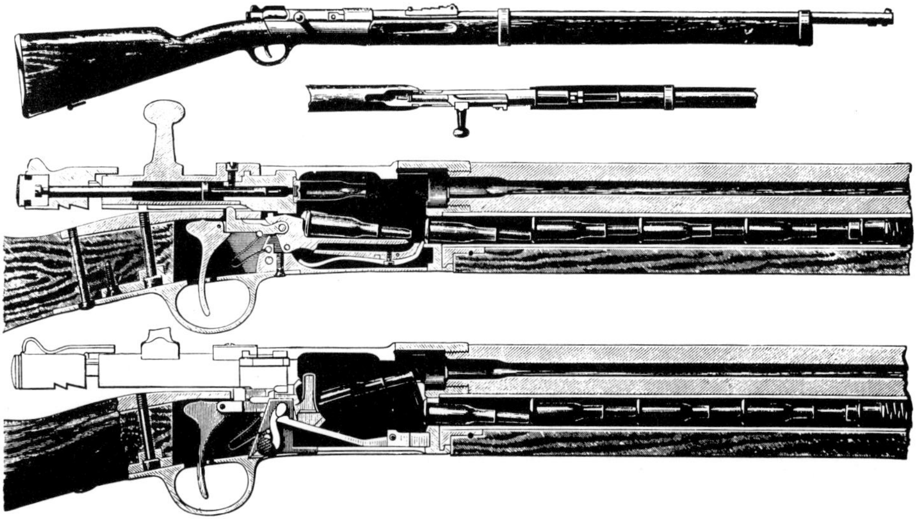

Franz. Infanteriegewehr Modell 1886, System Lebel (erstes Modell). Oben: Ansicht von der Seite und von Oben. Mitte: Leere Patrone wird ausgezogen, die nächste liegt bereits auf dem Löffel des Zubringers. Unten: Verschluß ganz zurückgezogen, Zubringer hebt neue Patrone in die Ladebahn.

fälle zu verhindern, wurden die Patronen M.71 vom Jahre 1883 an verändert. Sie erhielten eine abgeflachte Spitze und tiefer eingesetzte Zündhütchen.

Ein anderer Nachteil ließ sich nicht beseitigen, er lag im System begründet: das langwierige Nachladen des Magazins. Die Patronen mußten einzeln gegen den Druck der Magazinfeder von hinten in das Magazinrohr geschoben werden. Trotz dieser; in der Mitte der 80er Jahre bereits erkennbaren Mängel des Vorderschaft-Magazins; nahm auch Frankreich ein derartiges Gewehr an. Das »Lebel-Gewehr, Modell 1886«. Es hatte einen »Ladelöffel« und funktionierte ähnlich wie das deutsche Gewehr 71/84, in der Schußleistung jedoch war das französische Gewehr weitaus besser. Grund: eine neue Patrone, ein neuartiges Geschoß und ein sensationelles Hochleistungs-Pulver.

Rauchloses Pulver und Mantelgeschosse

Zu Beginn der 80er Jahre war kaum jemand mehr mit der Leistung der überall eingeführten 11-Millimeter-Gewehre zufrieden. Unhandliche Patronen, mit rund 5 Gramm Schwarzpulver gefüllt, trugen Bleigeschosse von 20 bis 30 Gramm Gewicht. Die französische 11-Millimeter-Patrone des Gras-Gewehrs beispielsweise wog 45 Gramm. Im Vergleich zum Gewicht war die Leistung dieser »Elefantenpatrone« geradezu lächerlich, wenn wir moderne Maßstäbe anlegen. Das Geschoß erreichte eine Mündungsgeschwindigkeit von nur 440 Metern pro Sekunde. Und bei der deutschen Patrone 71 waren die Verhältnisse nicht besser. Die Mängel zeigten sich vor allem beim Schießen auf größere Distanzen, weil die langsamen und schweren Geschosse dann stark gekrümmte Flugbahnen beschrieben. Das Maß dieser ballistischen Krümmung nennt man »Scheitelhöhe«. Sie bezeichnet den senkrechten Abstand des höchsten Punktes der Geschoßbahn von der Visierlinie, gemessen in Zentimetern.

Es wurde bereits erwähnt, daß das Mantelrahmenvisier der Jägerbüchse Modell 71 — auf die Schußweite von 1600 Metern eingestellt — neun Zentimeter hoch ausgezogen werden mußte. Das heißt, der Schütze konnte das Gewehr gar nicht mehr normal anschlagen, er mußte es statt an der Schulter; an der Brust ansetzen, um über den schräg nach oben gerichteten Lauf zielen zu können. Die Scheitelhöhe beim 71er-Gewehr betrug auf 1000 Meter Entfernung sage und schreibe 1854 Zentimeter, also fast zwanzig (!) Meter, und auf 500 Meter Entfernung stieg das Geschoß immer noch drei Meter über die Visierlinie. Klar, daß die Waffe auf diese Entfernungen praktisch wirkungslos war.

Nicht zuletzt dank der wissenschaftlichen Arbeiten des berühmten deutschen Ballistikers von Plönnies kannte man die komplizierten ballistischen Abhängigkeiten zwischen Geschoßgeschwindigkeit, -gewicht und Luftwiderstand. Man wußte, daß man die Geschosse auf eine möglichst flache, »rasante« Bahn mit geringer Scheitelhöhe schicken mußte, wenn die Zielgenauigkeit der Waffen besser werden sollte. Das war nur mit einer wesentlichen Steigerung der Geschoßgeschwindigkeit zu erreichen.

Mit Schwarzpulver und schweren Geschossen ging das nicht. Versuche ergaben, daß verstärkte Ladungen nur unzumutbar starken Rückstoß, aber keine entscheidende ballistische Verbesserung erbrachten. Einzige Lösung: leichtere Geschosse und damit verbunden: ein kleineres Kaliber.

In Deutschland ebenso wie in Frankreich und anderen Staaten experimentierten die Waffentechniker mit 40% leichteren Geschossen im Kaliber zwischen 7,5 und 8 Millimetern. Mit schwachen Pulverladungen und mäßiger Geschoßgeschwindigkeit um 450 Meter pro Sekunde; brachten die Versuche gute Ergebnisse.

Eine Patrone dieser Art ist die »Frohn-Patrone« 8,15 x 46 R, die als »Deutsche Schützenhülse« noch bis zum Zweiten Weltkrieg weit verbreitet war. Sie ist die Standardpatrone der alten Feuer-(Scheiben)-Stutzen und war nicht zuletzt deshalb beliebt, weil es zum Wiederladen ein reiches Sortiment von Geschossen und verschiedenen starken Preß-Pulverkörpern gab.

Zum Scheibenschießen auf eine maximale Entfernung von 300 Metern reichte die Leistung dieser Munition aus. Für jagdliche und

„Frohn-Patrone“ 8,15×46 R. Besser bekannt als „Deutsche Schützenhülse“.

militärische Zwecke jedoch war die Patrone viel zu schwach. Wie gesagt, man wollte ja die Geschoßgeschwindigkeit erheblich steigern. Bei Verwendung verstärkter Ladungen zeigte sich jedoch, daß die kleinkalibrigen Bleigeschosse den Drall der Züge nicht mehr annahmen. Sie scheuerten ihre Oberhaut einfach ab. Man umgab das weiche Blei daher mit einem dünneren Mantel aus zäherem Material: Kupfer, Eisenblech oder Nickel. Das Mantelgeschoß war geboren.

Doch nun trat ein neues Problem auf. Die Mantelgeschosse stauchten sich unter dem ersten Schock der Verbrennungsgase nicht mehr so stark auf wie reine Bleigeschosse, die sich dadurch erst eng in die Züge geschmiegt und gut im Lauf geführt hatten. Lösung: von nun an verwendete man Geschosse von etwas größerem Kaliber, die vom Gasdruck in den engeren Lauf gepreßt wurden. Das neue System der »Preßführung« stellte weitaus höhere Anforderungen an die Festigkeit des Laufmaterials als die alte »Stauchführung«. Nach langwierigen Berechnungen und Erprobungen kamen französische Konstrukteure als erste zu der Erkenntnis, daß das alte Schwarzpulver für die neue Munitionsart nicht mehr geeignet war.

Als neues Treibmittel bot sich die Nitrozellulose an, eine organische Verbindung, die der deutsche Chemiker Professor Christian

Ein „Feuerstutzen“ aus der Zeit der Jahrhundertwende. Diese Scheibenbüchsen hatten ausnahmlos Blockverschlüsse und waren für die Partrone 8,15×46 R eingerichtet. Mit Dioptervisierung wurde sogar auf Wettkampfentfernungen von 300 Metern geschossen.

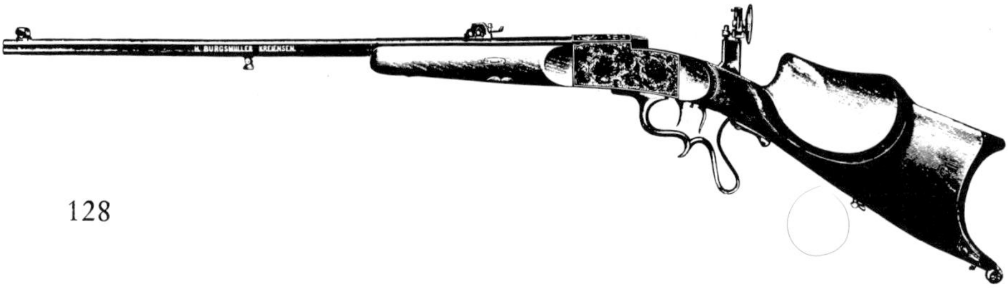

Friedrich Schönbein (1799—1868) bereits 1846 als Professor in Basel entdeckt hatte. Die Nitrozellulose, auch Schießbaumwolle genannt, konnte zunächst wegen ihrer explosiven Eigenschaften nicht für Feuerwaffen verwendet werden (die englische Schießbaumwoll-Fabrik in Faversham flog bereits 1847 in die Luft). Erst als es gelang, den gefährlichen Stoff auf chemischem Wege etwas zu entschärfen, ließ sich daraus ein vorzügliches neues Schießpulver herstellen, das nicht nur mehr leistete als das alte Schwarzpulver, sondern obendrein fast ohne Rauchentwicklung abbrannte. Dichte Pulverdampfwolken, die noch fünfzehn Jahre zuvor die Schlachtfelder von Metz und Sedan vernebelt hatten, sollte es künftig nicht mehr geben.

Die Patrone des französischen Infanteriegewehrs Modell 1886, entwickelt von dem Chemiker Vieille und dem Ingenieur Desaleux, bei der alle diese neuen Erkenntnisse zum erstenmal verwirklicht wurden, gab der Republik einen gewaltigen Vorsprung in der Waffentechnik. Die Patrone war so gut durchkonstruiert, daß das französische Heer sie mit kleinen Änderungen bis in die Zeit nach dem Ersten Weltkrieg beibehalten konnte.

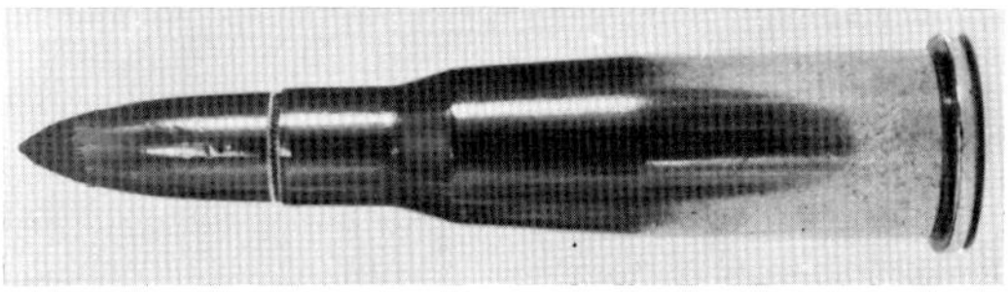

Lebel-Patrone Modell 1886, Kaliber 8 Millimeter. Eine der ersten Militärpatronen mit Mantelgeschoß und rauchlosem Pulver.

Die 8-Millimeter-Patrone Lebel in ihrer Urform trug ein 15 Gramm schweres Bleigeschoß mit Nickelmantel. Die Ladung von 2,7 Gramm rauchlosen Blättchenpulvers beschleunigte das Geschoß auf maximal 726 m/sec. Die Randhülse ist 50 Millimeter lang und stark konisch. Das leistungsfähige Pulver und die neue Art der Geschoßführung erlaubte es, den Drall der Züge im Lauf zu verstärken. Bei den 11-Millimeter-Gewehren hatten die Züge auf durchschnittlich 50—60 Zentimeter Länge eine Umdrehung ge-

macht, nun hatten sie bereits auf 24 Zentimeter Länge Umgang. Der Vorteil: das Geschoß rotiert erheblich schneller und hält daher die Flugrichtung noch besser.
Bedeutsam für das militärische Nachschubwesen war vor allem die Gewichtsminderung, die die neue Patrone brachte. Mit 30 Gramm war sie ein Drittel leichter als die alte, 45 Gramm schwere 11-Millimeter-Gras-Patrone. Das heißt: Jeder Soldat und jedes Fahrzeug konnte nun ohne Mehrbelastung eineinhalbmal soviel Munition mitführen als bisher.
Die ballistische Leistung der neuen Patrone zeigt am besten ein Vergleich der Scheitelflughöhen der Gras- und Lebel-Gewehre:

Schuß-Entfernung	Scheitelflughöhe	
	M 74, 11 mm	M 86, 8 mm
200 Meter	36 cm	14 cm
300 Meter	90 cm	38 cm
400 Meter	179 cm	81 cm
600 Meter	472 cm	239 cm
800 Meter	994 cm	527 cm
1000 Meter	1816 cm	983 cm

Außer dem Infanterie-Gewehr Lebel mit Vorderschaftmagazin bekam die französische Armee später noch die Kavallerie- und Artillerie-Karabiner Modell 90 und Modell 92. Die ersten Karabiner hatten ein modernes Mittelschaftsmagazin für nur drei Pa-

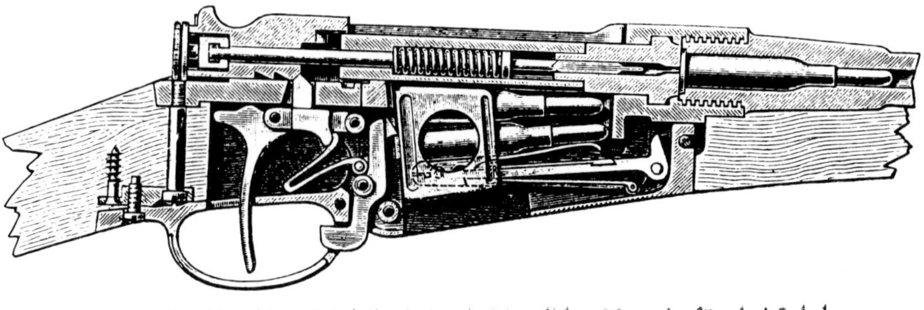

Französischer Karabiner Modell 1892, mit Mannlicher-Magazin für drei Lebel-Patronen. Verschluß geschlossen, Schlagfeder gespannt.

tronen und sind heute wesentlich seltener als die späteren Weiterentwicklungen, die unter dem Namen: »Mannlicher-Berthier« bekannt sind. Diese Gewehre und Karabiner, Modell 1907/15 aus der Zeit des Ersten Weltkriegs, haben Mittelschaft-Magazine für fünf Patronen.

Neue Formen der Geschoßführung — eine gute Idee wird verschenkt

Der Übergang vom Schwarzpulver auf das neue rauchlose Treibmittel erwies sich weitaus komplizierter als man sich das heute, ein Jahrhundert danach, vorstellen kann.
Die notwendige Entwicklung der Mantelgeschosse, der Übergang zur Preßführung und die Verstärkung des Dralls im Lauf führten schließlich dazu, daß man daran ging, die physikalisch-technischen Grundlagen der Feuerwaffen überhaupt neu zu überdenken. Die Waffenkonstrukteure stellten plötzlich alles, was sich in einem halben Jahrtausend bewährt hatte in Frage und kamen zu einer Reihe ganz neuer Lösungen. Wir wissen heute, daß nicht alle der neuen Lösungen richtig waren. Die Versuche mit »progressivem Drall«, bei dem sich der Umgang der Züge im Lauf zur Mündung hin verstärkt, hatten in den vierziger und fünfziger Jahren bereits Samuel Colt beschäftigt. Progressiven Drall finden wir später unter anderem noch einmal beim italienischen »Carcano«-Gewehr Modell 1891. Er brachte jedoch keine ballistische Verbesserung.
Am meisten wurde damals mit der Form der Züge experimentiert. Bereits in den letzten Jahrzehnten der Vorderlader-Periode waren die abenteuerlichsten Lauf- und Geschoß-Konstruktionen erprobt worden. Man testete zum Beispiel Läufe mit ovaler Bohrung und ovalen Geschossen (System Lancaster, England 1852), es gab das System Brunswick mit nur zwei tiefen Zügen, in die ein Kugelgeschoß mit umlaufendem Gürtel geladen wurde, und es gab immer wieder Versuche mit Laufbohrungen von vieleckigem (poly-

gonalem) Querschnitt. Die besten Waffen dieser Art stammen von Sir Joseph Withworth (1803—1887), einem englischen Ingenieur, der sich unter anderem auch mit Waffenbau befaßte. Withworth-Läufe haben meist sechseckige Bohrungen und sie waren für Hartblei-Langgeschosse von ebenfalls sechseckigem Querschnitt gedacht.

Withworths System wurde schließlich übertroffen von den Konstruktionen seines Landsmanns William Ellis Metford (1824—1899), der dem britischen Waffenbau fast dreißig Jahre lang die wichtigsten Impulse gab. Metfords Theorien über die günstigste Art der Geschoßführung waren ihrer Zeit weit voraus, zu weit, als daß man sie damals in ihrer vollen Bedeutung hätte erkennen

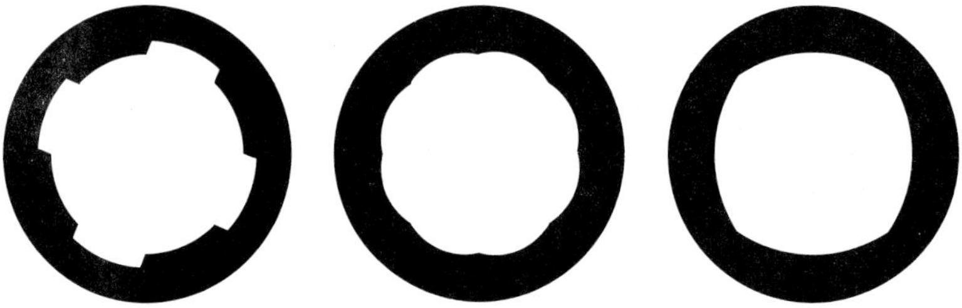

Die Entwicklung der Laufprofile (v. l. n. r.): Balkenzüge, Muldenzüge und das Polygon-Profil.

und nützen können. Nachdem seine Vorderlader-Wettkampfwaffen zwischen 1865 und 1880 beinahe gewohnheitsmäßig bei jedem Vergleichsschießen den Sieg davongetragen hatten, befaßte er sich auch erfolgreich mit der Lösung der neu aufgetauchten Hinterlader-Probleme in Zusammenhang mit rauchlosem Pulver und Mantelgeschossen.

Metford war einer der ersten, die erkannten, daß die traditionellen Balkenzüge mit ihren scharfen Kanten für die neuen Mantelgeschosse nicht mehr ideal waren. Die alten Bleigeschosse hatten sich noch in die »Ecken« geschmiegt, wenn das Geschoß von den Verbrennungsgasen durch den Lauf getrieben worden war. Bei den Mantelgeschossen war das nicht mehr ohne weiteres der Fall. In den Zug-Kanten entstanden Lücken, durch die ein Teil der hinter dem Geschoß gestauten Antriebsgase entweichen und dem Geschoß vorauseilen konnte. Diese Gase gingen natürlich für den Antrieb verloren. Ein weiterer Nachteil: Bei der Preßführung von Mantelgeschossen entstand an den Kanten der Felder eine besonders starke Reibung. Die Kanten nützten sich rasch ab, und die Läufe wurden unbrauchbar. Diese Gefahr war angesichts der »weichen« Stähle, die man im vorigen Jahrhundert zur Verfügung hatte, nicht zu unterschätzen.

Der Konstrukteur schlug bereits um 1880 eine neue Lauf-Innenkonstruktion mit sieben flachen »Muldenzügen« vor. Von den Fel-

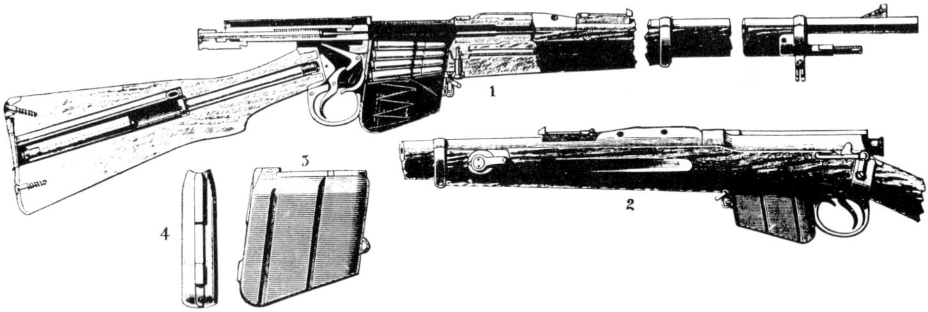

Englisches Infanteriegewehr Modell 1899, System Lee-Metford. Seitenansichten der Waffe und des Lee-Wechselmagazins.

dern wollte er nur schwache Grate mit abgerundeten Kanten stehen lassen. Diesem Laufquerschnitt konnten sich auch Mantelgeschosse leicht anpassen; Lücken entstanden nicht, die Abnützung wurde drastisch vermindert.

Großbritannien wagte mit dem Infanteriegewehr Mod. 1889 »Lee-Metford«, Kaliber 303, den ersten Versuch mit Muldenzügen. Unglücklicherweise hatte man gleichzeitig ein neues rauchschwaches Pulver mit dem Namen »Cordite« angenommen, ein ungewöhnlich aggressives Treibmittel, dem der verwendete Laufstahl nicht gewachsen war. Die Metford-Läufe brannten aus. Sofort gab es Stimmen, die die Schuld an der Panne dem Lauf-Konstrukteur in die Schuhe schieben wollten. Das führte dazu, daß England mit

dem bekannten Gewehrmodell 1895 »Lee-Enfield« wieder zu den konventionellen Balkenzügen zurückkehrte und die Läufe aus besserem Stahl fertigte.
Auch Österreich machte mit seinem Gewehr Modell 1890 einen kurzen Versuch mit Muldenzügen und blieb schließlich doch bei den »Balken«. Und daran hat sich in der ganzen Welt bis heute nichts geändert.
Doch nun steht ein sensationelles »come-back« der Metfordschen Idee bevor: die Muldenzüge kommen in abgewandelter Form doch noch zu späten Ehren.
Die Firma »Heckler & Koch« in Oberndorf stellte 1972 einen sensationellen »Polygon«-Lauf vor, der in seiner Konzeption an Metford erinnert. Er hatte damals sieben Mulden kreisförmig angeordnet, jetzt sind es nur noch vier. Dadurch enstehen noch flachere Übergänge, die dem Geschoß die Anpassung erleichtern und die Reibung nochmals herabsetzen.
Die Überlegenheit der Polygon-Rohre gegenüber konventionellen Läufen zeigte sich im Test mit dem »G3«-Gewehr der Bundeswehr: Die neuen Rohre sind einfach nicht kaputt zu kriegen. Der Test mußte nach dem 30 000. Schuß abgebrochen werden, als die »Balkenläufe« der Vergleichswaffen längst auf dem Schrott lagen. Sie hatten nur 14 000 Schuß ausgehalten, ehe sie unzumutbar stark zu streuen begannen.
Die zweite Überraschung war, daß die Polygonrohre noch nach dem 30 000. Schuß erheblich bessere Meßwerte hatten als die konventionellen Läufe zu Beginn des Tests: Die Mündungsgeschwindigkeit lag acht Prozent höher und die Auftreffenergie um fünf. Der Streukreis war zuletzt genau der gleiche wie zu Beginn. Und noch etwas: Polygonläufe sind einfacher herzustellen und daher sogar billiger als die bisher üblichen.
Mit hundert Jahren Verspätung hat sich die bessere Lösung nun doch noch durchgesetzt. Nur schade, daß Mr. Metford das nicht mehr erleben durfte.

Die Mängel der Röhrenmagazine mit ihrer zeitraubenden Ladeweise ließen die Waffenkonstrukteure nicht ruhen. Der amerikanische Waffenfabrikant James Paris Lee (1831—1904) aus Connecticut fand eine neue Lösung: das »Mittelschaft-Magazin«, mit dem heute alle Repetiergewehre der Welt (Ausnahme Winchester) ausgerüstet sind. In seiner Patentschrift aus dem Jahre 1879 schlug Lee vor, den Munitionsvorrat in einem Blechkasten unter dem Verschlußgehäuse unterzubringen. Eine W-förmige Blattfeder sollte die übereinandergeschichteten Patronen nach oben drücken, so daß die jeweils oberste von der Stirnfläche des Zylinderverschlusses mitgenommen und ins Patronenlager transportiert werden kann. Der Magazinbehälter läßt sich mit einem einzigen Handgriff einführen und abnehmen. Er dient zugleich als Packschachtel, in der der Schütze seinen Munitionsvorrat mitführt.

Ferdinand Ritter von Mannlicher (1848—1904).

So praktisch die Idee auch war, den Soldaten gleich mehrere gefüllte Ansteckmagazine mitzugeben, die Militärs konnten sich zunächst nicht damit befreunden. Die beiden bekanntesten Ausnahmen sind das bereits erwähnte Lee-Metford-Gewehr Modell 1889 und die nachfolgenden Lee-Enfield-Typen, sowie das Schweizer Ordonnanz-Gewehr Modell 1889, System Schmidt-Rubin, Kaliber 7,5 mm.

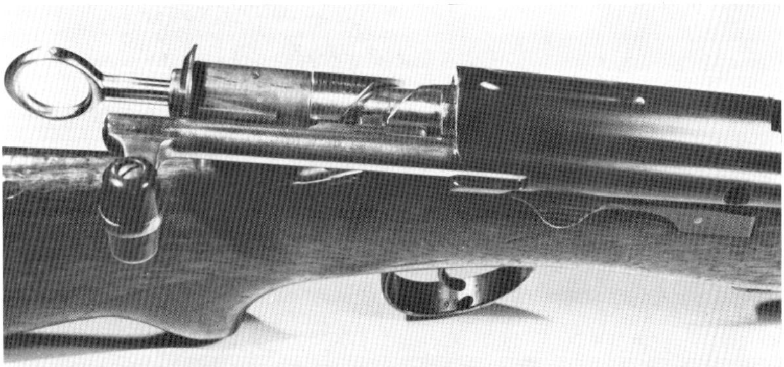

Schweizer Geradezug-Repetierer, Modell 89/11, System Schmidt-Rubin, Kaliber 7,5 mm. Blick auf das zurückgezogene Schloß. Der Griff (vorn) dient zum Betätigen des Verschlusses, eine Nase der Führungsstange greift in die Steuerkurve des Verschlußkörpers. Mit dem Ring (links kann der Verschluß gesichert und der Schlagbolzen (bei einem eventuellen Versager nocheinmal gespannt werden.

Obwohl diese Waffen mit Ansteckmagazinen ausgerüstet waren, wurde dennoch der größte Vorteil des Wechsel-Magazins verspielt. Die Soldaten hatten nämlich nur ein einziges Magazin zur Verfügung, das, wenn es leergeschossen war, mit Patronen nachgefüllt werden mußte.

Was Lee wirklich gewollt hatte, begriffen die europäischen Militärkommissionen erst dreißig Jahre später, als man daran ging, Selbstladegewehre zu bauen, die einen vielfach größeren Munitionsverbrauch hatten als die »langsamen« Repetierer. Immerhin regte der Gedanke, den Munitionsvorrat im Mittelschaft unterzubringen, andere Konstrukteure zu ähnlichen Entwicklungen an. Die bekanntesten europäischen Magazin-Bauweisen sind jene von Mauser und Mannlicher.

Ferdinand, Ritter von Mannlicher, geboren 1848 in Mainz, gestorben 1904 in Wien, war der erfolgreichste österreichische Waffenkonstrukteur seiner Zeit. Erstaunlich, was er auf diesem Sektor alles geschaffen hat, wenn man bedenkt, daß Mannlicher im Hauptberuf Eisenbahn-Ingenieur war und diesen Beruf bis zur Pensionierung tatsächlich ausübte.

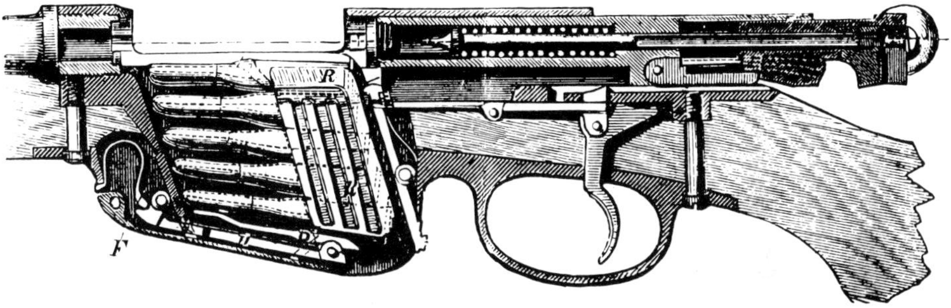

Österreichisches Mannlicher-Gewehr Modell 1888 mit Geradzugverschluß (geöffnet) und Mittelschaftmagazin für Patronenrahmen.

In den letzten zwanzig Jahren des vergangenen Jahrhunderts konstruierte er sozusagen nebenbei rund 150 Gewehre und Pistolen, von denen eine ganze Reihe recht erfolgreich waren und einige sogar in Millionenauflagen gebaut wurden. Mannlichers Kritiker, an ihrer Spitze sein schärfster Konkurrent, Karel Krnka, warfen ihm vor, daß er nur die Ideen anderer geschickt verwertete. Auch wenn daran ein Körnchen Wahrheit gewesen sein mag, so sollte man Mannlichers Leistung dennoch nicht unterschätzen. Er war der große Konstrukteur, der die Fähigkeit hatte, gute Ideen als solche zu erkennen und sie auch zu verwirklichen.
Sein erstes erfolgreiches Gewehr war das Repetiergewehr Modell 1886 des österreichisch-ungarischen Heeres. Dieser Repetierer löste das einschüssige Werndl-Gewehr ab, übernahm jedoch die (1877 verlängerte) 11-Millimeter-Schwarzpulver-Patrone des Vorläufermodells. Ab 1888 wurden diese Waffen für eine 8-Millimeter-Schwarzpulverpatrone mit Stahl-Mantelgeschoß (8 x 50 R) eingerichtet, ab 1890 füllte man die Patronen mit rauchschwachem und

ab 1893 mit rauchlosem Pulver. So folgten die Österreicher Zug um Zug der fortschreitenden technischen Entwicklung.
Zwei Besonderheiten haben die Mannlicher-Gewehre berühmt gemacht: der »Geradezugverschluß« und, wie bereits erwähnt, die Magazinkonstruktion. Beim Geradezugverschluß, der damals in den USA bereits lange bekannt war, läßt sich der Verschluß durch geradliniges Zurückziehen und Vorschieben des Kammerstengels öffnen und schließen. Die Soldaten nannten die Mannlicher-Repetierer daher »Ruck-Zuck-Gewehre«. Das technisch aufwendige System mit seinen komplizierten Verriegelungskurven findet sich in ähnlicher Form bei den bekannten Schweizer Ordonnanz-Gewehren und Karabinern vom System Schmidt-Rubin.
Mit den Geradezugrepetierern und ihrer vereinfachten Ladebewegung hoffte man die Schnellfeuerleistung zu erhöhen. Das System konnte sich jedoch außerhalb des österreichischen Einflußbereichs auf dem Balkan nicht durchsetzen. Wahrscheinlich weil die Geradezugverschlüsse zu hart gingen und zu viel Lärm machten.
Weite Verbreitung fanden jedoch Magazine der Mannlicher-Bauart. Typisch: Das Mittelschaftmagazin steht auf der Unterseite des Schafts vor und bildet eine Einheit mit dem Abzugbügel. Im Inneren des Magazinschachts, der unten offen ist, befindet sich ein federnder dünner Hebel, der die im Magazin enthaltenen Patronen nach oben, in den Ausschnitt der Verschlußhülse bringt. Das Mannlicher-Magazin wird von oben mit einem Patronenrahmen geladen, der meistens fünf Patronen enthält. Diese Rahmen, die der Schütze gefüllt in der Patronentasche bereit hat, sind aus dünnem Blech, sie fallen auf der unteren Magazinöffnung heraus, sobald die letzte Patrone das Magazin verlassen hat.
Mannlicher-Magazine finden sich nicht nur bei den Original-Mannlicher-Gewehren der Modelle 86, 88/90, 93 (Rumänien) und 95, sondern auch in Verbindung mit anderen Schloßkonstruktionen. Die bekanntesten Beispiele sind das italienische Gewehr Modell 1891, Mannlicher-Carcano, Kaliber 6,5 Milimeter, und das deutsche Gewehr Modell 1888, Kaliber 8 Millimeter.

Obwohl Ritter von Mannlicher indirekt an der Entstehung des deutschen Gewehrs 88 beteiligt war, dürfte er dieses illegitime Kind stets verleugnet haben. Denn das neue Modell taugte nicht viel.

Schuld an der Panne, die dazu führte, daß das Deutsche Reich schon zehn Jahre nach der Annahme des Modells 88 wieder ein neues Gewehrmodell einführen mußte, war der militärische Nachrichtendienst, der offenbar versagt hatte. In Deutschland waren die Verantwortlichen Mitte der 80er Jahre nicht oder nur ungenügend informiert über den Stand der Entwicklungsarbeiten an dem neuen französischen Armeegewehr. So fielen die Herren in Berlin aus allen Wolken, als dort eines Tages ein desertierter französischer Soldat erschien, der für 20 000 Goldmark ein solches Gewehr zum Kauf anbot.

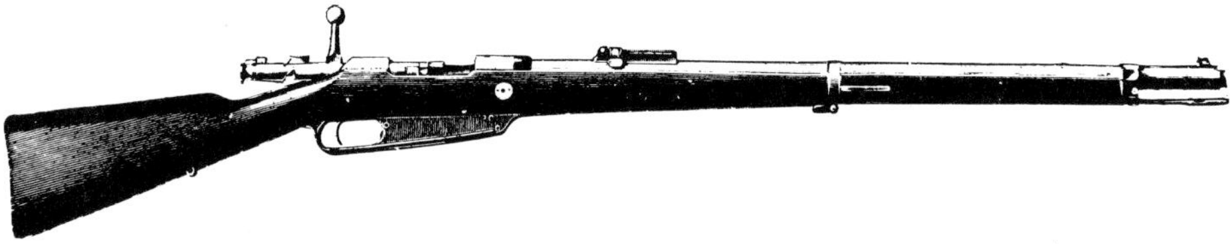

Deutsches Gewehr Modell 1888, Verschluß halb geöffnet.

Die Fachleute erkannten sofort, daß das kleinkalibrige Lebel-Gewehr Modell 1886, mit seiner rauchlos geladenen Mantelgeschoßpatrone dem deutschen Infanteriegewehr Modell 71/84 weit überlegen war. Und in aller Eile sollte nun der französische Vorsprung aufgeholt werden. Im staatlichen Auftrag machte sich ein Konstrukteursteam der Gewehrfabrik Spandau an die Arbeit. Was schließlich auf dem Reißbrett entstand, war ein typischer Bastard, eine Waffe, in der sich die verschiedensten Konstruktionsideen und Patente vereinigten. Der Lauf des neuen Gewehrs, das später die Modellbezeichnung 88 enthielt, war dem französischen

Lebel-Gewehr nachempfunden, das Magazin steuerte Mannlicher bei, das Schloß lehnte sich an die Mauser-Konstruktionen an, und der Laufmantel, eine Besonderheit des Gewehrs 88, stammte von Armand Mieg, einem früheren Direktoriumsmitglied der preußischen Gewehr-Prüfungskommission Spandau. Dieser Laufmantel bestimmt das Aussehen des Gewehrs: ein dünnwandiges Blechrohr,

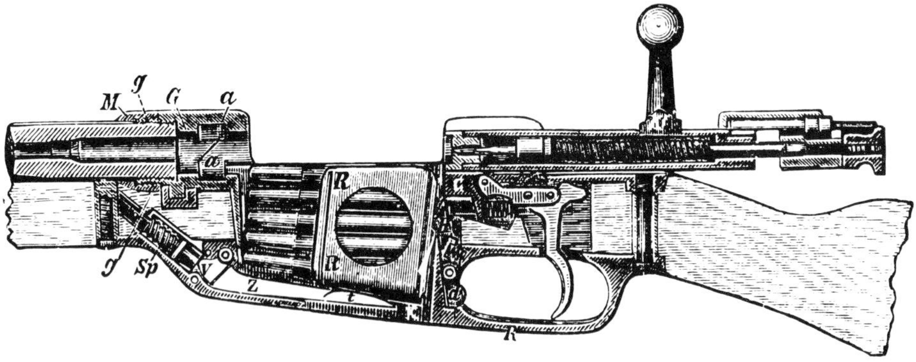

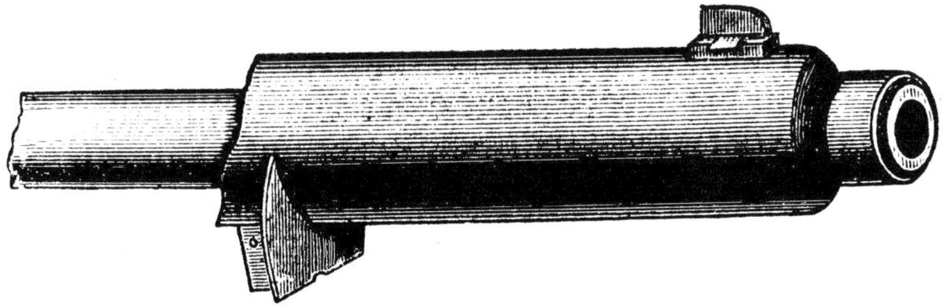

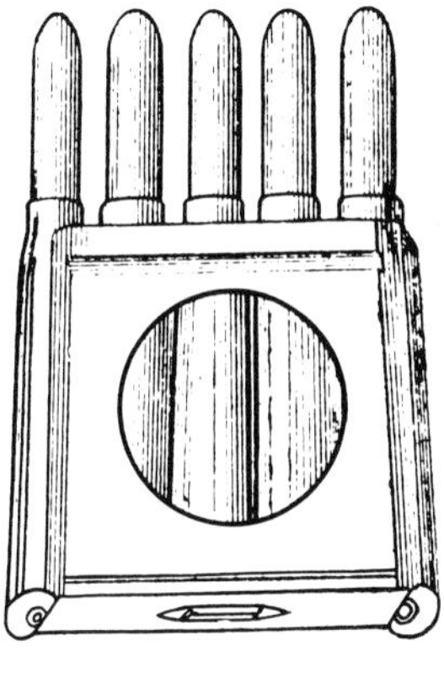

Deutsches Gewehr Modell 88. Funktion des Schlosses (geöffnet, Magazin gefüllt), Patronenrahmen mit fünf Patronen, Kaliber 8 Millimeter, und Detailzeichnung des Laufmantels am Laufende.

das über den Lauf geschoben ist und ihn nur hinten an der Schloßhülse und vorn an der Laufmündung berührt. Der Luftraum zwischen Lauf und Mantel erlaubte dem Lauf, sich bei Erwärmung ungehindert auszudehnen, und er verhinderte zugleich, daß sich der Schütze bei heißgeschossenem Lauf am Gewehr die Finger verbrennt, doch sonst brachte der Laufmantel nichts als Ärger.

Die Konstrukteure hatten nicht bedacht, daß jeder Stoß, jede kleine Delle im dünnen Blech des Mantelrohrs zu Spannungen führt, die sich auf die Laufmündung auswirken und damit die Schußleistung verschlechtern. Aber das war noch nicht das Schlimmste. Das Schloß hatte nämlich einen Mangel, der lebensgefährlich werden konnte. Wenn ein Soldat beim Zusammenbauen des Schlosses vergessen hatte, die Schlagbolzenmutter am hinteren Ende vollständig einzuschrauben, dann konnte er mit dem Gewehr zwar weiterschießen, die Sicherung jedoch wurde zum »Russischen Roulette«. Es kam vor, daß unvermittelt der Schuß losging, wenn die Waffe entsichert wurde.

Noch gefährlicher war es, wenn das Schloß ohne den abnehmbaren Verschlußkopf eingesetzt wurde, was in Hetze und Dunkelheit wohl vorkommen konnte. Dann nämlich ließ sich das Gewehr zwar laden und abfeuern, aber dabei ging dann der Schuß buchstäblich »nach hinten« los. Das Gewehr 88 hatte außerdem keine Sicherung gegen unbeabsichtigtes Aufeinandertreiben von zwei Patronen. Wenn sich eine bereits im Patronenlager befand, und der Schütze versehentlich nocheinmal den Verschluß zurückzog und vorführte, so beförderte er damit eine zweite Patrone aus dem Magazin und trieb sie mit der Geschoß-Spitze auf das Zündhütchen der Patrone im Lager. Die Folgen waren furchtbar.

Das Gewehr 88 bedeutete für den Schützen eine ständige Gefahr, selbst dann, wenn ihm kein Bedienungsfehler unterlief. Denn zu den konstruktiven Fehlern kamen bei einem Teil der Gewehre nun noch Fertigungsmängel im Herstellerwerk, der Maschinenfabrik Löwe in Berlin.

Daß ausgerechnet eine Firma, die bisher vorwiegend Werkzeugmaschinen hergestellt hatte, den Eil-Auftrag zum Bau der ersten 425 000 Armeegewehre erhielt, ist heute unverständlich. Tatsächlich war ein Teil der Löwe-Gewehre schlampig gefertigt, es gab in der ersten Zeit des Truppengebrauchs ständigen Ärger mit der unbefriedigenden Schußleistung. Der politische Skandal blieb nicht aus.

Der Berliner Schul-Rektor Hermann Ahlwardt, ein Nationalist und glühender Antisemit, verfaßte eine Hetzschrift gegen die jüdische Fabrikantenfamilie Löwe. Unter dem Titel »Neue Enthüllungen — Judenflinten« versuchte er allen Ernstes nachzuweisen, die Pannen mit dem Gewehr 88 wären Sabotage und Teil eines weltweiten jüdischen Komplotts gegen das Deutsche Reich. Tatsache war — und dafür erbrachten Ahlwardts persönliche Ermittlungen immerhin den Beweis — daß die fehlerhaften Gewehre von bestochenen Beamten durch die Abnahme-Kontrollen geschleust worden waren.

Es blieb nichts anderes übrig, als die Gewehre immer wieder zu ändern, zu reparieren und zu verbessern. Ein Ruhmesblatt der deutschen Waffengeschichte wurden sie dennoch nicht. Das gilt auch für jene Exemplare, die später in anderen deutschen Waffenfabriken gefertigt wurden. Heute sind die Modelle 88, die früher keiner haben wollte, rar und teuer geworden. Sie hatten in abgeänderter Form bei der Landwehr im Ersten Weltkrieg mitgemacht und wurden danach zum großen Teil, ohne den Laufmantel, zu Jagdgewehren umgearbeitet. Sammler, die noch ein Originalstück besitzen, sollten die wichtigsten Änderungsmarkierungen kennen.

Ein eingeschlagenes »Z« auf dem Hülsenkopf über dem Herstellungsort und -jahr bedeutet, daß die Waffe nachträglich einen neuen Lauf mit tieferen Zügen bekommen hat. Anfangs hatte es zahlreiche Laufsprengungen gegeben, weil das Verhältnis zwischen Lauf und Geschoß falsch berechnet worden war.

Ein »S« an derselben Stelle bedeutet, daß der Lauf für die Patrone »8 x 57 S« eingerichtet ist. Falls dieses Zeichen fehlt, dürfen aus dem Gewehr keinesfalls »S«-Patronen verschossen werden.

Über die Unterschiede zwischen der »Patrone 88« und der späteren »S-Patrone« wird noch zu reden sein. Hier nur soviel: Die S-Patrone hat ein Spitz-(S)-Geschoß. Bei einem Teil der später abgeänderten Modelle wurde der Hülsenkopf ein paar Millimeter tief keilförmig ausgefräst, um das Nachfüllen des Magazins mit Spitz-Patronen zu erleichtern. Diese abgeänderten Modelle, bei denen zugleich die untere Öffnung des Magazinkastens mit einem Blechstreifen verschlossen ist, tragen die Bezeichnung Modell 88/05. Sie tauchten in den letzten Jahren plötzlich in Mengen auf dem deutschen Sammlerwaffenmarkt auf, als die Türkei ihre alten Arsenale räumte. Das Deutsche Reich hatte den türkischen Bundesgenossen vor und während des Ersten Weltkriegs einige hunderttausend abgeänderter 88er Gewehre geliefert nun kehrten die Waffen in ihr Ursprungsland zurück. Man erkennt diese Stücke an den arabischen Schriftzeichen, die nachträglich auf dem Visier-Rahmen eingeschlagen worden waren. In die Modelle 88/05 lassen sich übrigens keine originalen Patronenrahmen nach Mannlicher-Art mehr einsetzen. Die Magazine sind bereits für die späteren Mauser-Ladestreifen der 98er Modelle eingerichtet.
Seltenere Waffen des 88er-Systems sind der »Karabiner 88« und das »Artilleriegewehr 91«. Sie sind fast formgleich, nur 95,5 Zentimeter lang, haben einen Laufmantel wie das Gewehr, im Gegensatz zu diesem jedoch einen abgeflachten, gebogenen Kammerstengel, der sich an den Schaft schmiegt. Der einzige Unterschied bei den beiden Kurzgewehren: das Modell 91 trägt am Oberring einen Dorn, der das Zusammenstellen mehrerer Gewehre zu »Pyramiden« möglich macht. Diese Einrichtung fehlt beim Karabiner.

Patrone 88, S-Patrone und sS-Patrone

Die erste deutsche Militärpatrone mit Mantelgeschoß und rauchlosem Pulver, dienstlich »Patrone 88« genannt, wurde im Jahre 1903 durch die wesentlich leistungsfähigere »S-Patrone« abgelöst.

Sie hatte ein leichteres, strömungsgünstigeres Spitz-Geschoß und erreichte eine Mündungsgeschwindigkeit von 895 m/sec. Der Vergleichswert der Patrone 88 beträgt 640 m/sec. Die S-Patrone mit ihrem leichten Geschoß und ihrer rasanten Flugbahn erbrachte ihre beste Leistung im Infanterie-Feuerbereich bis 800 Meter. Für das

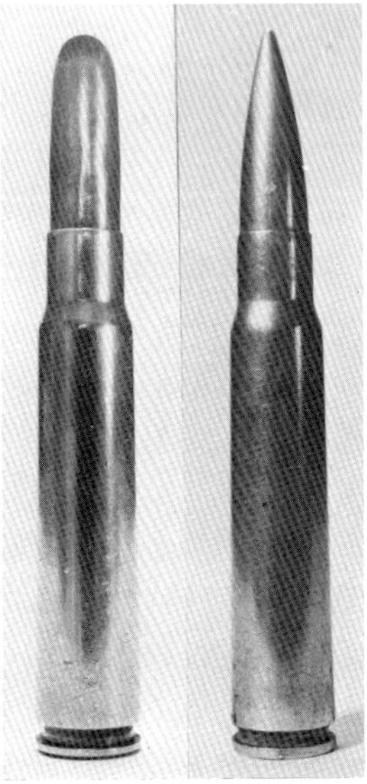

Patrone 88 mit Rundkopf und S-Patrone mit Spitzgeschoß; die Hülsen sind gleich.

Maschinengewehrfeuer auf weitere Distanzen war die S-Patrone weniger geeignet, weil das leichte 10-Gramm-Geschoß im Flug seine Geschwindigkeit zu schnell »verzehrte«. Im selben Maße, in dem die taktische Bedeutung der Maschinenwaffen gegenüber den Infanteriegewehren zunahm, tauchte daher die Forderung nach einer neuen Standard-Patrone mit schwererem Geschoß auf. Diese »sS«-Patrone war bereits um die Jahrhundertwende entwickelt und im Ersten Weltkrieg erprobt worden. Aber erst 1935 wurde sie schließlich als neue Einheitspatrone eingeführt. Die schwere Spitz-Patrone hat ein fast stromlinienförmiges 12,8-Gramm-»Torpedo«-Geschoß, ist mit 785 m/sec langsamer als die S-Patrone und im Grunde für Gewehre weniger geeignet als für Maschinengewehre. Aber die sS-Patrone war ja als Kompromiß gedacht.

Da alle drei Patronen (88, S, sS) dieselbe Hülse haben und sich daher sowohl in Waffen Modell 88; als auch in alle 98er Typen laden lassen, kann es zu Verwechslungen kommen. In der folgenden Übersicht sind die Unterschiede zusammengefaßt:

	Patrone 88 1888	S-Patrone 1903	sS-Patrone 1935
Geschoßdurchmesser:	8,07 mm	8,20 mm	8,20 mm
Geschoßgewicht:	14,7 g	10 g	12,8 g
Geschoßform:	Rundkopf	spitz, kurz	spitz, lang (»Torpedo«)
Pulver-Ladung:	2,7 g	3,2 g	2,85 g
Anfangs-Geschwindigkeit (V_0):	640 m/sec	895 m/sec	785 m/sec

Originale Militärmunition, erkenntlich an den Vollmantelgeschossen, ist heute viel zu kostbar, um sie auf dem Schießstand zu verfeuern. Wer ein Gewehr 88 oder einen Karabiner 98 k besitzt und damit schießen will, sollte sich lieber die entsprechende Jagdmunition besorgen, aber die richtige!

Für Gewehre und Karabiner 88 paßt nur die Jagdpatrone »8 x 57 J«, sie hat das alte, geringere Kaliber von 8,07 mm. Falls die Waffe nicht für S-Munition abgeändert worden ist (siehe letztes Kapitel), droht Gefahr, wenn dennoch die stärkere S-Munition verschossen wird. Laufsprengung! Jagdpatronen »8 x 57 J« werden nicht mehr hergestellt, sind jedoch fast überall im Fachhandel noch erhältlich.

Die passende Munition für alle Militärgewehre Modell 98 und die meisten entsprechenden ausländischen Mauser-Militärwaffen (zum Beispiel den spanischen Karabiner Modell 1943) ist die Jagdpatrone »8 x 57 JS«. Sie sieht auf den ersten Blick genau so aus wie die Patrone 8 x 57 J und kann leicht verwechselt werden. Wer im Zweifel ist, sollte den Bodenstempel beachten. Weitere Erkennungszeichen der Patrone »8 x 57 JS«: Sie trägt eine schwarze Farbmarkierung am Zündhütchen, eine eingepreßte Rändelung

gepreßte Ränderung rund um das Geschoß und einen roten Warnaufdruck auf der Schachtel.
Die Jagdpatronen 8 x 57 J und 8 x 57 JS von den deutschen Herstellern DWM und RWS gibt es in verschiedenen Laborierungen, mit verschiedenen Geschoßtypen im Gewicht zwischen 12,7 und 14,7 Gramm und unterschiedlichen Ladungen zwischen 2,6 und 3,3 Gramm. Keine dieser Jagdpatronen entspricht daher in der ballistischen Leistung den Militärpatronen, für die die originalen Visiere der Waffen eingerichtet sind. Meistens sind die Jagdpatronen rasanter.
Daß Patronenhülsen, die nach einmaligem Gebrauch ja ohnehin weggeworfen werden und nicht unbedingt aus wertvollem Messing oder der verwandten »Tombak«-Legierung sein müssen, zeigten die Erfahrungen der beiden Weltkriege.
Als im Ersten Weltkrieg das Buntmetall knapp wurde und man schließlich bereits die Kirchenglocken von den Türmen holte, um sie in Granaten umzuschmelzen, entwickelte man für die Infanteriemunition Patronenhülsen aus Stahl. Die Eisenhülsen des Ersten Weltkriegs hatten allerdings noch erhebliche Mängel. Sie klemmten und rissen oft. Über die Eisenhülsen mit Kupferplattierung und über die »Patronen-Stahlhülse S lackiert« des Zweiten Weltkriegs jedoch gab es keine Klagen mehr, wenn sie in Gewehren verwendet wurden. Für MG jedoch brauchte man weiterhin Messinghülsen.
Als weitere Spar-Maßnahme erhielten die Mantelgeschosse einen Eisenkern, der 70 Prozent des in den Friedens-Ss-Geschossen enthaltenen Bleis ersetzte. Diese Geschosse bekamen die amtliche Bezeichnung »SmE«, das heißt: S-Geschoß mit Eisenkern.
Alle Sammler kennen die Eisenpatronen aus der Kriegsfertigung. Sie haben grünbraun lackierte Hülsen, sind inzwischen meist sehr oder weniger angerostet und zünden oft nicht mehr. Der Grund: man hatte im Krieg auch an den Zündhütchen gespart und minderwertige Ersatzstoffe verwendet, die sich inzwischen chemisch verändert haben.

Mauser Modell 98, das berühmteste Repetier-System der Welt

Wegen des pausenlosen Ärgers mit dem Gewehrmodell 88 mußte sich das Reichs-Kriegsministerium schon zehn Jahre später nach Besserem umsehen. Man entschied sich für eine Konstruktion der Firma Mauser, die früher bereits das vorzügliche Gewehr 71 geliefert hatte. Auch diesmal war die Entscheidung richtig. Das neue Modell 98 war das beste, was es zu jener Zeit auf der ganzen Welt gab. Es blieb fast 50 Jahre lang das Standard-System beim deutschen Militär — und nicht nur dort. Mauser-Gewehre unveränderter Bauart waren in rund 40 Ländern der Erde eingeführt und sind heute noch neben den englischen Enfield-Gewehren die bekanntesten Militär-Repetierer der Welt. Neben der Militär-Fertigung wurden fast von Anfang an auch Jagdwaffen mit 98er-System in großer Anzahl hergestellt.

Die vielen Millionen Mausergewehre, die seit 1898 gefertigt wurden, kamen selbstverständlich nicht nur aus dem Mauser-Stammwerk in Oberndorf am Neckar und den staatlichen deutschen Waffenfabriken von Amberg, Erfurt, Danzig und Spandau. Nach dem Ersten Weltkrieg verlagerte sich die Produktion zum größten Teil ins Ausland. Als Folge des Versailler Vertrages hatte die Republik nach 1919 komplette Anlagen zur Herstellung von Mausergewehren an die Tschechoslowakei, an Polen und Belgien abliefern bzw. verkaufen müssen. Von dieser Zeit an beschickten vor allem die Waffenwerke Brünn (ZB) und die »Fabrique Nationale D'Armes de Guerre« (FN) in Herstal/Belgien den Weltmarkt.

Als das deutsche Kriegsministerium sich für das Mauser-System entschied, ging man damit keinerlei Risiko mehr ein. Denn die Vorläufer des Modells 98 hatten bereits über ein Jahrzehnt der Erprobung in anderen Staaten hinter sich. Bereits 1889 hatte Mauser Repetier-Gewehre für Belgien geliefert, die konstruktiv dem deutschen Modell 88 weit überlegen waren. Dann folgte das spanische Mauser-Gewehr Modell 93, das in Form und Funktion fast genau dem späteren deutschen Modell 98 entspricht. Gewehre des Modells 93 im Kaliber 7 Millimeter wurden damals bereits in Serbien, Brasilien, Mexiko, Columbien, Uruguay und den damaligen südafrikanischen Buren-Republiken eingeführt. Das schwedische Gewehr Modell 96, das jetzt auf dem deutschen Sammlerwaffen-Markt angeboten wird, ist übrigens ebenfalls eine Mauser-Konstruktion, eingerichtet für eine 6,5-Millimeter-Patrone.

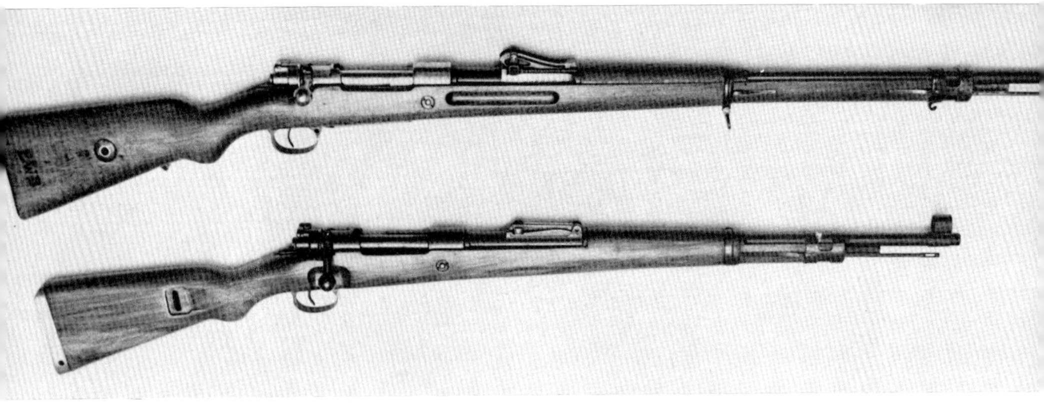

Gewehr 98 (Erster Weltkrieg) und Karabiner 98 k (Zweiter Weltkrieg).

Die Veränderungen beim Gewehr 98 gegenüber seinem Vorläufer betreffen alle wesentlichen Teile: den Lauf, die Schäftung, die Visiereinrichtung, den Verschluß und das Magazin.

Das störungsanfällige Laufmantel-Rohr des Modells 88 ist weggefallen, dafür erleichtert jetzt ein hölzerner Handschutz, der vom Visier bis zum Mittelring reicht, die Handhabung des Gewehrs bei heißgeschossenem Lauf. Man sparte dabei zugleich Gewicht und Raum, so konnte man dem 74 cm langen Lauf eine größere Wandstärke geben. Er verjüngt sich in drei Stufen vom Patronenlager zur Mündung. Statt des Mantelrahmen-Visiers bei Mod. 88 erhielt das Modell 98 ein Kurven-Schiebevisier mit Einteilungen bis 2000 Meter.

Die wesentlichsten Änderungen des Verschlusses bestehen darin, daß der hintere Teil der Kammerbahn durch eine »Hülsenbrücke«

geschlossen ist, unter der eine dritte Verriegelungswarze (beim Modell 88 waren es nur zwei) in ihr Lager tritt und damit die Festigkeit des Verschlusses erheblich erhöht.
Der Verschlußkopf ist nicht mehr abnehmbar und der neue starke Patronen-Auszieher so konstruiert, daß er beim Vorführen des Schlosses sehr frühzeitig in die Rille des Patronenbodens eingreift. so ist es unmöglich, daß zwei Patronen beim Laden aufeinandergetrieben werden.

Patronenrahmen für Gewehr und Karabiner 98 mit S-Patronen.

Vom ungefügen Patronenrahmen des Modells 88 ist nur mehr als ein kleiner »Ladestreifen« übriggeblieben. Der Blechstreifen, der jeweils fünf Patronen am Boden zusammenhält, wird in einen schwalbenschwanzförmigen Ausschnitt der Hülsenbrücke eingeführt. Der Schütze drückt die fünf Patronen mit beiden Daumen in das Magazin unter der Verschlußhülse. Wenn der Verschluß dann vorgeführt wird, fällt der leere Ladestreifen von selbst aus seiner Halterung.
Das Magazin des Modells 98, dienstlich »Mehrlade-Einrichtung« genannt, steht nicht mehr unten aus dem Schaft vor, weil die fünf Patronen platzsparend in Zick-Zack-Lage übereinandergeschichtet sind. Der stählerne Magazin-Kasten ist unten geschlossen, Schmutz und Wasser können nicht eindringen. Zum Reinigen oder zur Reparatur läßt sich der Magazin-Boden dank der Schnäpper-Vorrichtung abnehmen.

Eine W-förmige Blattfeder im unteren Teil des Magazin-Schachts drückt den stählernen Zubringer und die über ihm gelagerten Patronen nach oben; gegen den Ausschnitt in der Kammerbahn. Ein Vorsprung verhindert, daß der Munitionsvorrat bei geöffnetem Verschluß ungewollt aus dem Magazin springt.

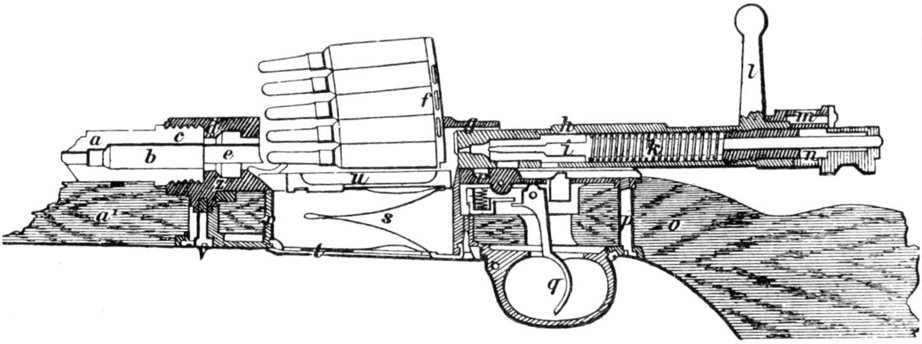

Schnittzeichnung Gewehr 98. Verschluß geöffnet, Ladestreifen zum Füllen des Magazins eingesetzt.

Beim Gewehr 98 fehlte anfangs noch jene simple und sinnvolle Einrichtung, die dem Schützen anzeigt, daß keine Patrone mehr im Magazin ist. Erst bei den 98er-Waffen der Zeit nach dem Ersten Weltkrieg erhielt der Zubringer eine kleine stählerne Nase, die bei geöffnetem Verschluß die Kammerbahn blockiert.

Eine weitere Sicherheitsvorkehrung, deren Sinn heute kaum jemand mehr kennt, sind die beiden ovalen Löcher auf der Unterseite im vorderen Teil des Verschlußzylinders. Sie sind als Abzug für Verbrennungsgase gedacht, die — theoretisch — bei Zündhütchendurchschlägen oder Hülsenreißern durch die Schlagbolzenbohrung in den Hohlzylinder des Verschlusses eindringen könnten.

Eine weitere Neuerung ist die Befestigung des Seitengewehrs unter dem Lauf an einer Schiene. Davon erhoffte man sich weniger störende Einflüsse als bei der bislang überall üblichen seitlichen Warzenbefestigung.

Das ursprünglich mit dem Gewehr eingeführte »Seitengewehr 98«

hat eine 52 Zentimeter lange (!) schlanke Klinge mit Stechrücken und sah zur Parade aufgepflanzt prächtig aus. Für den Kampf jedoch war es ungeeignet. Schon vor dem Ersten Weltkrieg wurden insgesamt sechs neue Seitengewehr-Typen für das Modell 98 eingeführt (ältere Umänderungsmodelle nicht mitgerechnet), und bis 1945 kamen noch ungezählte neue Muster hinzu.
Die neuen Seitengewehre haben alle wesentlich kürzere Klingen als das erste Modell. Für Sammler interessant ist das Artillerie-Seitengewehr Modell 98/05. Seine Klinge verbreitert sich bis kurz vor der Spitze. Sehr selten: die Sonderform mit Sägerücken.
Eigentümlich und kennzeichnend für die meisten 98er ist die eiserne Lochplatte; seitlich im Kolben. Sie fehlt bei den frühen 98er-Gewehren. Stattdessen sitzt dort an derselben Stelle eine Platte ohne Loch, die sogenannte Stempelplatte, auf der die Bezeichnung der Einheit eingeschlagen wurde, zu der die Waffe gehörte. Die Soldaten durchbohrten die Stempelplatte und gewannen damit eine Hilfsvorrichtung, die das Auseinandernehmen und Zusammenbauen des Schlosses erleichterte. Die Schlagbolzenspitze wurde in die Bohrung eingesetzt, dann ließ sich das Schlößchen leichter gegen den Widerstand der Schlagbolzenfeder nach vorn drücken und die Schlagbolzenmutter abnehmen. Dieser Soldatenbehelf erwies sich als derart praktisch, daß schließlich — ab 1915 — alle neuen Gewehre mit dieser Vorrichtung ausgestattet wurden.

Die Karabiner 98

Wenn heute vom Karabiner 98 die Rede ist, denkt jedermann an die deutsche Standardwaffe des letzten Krieges, den Karabiner 98 k, der zusammen mit der allgemeinen Wehrpflicht im Jahre 1935 eingeführt wurde. Nur wenige wissen, daß es insgesamt drei deutsche Karabiner Muster 98 gibt: außer dem »k«, die Typen »a« und »b«.
Der Karabiner »a« wurde einige Jahre nach dem Gewehr ein-

geführt. Er ist nur 110 Zentimeter lang (Gewehr: 125 cm), hat einen 60 Zentimeter langen Lauf (74 cm) und wiegt 3,57 Kilo (4,1 Kilo). Der hölzerne Handschutz reicht vom Kopf der Verschlußhülse bis fast zur Laufmündung. Der Oberring läßt sich zur Demontage in einem Scharnier aufklappen und trägt auf der Unterseite einen Dorn zum Zusammensetzen mehrerer Karabiner zu einer Pyramide.
Die Konstrukteure waren in ziemliche Verlegenheit geraten, als sie diese Sonderwaffe für berittene Truppen und Artillerie schaffen sollten, denn die Lauflängen der ersten Versuchsmuster waren zu kurz für die starke S-Patrone. Beim Schuß trat soviel Mündungsfeuer aus, daß die Holzgriffe der aufgepflanzten Seitengewehre verkohlten, der Rückstoß war unerträglich und die ballistischen Leistungen schlecht. Um Millimeter an Lauflänge zu gewinnen, ohne die Waffe insgesamt länger zu machen, gab es nur eine einzige Lösung: die Verschlußhülse und sogar der Anschlagkolben mußten geringfügig verkürzt werden. Dennoch blieb der Karabiner 98 a eine Notlösung, seine Fertigung wurde mit dem Ende des Ersten Weltkriegs eingestellt.
Der Karabiner »b«, den danach die Reichswehr führte, ist im Grunde gar kein Karabiner, sondern nur ein Gewehr 98 mit — nach Karabinerart — umgebogenem Kammerstengel und seitlicher Riemenbefestigung. Trotzdem machen ihn gewisse Eigenheiten — etwa der besonders breite Mittelring — unverwechselbar. Karabiner 98 b sind heute sehr selten und zählen zu den höchstbezahlten Sammlerwaffen des Typs 98.
Ein richtiger Karabiner dagegen ist der dritte und bekannteste Typ, der »98 k« der deutschen Wehrmacht. Er hat einen 60 Zentimeter langen Lauf wie der 98 a, schießt jedoch ebenso gut wie das Gewehr 98 mit dem 74-Zentimeter-Lauf. Das liegt an der neuen sS-Munition, die inzwischen die alte S-Patrone abgelöst hatte. Trotz des um 14 Zentimeter kürzeren Karabinerlaufs verringerte sich die Anfangsgeschwindigkeit im Vergleich zum Gewehr nur um 30 m/sec: von 785 auf 755 m/sec.

Der Karabiner 98 k ist die letzte Entwicklungsstufe der Militär-Repetierer überhaupt. Er sollte in keiner Sammlung fehlen. Besonders begehrt sind frühe Stücke und Prototypen aus den zwanziger Jahren, möglichst von Mauser, Oberndorf, hergestellt (Mauserbanner) und andere qualitativ hochwertige Stücke aus der Friedensfertigung.

Die Qualitätsunterschiede zu den Karabinern aus Kriegsfertigung sind sehr augenfällig. Bei den Kriegs-Karabinern etwa ab 1941 sind Ober- und Unterring sowie die Mehrladeeinrichtung samt Abzugbügel aus Blechprägeteilen hergestellt und nicht mehr aus massivem Material gefräst, außerdem wurden die Außenflächen der Metallteile nicht mehr poliert. Die Schäfte sind aus Buchensperrholz statt wie zu Friedenszeiten aus Nußbaum oder Rüster. Wer einen 98 k (Waffenbesitzkarte!) über den Versandhandel bezieht, sollte sich vorher wenigstens nach dem Baujahr erkundigen und sich garantieren lassen, daß alle Teile »nummerngleich« sind. Aus Schrott-Teilen zusammengesetzte Karabiner — auch wenn sie tadellos schießen — haben für Sammler kaum einen Wert.

Im Jahre 1718 baute ein gewisser Mr. James Puckle in England eine Waffe, die heute vielfach als Vorläufer des Maschinengewehres gilt. Daß das ein Irrtum ist, kann jeder erkennen, der das merkwürdige Puckle-Gewehr einmal im Londoner Tower-Museum studiert hat. Das Monstrum, das da einen langen großkalibrigen Lauf auf einem Dreibein reckt, ist im Prinzip nichts weiter als ein Riesen-Revolver-Gewehr mit Steinschloß-Zündung. Weitaus origineller als das Konstruktionsprinzip des Gewehrs sind die Wechsel-Trommeln, die der Erfinder seiner Waffe beigegeben hat. Außer Trommeln mit runden Bohrungen, aus denen normale Kugeln auf christliche Feinde verfeuert werden sollten, gab es noch Trommeln mit Bohrungen von quadratischem Querschnitt. Aus ihnen konnte mit viereckigen Geschossen auf Heiden aller Art geschossen werden, denn der fromme Mr. Puckle machte da feine Unterschiede. Unnütz zu sagen, daß sein merkwürdiges Gewehr kaum Verbreitung fand.

Auch die Konstruktionsidee der ersten richtigen Maschinengewehre, der »Mitrailleusen«, die bereits während des amerikanischen Bürgerkriegs und von den französischen Truppen im Krieg 1870/71 eingesetzt wurden, mußte bald wieder verworfen werden, weil diese Apparate tatsächlich eher Maschinen als feldtaugliche Waffen waren.

Die Mitrailleusen hatten je nach Größe sechs, acht oder zehn Läufe mit ebensovielen Verschlüssen. Das Laden, Feuern und Ausziehen der abgeschossenen Patronenhülsen bewirkte der Schütze durch Drehen an einer großen Kurbel am hinteren Ende des Rohrbündels.

Diese Schießmaschinen wogen nach Anzahl der Läufe 45, 78 oder sogar 107 Kilo, man konnte sie daher nur auf eigenen Fahrgestellen, ähnlich wie die leichten Geschütze, transportieren. Erst in den 80er Jahren wurden jene beiden Systeme entwickelt, nach denen

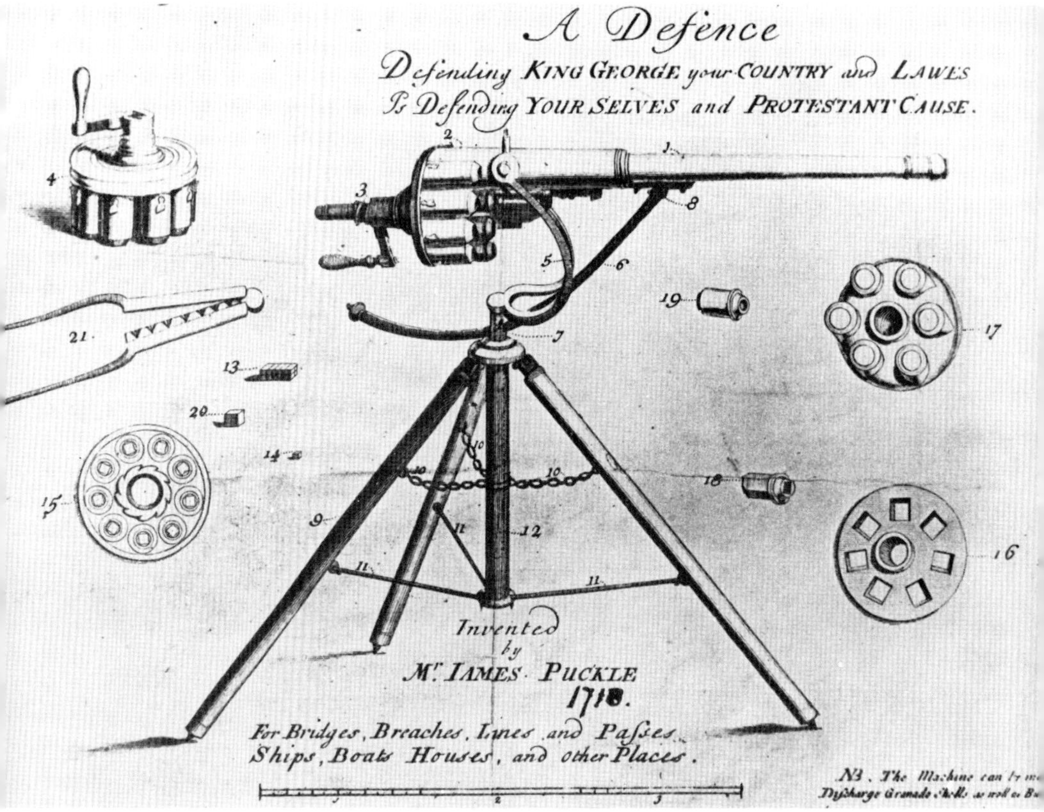

Patentschrift des Puckle-Gewehrs von 1718. Das Revolvergewehr konnte wahlweise runde und viereckige Geschosse verfeuern.

Französische Mitrailleuse um 1868. Die Kurbel (k) am hinteren Ende der sechsläufigen Waffe bewirkte den Lade-, Schließ und Zündvorgang. Beim Schießen rotierte das Laufbündel und der jeweilige oberste Lauf wurde abgefeuert und hernach während der Drehung um 360 Grad neu geladen.

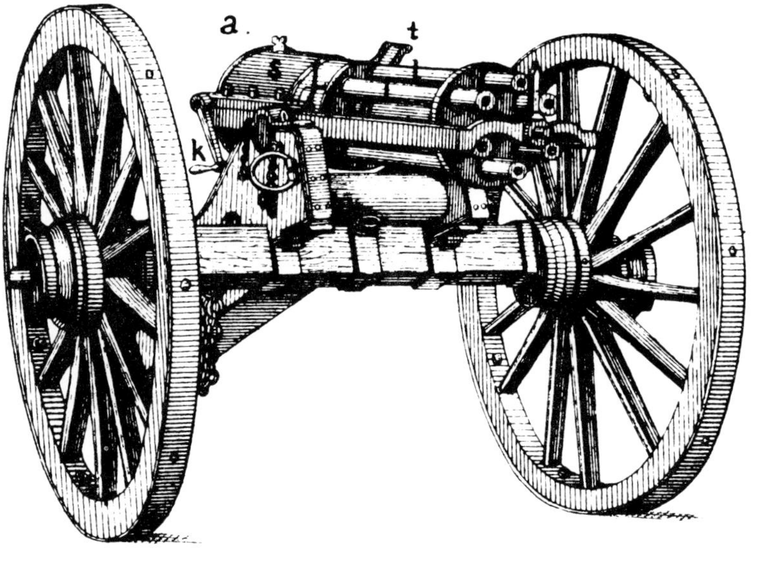

heute noch alle leichten und schweren automatischen Waffen arbeiten: Rückstoßlader und Gasdrucklader. Im Folgenden soll von der Theorie der automatischen Waffen mit verriegelten Verschlüssen, wie sie alle Maschinengewehre und die modernen »Sturm«-Gewehre haben, die Rede sein. Die unverriegelten automatischen »Massen«- oder »Feder«-Verschlüsse, als einfachste Form des Rückstoß-Prinzips, werden später in den Kapiteln über die Maschinenpistolen und Pistolen beschrieben.

Bei den Rückstoß- ebenso wie bei den Gasdruckladern wird der Druck der Verbrennungsgase für die Ladebewegung genützt. Dieser Druck entwickelt sich zunächst in der durch das Geschoß »verkorkten« Patronenhülse. Das dünne Messingblech der Hülsenwände kann den hohen Druck nur aushalten, weil es rundum von der eng anliegenden Wandung des Patronenlagers gestützt wird. Und von hinten drückt der fest mit dem Lauf verriegelte Verschlußkopf. So bietet das Geschoß den geringsten Widerstand. Es wird aus der Hülse gedrückt, verformt sich dann, um das Profil der Züge und Felder anzunehmen und verläßt — um seine Längsachse rotierend — den Lauf.

Bis zu diesem Augenblick ist der gasdichte Verschluß des Laufendes bei allen automatischen Waffen, gleich welchen Systems, noch gewährleistet, erst danach, wenn das Geschoß sich bereits im freien Flug befindet, wird die feste Verbindung (Verriegelung) von Lauf und Verschluß gelöst, der Verschlußblock läuft gegen den Druck einer Schließfeder zurück, zieht dabei die leere Patronenhülse aus dem Lager, wirft sie aus, spannt unterwegs den Hahn oder die Schlagbolzenfeder und schiebt beim anschließenden Vorlauf eine neue Patrone ins Patronenlager. Der Verschluß wird wieder mit dem Lauf verriegelt und erst dann kann der nächste Schuß gezündet werden.

Die Kraft für diesen Bewegungsablauf stammt immer noch von den hochgespannten Pulvergasen. Denn der Druck im Lauf sinkt ja nicht sogleich auf Null, wenn das Geschoß das Rohrende verlassen hat. Das Geschoß nimmt ohnehin nur etwa ein Drittel der

Schwere Hotchkiss-Marine-Maschinenkanone um 1875. Alle Lade- und Schlagbolzenbewegungen in der vierläufigen Waffe wurden durch die Drehkurbel ausgelöst.

Treibladungsenergie mit auf seinen Weg, der Rest wird in Hitze (Mündungsfeuer) und Rückstoß umgesetzt.

Die beiden Systeme: Gasdruck- und Rückstoßlader unterscheiden sich nur in der Art und Weise, in welcher der Energie-Überschuß im Lauf für die nachfolgende Ladebewegung nutzbar gemacht wird. Bei den Rückstoßladern wird entweder versucht, den Beginn der Ladebewegung durch Feder- oder Reibungskräfte im Verschlußmechanismus zu verzögern (Beispiel: der Rollenverschluß des später beschriebenen G3-Gewehrs), oder man läßt Lauf und Verschluß ein Stück gemeinsam zurücklaufen, ehe die Verbindung getrennt wird und der Verschluß allein seinen Weg nach hinten fortsetzt (Beispiel: MG 42). Ebenso läßt sich die Massenträgheit für das Rückstoß-Ladeprinzip nützen.

Bei den Gasdruckladern wird bewußt ein geringer Teil der Verbrennungsgase für den Ladevorgang abgezweigt. Man zwingt sie einen Umweg zu machen, ehe sie wirksam werden können und erreicht so die notwendige Verzögerung.

In der Praxis sieht das so aus:

Unter oder über dem Lauf ist ein parallel laufendes Rohr angebracht, das im vorderen Laufdrittel durch eine enge Bohrung mit dem Laufinneren verbunden ist und hinten ins Verschlußgehäuse mündet. In diesem »Gaszylinder« befindet sich meist ein »Gaskolben«, der über eine Stange nach hinten auf eine Sperrklinke am

Verschluß wirkt. Wenn beim Schuß des Geschoß im Lauf die Bohrung zum Gaszylinder passiert hat, dringt ein geringer Teil der im Lauf gestauten Gase in den Zylinder ein und stößt den Gaskolben nach hinten. Die Stange das Gaskolbens entriegelt den Verschluß und drückt ihn gegen den Widerstand der Schließfeder zurück. Dabei wird die Patronenhülse ausgezogen und so weiter und so weiter . . .

Vom Ladesystem abgesehen unterscheidet man zwischen voll- und halbautomatischen Waffen.

Bei den Vollautomaten (MG, Maschinenpistole und die meisten modernen Infanteriegewehre) wird selbsttätig ein Schuß nach dem anderen abgefeuert, solange der Schütze den Abzug drückt. Bei den Halbautomaten dagegen ist für jeden Schuß ein neuer Druck auf den Abzug notwendig. Viele Vollautomaten lassen sich wahlweise auch auf »Einzelfeuer« umstellen.

Den Selbstladern wird die Munition aus »Stangenmagazinen«, »Trommelmagazinen« oder flexiblen Gurten zugeführt, die ein; dem großen Verbrauch der Waffen entsprechendes Fassungsvermögen haben und leicht gewechselt werden können.

Maxim-Maschinengewehr mit Gurtzuführung und wassergekühltem Lauf. Dieser Typ entstand in den achtziger Jahren des vorigen Jahrhunderts und hielt sich bis in unsere Tage.

Bereits um die Mitte des vorigen Jahrhunderts hatten einige Erfinder darüber nachgedacht, wie man die überschüssige Schuß-Energie nützen könnte, die sich den Schützen als Rückstoß unangenehm bemerkbar machte. Doch zunächst kam bei diesen Überlegungen nichts Gescheites heraus, wenn man von ein paar Revolver-Prototypen absieht, bei denen die leeren Metall-Patronenhülsen vom Gasdruck ausgeworfen wurden. Zugegeben, die immer noch recht bescheidenen technischen Voraussetzungen für die Munitionsfertigung hätten damals wohl kaum als Basis für weitergehende Entwicklungen ausgereicht. Erst als die Metallpatronen perfekt waren, konnte man daran denken, automatische Waffen zu bauen.

Der erste, der damit Erfolg hatte, war der Franco-Kanadier Hiram Maxim (1840—1916), ein Self-Made-Man der klassischen Art, ein unruhiger, genialer Geist, der mit ziemlich allem experimentierte, was das anbrechende technische Zeitalter an Neuem zu bieten hatte. Erst faszinierte ihn die Gasbeleuchtung, dann stieg er auf Elektrizität um und entwickelte einen sehr erfolgreichen Glühlampen-Typ. Schließlich wandte er sich den Feuerwaffen zu und zwar gleich den Maschinengewehren.

Von den kurbelbetätigten Mitralleusen ausgehend arbeitete sich Maxim in den Jahren 1883—86 folgerichtig Schritt um Schritt voran und kam auf dem Umweg über einen öl-hydraulischen Gasdrucklader schließlich zum Rückstoßprinzip.

Im Alleingang, so wie er sein Maschinengewehr entwickelt hatte, versuchte Maxim, nun auch Aufträge für die neue Waffe zu bekommen. Mit der »Feuerspritze« im Koffer bereiste er die halbe Welt und führte Kaisern, Königen und Generalen die Leistungen seiner neuen Waffe vor. Zum Erstaunen seines erlauchten Publikums »sägte« Maxim mit seinem MG mannsdicke Bäume durch, aber er hatte auch raffinierte Kunststückchen auf Lager. Ein Beispiel:

An einem Sommermorgen des Jahres 1887, auf einem Wiener Kasernenhof wohnten Seine Majestät, der Kaiser Franz Josef höchstpersönlich der Vorführung des neuen Maschinengewehrs bei. Wie stets bei solchen Anlässen kniete Maxim in Frack und Zylinder hinter seinem feuerspeienden Apparat auf dem Dreibein und zog seine Show ab. Er schoß schnell, genau und ohne Ladehemmung. Zum krönenden Abschluß stanzte er mit dem MG in eine eigens errichtete Bretterwand die Buchstaben F und J, die kunstvoll verschnörkelten Initialen des Kaisers Franz Josef.

Majestät fühlte sich geschmeichelt und richtete ein paar huldvolle Worte an den Erfinder, der sich daraufhin bereits einen dicken Auftrag ausrechnen durfte.

Hiram Maxim (1840—1916) demonstriert die Leichtigkeit eines seiner ersten Maschinengewehre.

Maxims MG hielt sich in kaum veränderter Form bis lange nach dem Zweiten Weltkrieg bei vielen Armeen der Welt. Es wurde später bekannt und berühmt unter dem Namen des englischen Rüstungskonzerns »Vickers«, in dem die Maxim-Nordenfeldt-Firma aufgegangen war.

Während des Ersten Weltkriegs spielte das Maxim-MG bei fast allen kriegführenden Nationen, Deutschen, Russen, Engländern und Österreichern eine große Rolle. Es hatte einen beweglichen Lauf, der bei jedem Schuß vor und zurück ging und dadurch die Verriegelung steuerte. Die Patronen wurden in Gurten zugeführt und der Lauf in einem Wassermantel gekühlt, es gab allerdings auch luftgekühlte Maxim-Typen. Maxim-Maschinengewehre verfeuerten rund 600 Schuß in der Minute.

1895 stellte der amerikanische Konstrukteur John M. Browning (1855—1926) dem Maxim-Rückstoß-MG ein gasdruckbetätigtes Konkurrenzmodell zur Seite, ging jedoch schon bei seiner nächsten Konstruktion, um die Jahrhundertwende, zum Rückstoßprinzip über. Die leichten französischen Hotchkiss-MG waren lange Zeit die einzigen, die erfolgreich mit Gasdruck arbeiteten.

Bei diesen Modellen war zum erstenmal das Problem der Luftkühlung brauchbar gelöst. Heute werden in der ganzen Welt fast nur noch luftgekühlte Maschinengewehre verwendet. Man vermeidet die Überhitzung der Waffe entweder durch Kühlrippen am Lauf, oder — noch besser — durch Laufwechsel, der im allgemeinen nach etwa 50 Schuß Dauerfeuer notwendig ist. Da man in der militärischen Praxis jedoch immer nur ganz kurze Feuerstöße abgibt, weil die Waffe sonst nicht im Ziel gehalten werden kann, sind Laufwechsel meist erst nach drei- bis vierhundert Schüssen fällig.

Typisch und immer vorbildlich für die letzte Generation der leichten Maschinengewehre ist das deutsche »MG 42«, das im Zweiten Weltkrieg eingeführt wurde und heute in ähnlicher Form noch von der Bundeswehr verwendet wird. Seine Charakteristik: Rückstoßlader mit beweglichem Lauf und Rollenverriegelung, Luftkühlung Wechsellauf, Gurtzuführung. Theoretische Feuergeschwindigkeit: 1150 Schuß pro Minute, Gewicht: 11,60 kg, wirksame Schußentfernung auf fester Lafette: bis 3000 Meter.

„Mg 3“ der deutschen Bundeswehr, Kaliber 7,62×51, (NATO-Patrone). Das MG entspricht im Wesentlichen dem früheren Modell 42 (Patrone 8×57).

Der auffälligste Unterschied des Bundeswehr-Modells »MG 3« zum Originaltyp von 1942 ist die neue »NATO-Patrone« 7,62 x 51, die die alte 8 x 57-Munition abgelöst hat. Außerdem hat die Firma »Rheinmetall«, bei der die Waffe hergestellt wird, eine ganze Reihe von kleineren Verbesserungen am Verschluß angebracht.

Achtung: Maschinengewehre und alle anderen Vollautomaten fallen unter das Kriegswaffenkontrollgesetz. Ihr Besitz ist daher Privatpersonen grundsätzlich verboten. Ausnahmen kann nur das Bundeskriminalamt in Wiesbaden genehmigen. Erlaubt sind jedoch halbautomatische Selbstladegewehre, wenn sie nach dem Kriegswaffenkontrollgesetz abgeändert sind und dafür eine Waffenbesitzkarte beantragt worden ist. Darüber mehr in einem späteren Kapitel.

Die ersten leichten Selbstladegewehre — zunächst nur für Einzelfeuer — entstanden fast gleichzeitig mit den Maschinengewehren, kurz vor der Jahrhundertwende. Ferdinand von Mannlicher und John Browning waren unter den ersten Konstrukteuren, die sich mit der Entwicklung dieser neuen Waffengattung befaßten. Unter

der Nummer 105 618 D.R.P. vom 20. Februar 1898 erhielt die Firma Mauser ein ähnliches Patent, und 1901 ließ Mannlicher einen Selbstladekarabiner für flaschenförmige Patronen im Kaliber 7,65 mm patentieren. 1907 brachte schließlich Winchester einen zehnschüssigen Selbstladekarabiner in den Kalibern .32 und .351 heraus. Beim Militär traten leichte Selbstladegewehre in begrenztem Umfang allerdings erst während des Ersten Weltkriegs auf, auf deutscher Seite ausschließlich zur Bewaffnung der Flieger und Luftschiffer, die sich mit ihren Gegnern in der Luft bis zu diesem Zeitpunkt tollkühne Pistolenduelle geliefert hatten.
Der feste Einbau von Cockpit-Maschinengewehren in die fliegenden Kisten war anfangs noch nicht möglich gewesen, da das technische Problem der Schuß-Synchronisation mit dem Propeller-Umlauf noch nicht gelöst war. Ohne diese Abstimmung hätten sich die Flieger die eigenen Propeller abgeschossen. Daher erhielten sie als Übergangslösung zwei Typen von Selbstladegewehren: den Flieger-Selbstladekarabiner 15 »Mauser«, einen Rückstoßlader mit 25-Schuß-Ansteckmagazin, der die deutsche 8-Millimeter-S-Patrone verschoß und den Flieger-Selbstladekarabiner 15 »Mondragon«, einen Gasdrucklader mexikanischer Konstruktion, der bei »SIG« in der Schweiz im Kaliber 7 mm mit 30-Schuß-Trommelmagazin gebaut wurde. Beide Waffen vermochten weder bei Freund noch Feind einen bleibenden Eindruck zu hinterlassen und verschwanden bald wieder, weil die Flieger nun endlich ihre MG's bekamen.

Mannlicher-Selbstladekarabiner Modell 1901 für Pistolenpatronen Kaliber 7,65 mm. Erste Phase nach dem Abfeuern. Der Verschluß ist noch ganz geschlossen.

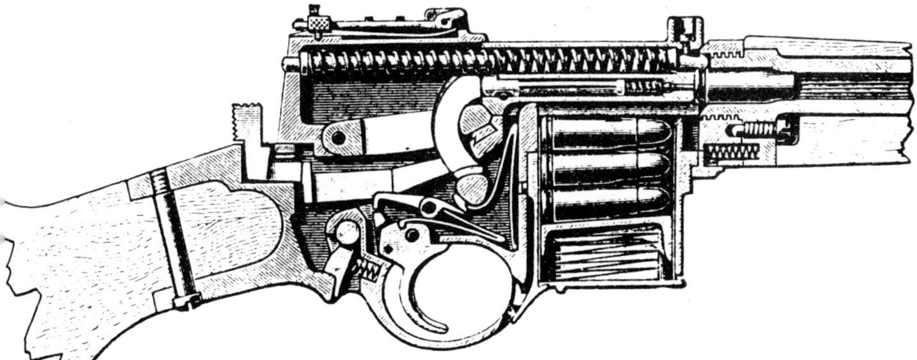

Den nächsten deutschen Versuch mit einem Militär-Selbstladegewehr gab es erst wieder 1935. Ein neu entwickeltes Mauser-Modell wurde im Truppenversuch getestet — und abgelehnt. Drei Jahre später legten Mauser und zugleich die Firma Walther zwei neue Selbstladegewehre vor, sie wurden wieder erprobt und kamen

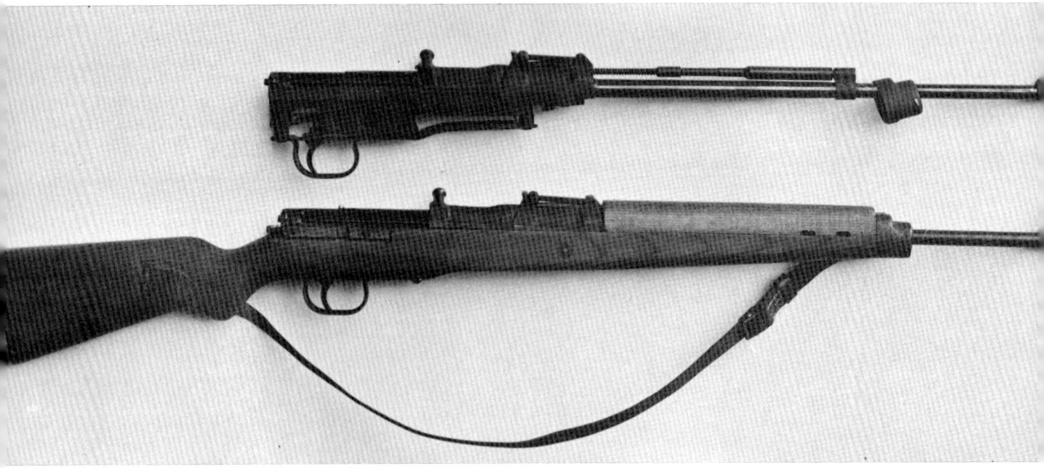

Deutsches Selbstladegewehr (SG) 43, ohne Magazin. Am ausgebauten System (oben) ist die Laufanbohrung und das Gestänge des Gaszylinders zu erkennen. (Archiv Walther.)

schließlich in begrenzter Stückzahl unter der Bezeichnung »G 41 M« und »G 41 W« zum erweiterten Truppenversuch an die Front. Die Entscheidung fiel für das Walther-Gewehr. Nach nochmaligen Verbesserungen wurde es unter der Bezeichnung Selbstladegewehr 43 (G 43) bei der Wehrmacht eingeführt.

Das G 43 war ein Gasdrucklader mit Geradzugverschluß und Stützklappenverriegelung. Diese Stützklappen sind im Verschlußkopf drehbar gelagert und werden (vom Schlagbolzenhalter gesteuert) zur Ver- und Entriegelung des Verschlusses nach außen bzw. innen geschwenkt. Ausgelöst werden diese Vorgänge, wie es vorstehend für das System der Gasdrucklader beschrieben ist, durch die Stoßstange des Gaskolbens.

Das G 43 ist in der Schäftung weitmöglichst dem Karabiner 98 k angeglichen. Auffallend ist das unten gerade vorstehende Zehn-

Schuß-Ansteckmagazin und der gekürzte Vorderschaft. Die relativ wenigen erhalten gebliebenen Waffen können ihre Herkunft aus der Kriegsfertigung nicht verleugnen, denn sie sind nicht besonders sauber verarbeitet.
Ursprünglich sollte das Selbstladegewehr 43 den Karabiner 98 k ablösen, eine Notwendigkeit angesichts der Tatsache, daß sowohl die russischen Truppen (Degtjarew), als auch die Amerikaner (Garand), bereits automatische Handfeuerwaffen führten. Zu einer vollständigen Umbewaffnung der deutschen Truppen reichte jedoch die Zeit nicht mehr.
Die technischen Daten: Mit dem G 43 kann nur Einzelfeuer geschossen werden. Es ist 4,05 kg schwer und 1130 mm lang. Die Lauflänge beträgt 560 mm. Die Einteilung des Kurvenvisiers reicht bis 1200 Meter.
Zwei andere bemerkenswerte deutsche Neukonstruktionen, die während des Krieges geschaffen wurden, sind das Fallschirmjägergewehr Modell 42 (FG 42) und das Sturmgewehr 44.
Das »FG 42«, entwickelt von der Firma Rheinmetall, fällt in Aussehen und Konstruktion völlig aus dem Rahmen aller Vorstellungen, die man bis dahin von einer leichten Infanteriewaffe hatte. Es ist eine Kreuzung zwischen Selbstladegewehr und Maschinengewehr. Durch die gerade Schäftung, ohne den bisher üblichen Kolbenknick, gelang es, den gewaltigen Rückstoß, den die nur 97 cm lange Waffe (Lauf: 50 cm) vornehmlich bei Dauerfeuer hatte, gedämpft durch einen federnden Anschlagschaft direkt auf die Schulter des Schützen zu übertragen. Man wollte so verhindern, daß die Waffe beim Dauerfeuer mit der Mündung nach oben stieg. Als zusätzliche Hilfen hat das FG 42 eine Mündungsbremse und ein ausklappbares zweibeiniges Schießgestell. Nachteil der geraden Bauart: eine hohe Visierlinie. Dioptervisier und »Tunnelkorn« sitzen auf ausklappbaren Sockeln.

Deutsches Fallschirmjägergewehr (FG) 42 mit eingeklapptem Schießgestell. Das Magazin wird seitlich eingeführt.

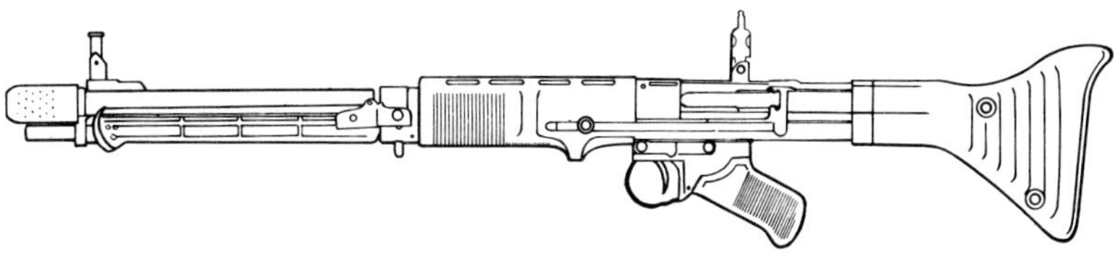

Das FG 42 ist ein Gasdrucklader mit Drehverschluß und Warzenverriegelung. Das heißt, der Verschlußkopf mit den Verriegelungswarzen macht während des Rücklaufs nach jedem Schuß eine Drehung von 90 Grad um seine Längsachse und kehrt dann wieder zurück in seine Verriegelungsposition.
Im Dauerfeuer hat das FG 42 eine theoretische Feuergeschwindigkeit von ca. 600 Schuß in der Minute. Es wiegt 4,6 kg und verfeuert die alte deutsche sS-Patrone 8 x 57. Das Fallschirmjägergewehr wird durch links seitlich ansteckbare 20-Schuß-Magazine mit Munition versorgt, es gab allerdings auch eine Sonder-Ausführung mit Gurt-Zuführung.
Während das FG 42 als Spezialwaffe für die Luftwaffe und nach deren Vorstellungen geschaffen wurde, war jener Automat, der schließlich unter dem Namen »Sturmgewehr 44« bei der deutschen Wehrmacht eingeführt wurde, vom Beginn seiner Entwicklung an, als Einheits-Infanterie-Waffe der Zukunft gedacht. Die Grundkonzeption dieses Gewehrs war so neuartig und von Grund auf revolutionär, daß sich die verantwortlichen Herren, einschließlich des obersten Kriegsherrn Adolf Hitler drei Jahre lang dagegen sträubten.
Im Gegensatz zum G 43 und dem FG 42, die die normale sS-

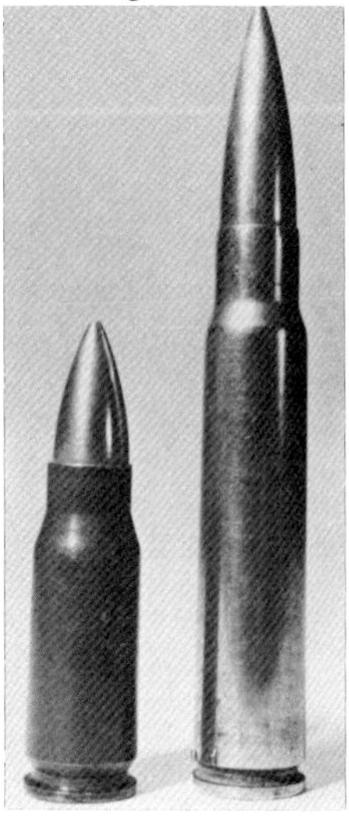

Deutsche „Kurzpatrone 43“ (8×33) und die Standardpatrone 8×57 sS im Vergleich.

Deutsches Sturmgewehr 44, Kaliber 8 Millimeter, mit eingeführtem Magazin. (Archiv Rheinmetall.)

Patrone verfeuerten, ist das Sturmgewehr 44 für eine leichte Patrone eingerichtet, die von der Firma Polte in Magdeburg bereits 1938 entwickelt worden war. Ihre Bezeichnung: »Kurzpatrone 43« (8 x 33). Die kleine Patrone hat ein 7 Gramm schweres Spitzgeschoß im deutschen Militär-Kaliber 8 mm, die Pulverladung beträgt 1,8 Gramm, die stählerne Hülse hat einen Flaschenhals. Das geringere Gesamtgewicht von nur 16,2 Gramm gegenüber 23,75 Gramm bei der normalen sS-Patrone, ist nur einer der Vorteile, die die Kurzpatrone bietet. Wesentlicher ist, daß sie eine Verkürzung des Laufs auf 41 cm erlaubte, ohne daß störendes Mündungsfeuer austrat und dennoch eine Anfangsgeschwindigkeit von 650 Metern/Sekunde erbrachte. Es ist makaber, aber es soll dennoch der Anschaulichkeit wegen nicht verschwiegen werden: auf 700 Meter Entfernung durchschlug das Geschoß noch einen Stahlhelm.

Die neue Kurzpatrone war für die Bedürfnisse der Infanterie geradezu »maßgeschneidert«. Sie genügte vollauf im Kampfbereich von 600 Metern. Und jenseits dieser Marke war ohnehin auch mit dem Karabiner und der rasanteren sS-Patrone nichts mehr zu treffen. Lediglich mit dem Maschinengewehr konnten die Kraftreserven der starken Normalpatrone genützt werden. Wahrscheinlich, weil sie das Durcheinander der an der Front benötigten Munitionssorten und Schwierigkeiten beim Nachschub fürchteten, waren die Verantwortlichen gegen die neue Kurzpatrone und gegen das dazugehörige Gewehr.

Bereits 1941 war der neue »Maschinenkarabiner« (MKb), den die Firma Haenel entwickelt hatte, produktionsreif. Als MKb 42 gelangte eine kleine Versuchsserie an die Ostfront. Nochmals verbessert sollte die Waffe dann unter der irreführenden Bezeichnung »Maschinenpistole (MP) 43« eingeführt werden, doch Hitler selbst ließ die Produktion stoppen. Erst 1944, in letzter Stunde, ging das Gewehr unter der suggestiven Bezeichnung »Sturmgewehr 44« in Serie.

Äußerlich zeigt das Sturmgewehr 44 in seinen Proportionen, im Material und in typischen Details auf den ersten Blick die enge Verwandtschaft mit vielen heutigen automatischen Infanteriegewehren. Es besteht, abgesehen vom Lauf und Verschluß fast ausschließlich aus Blechprägeteilen, hat ein langes, gekrümmtes 30-Schuß-Ansteckmagazin und gehört zur Gattung der Gasdrucklader mit Kippverschluß. Das Sturmgewehr kann wahlweise im Einzelfeuer und im Dauerfeuer verwendet werden, die theoretische Feuergeschwindigkeit beträgt 500 Schuß/Min.

Welche Bedeutung die Siegermächte dem deutschen Sturmgewehr 44 beimaßen, zeigte sich bald nach Kriegsende. Die Sowjets brachten ein Sturmgewehr mit Kurzpatrone heraus, das seine Verwandtschaft mit dem »Stg 44« nicht verleugnen konnte: Der sowjetische Automat Kalaschnikow (A. K. 47) und zahlreiche Nachfolgemodelle, die heute noch das Rückgrat der gesamten Ostblock-Infanterie bilden.

Mauser-Gerät 06
Eine Waffe geht ins Exil

Nachdem mit dem G 43 die Firma Walther, mit dem FG 42 Rheinmetall und mit dem Sturmgewehr die Firma Haenel erfolgreich gewesen waren, gelang kurz vor Kriegsende den Mauserwerken noch ein ganz großer Wurf. Die traditionsreiche Firma, die bislang immer Pech mit ihren automatischen Gewehren gehabt hatte, legte nun ein Rückstoßlader-System vor, das bis heute unübertroffen ist. Hinter dem Werks-Code »Gerät 06« und der inoffiziellen Bezeichnung »Sturmgewehr 45« verbirgt sich eine Waffe, die als direkter Vorfahr des heutigen »G3«-Gewehrs der Bundeswehr gelten darf.

Der Typ 06 hatte einen halbstarr mit zwei Rollen verriegelten Verschluß. Die Rollen treten in Schußposition seitlich halb aus dem

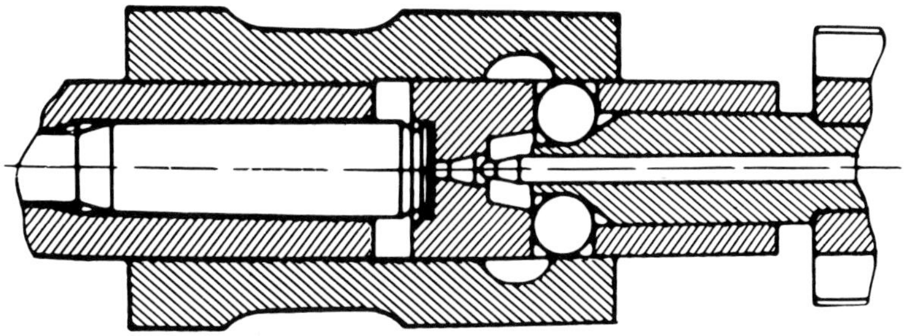

Funktionszeichnung der Rollenverriegelung beim „Mauser-Gerät 06". Erste Phase nach dem Abfeuern. Der Verschlußkopf hat die leere Patronenhülse bereits ein Stück aus dem Lager gezogen, die Verriegelungsrollen sind aus ihren Widerlagern getreten und haben sich in das Verschlußteil zurückgezogen.

Verschlußkopf heraus und in entsprechende halbrunde Aussparungen des Verschlußgehäuses ein. Beim Schuß, wenn die Pulvergase auf den Hülsenboden der Patrone und damit auf den Verschlußkopf wirken, haben die Rollen das Bestreben, wieder in den Verschlußkopf einzutreten, damit dieser dem Rückstoß Folge leisten kann. Doch dieser Vorgang wird durch Feder- und Reibungskräfte verzögert, bis das Geschoß den Lauf verlassen hat.

Neuartig am Gerät 06 war die Gestaltung des Patronenlagers mit sogenannten »Gasentlastungsrillen«. Diese parallel geführten Rillen, ähnlich wie die Züge im Lauf, bewirken, daß die leeren Hülsen vom zurücklaufenden Verschlußkopf besonders leicht ausgezogen werden können und niemals klemmen.

Hülsenklemmer hatten gerade bei Rückstoßladern oft zu Störungen geführt. Daher mußte bei älteren Modellen grundsätzlich gefettete Munition verwendet werden. Das ist seitdem nicht mehr nötig.
Das Mauser »06«-Gewehr, eingerichtet für die Sturmgewehr-Kurzpatrone 43 wurde bis Kriegsende nur in wenigen Prototypen hergestellt. Dann demontierten die Sieger das Werk und ein paar »Mauser«-Leute gingen samt der 06-Idee nach Spanien ins Exil. Dort bastelten sie im Auftrag der Firma Centro des Estudios Técnicos de Materiales Especiales (CETME) in Madrid weiter an ihrem Gewehr, zu einer Zeit, als in Deutschland jeder Waffenbau unmöglich war.
Als es dann 1956 in Westdeutschland plötzlich wieder Militär gab, hätte es nahegelegen, das deutsch-spanische Gewehr einzuführen, stattdessen entschied sich das Verteidigungsministerium für ein Modell der belgischen Firma »FN« in Herstal, das die dienstliche Bezeichnung »G1« erhielt. Das »FN-Gewehr« ist in zahlreichen Staaten eingeführt. Es arbeitet als Gasdrucklader und verschießt die »NATO-Patrone« 7,62 x 51. Es hat ein ausklappbares Zweibein als Schießgestell und läßt sich wahlweise auf Einzel- und Dauerfeuer einstellen.
1958 begann schließlich doch die allmähliche Umbewaffnung vom »FN«- auf das inzwischen abermals abgeänderte »CETME«-Gewehr, das heute als »G3« die Standardwaffe der Bundeswehr ist. In seinem äußeren Erscheinungsbild ähnelt das G3 stark dem alten

Deutsches Gewehr G 3 in der Version der Bundeswehr, Kaliber 7,62 Millimeter. (Archiv Rheinmetall.)

Sturmgewehr 44, obwohl es kein Gasdruck, sondern ein Rückstoßlader ist, und statt einer Kurzpatrone nun doch wieder eine relativ starke Munition verschießt. Die Funktion entspricht noch dem alten Mauser-06-Prototyp.

Gasdruck- oder Rückstoßlader, welches System ist besser?

Die Eigenheit des Gasdruckladers, der einen Teil der Pulvergase für Ladebewegungen abzweigt, legt die Vermutung nahe, Waffen dieses Systems seien weniger leistungsfähig als die Rückstoßlader, bei denen die ganze Kraft der Treibladung dem Geschoß erhalten bleibt. Denn der Rückstoß wird erst wirksam, wenn das Geschoß den Lauf bereits verlassen hat. Tatsächlich jedoch erbringt zum Beispiel der Vergleich des FN (G1)- und des CETME (G3)-Gewehrs, die beide die gleiche Patrone verfeuern, keinen Beweis für diese Vermutung. Hier sind die technischen Daten der beiden Modelle gegenübergestellt:

	FN-Gewehr »G1« (Gasdrucklader)	CETME-Gewehr »G3« (Rückstoßlader)
Theor. Feuergeschwindigkeit:	rd. 700 Schuß/min.	rd. 600 Schuß/min
Gewicht der Waffe (ohne Magazin):	4,5 kg	3,9 kg
Länge der Waffe:	1133 mm	1020 mm
Anfangsgeschwindigkeit (V_0):	840 m/sec.	800 m/sec.

Das überraschende Ergebnis: der Gasdrucklader G1 hat eine höhere Anfangsgeschwindigkeit (was sicher auf den etwas längeren Lauf zurückzuführen ist), und außerdem eine erheblich höhere Feuergeschwindigkeit. Diese Schußfolge, die ja bereits als »theoretisch« gekennzeichnet ist, bleibt für die militärische Praxis ohne jede Bedeutung. Vermutlich ist dem langsamer schießenden G3 sogar der

Vorzug zu geben, da es bei Dauerfeuer leichter im Ziel gehalten werden kann.

Von der Funktion her — das zeigt der Zahlenvergleich — ist der Gasdrucklader dem Rückstoßlader keinesfalls unterlegen. In der militärischen Praxis jedoch sprechen andere Gründe gegen ihn. Gasdrucklader sind aufwendiger in der Konstruktion, also teurer und obendrein schwerer und meist auch länger als vergleichbare Rückstoßlader. Außerdem ist das System von Gaszylinder und Gaskolben empfindlich gegen Verschmutzungen und daher störanfälliger als die robusten modernen Rückstoßlader.

Das G3 ist das Musterbeispiel für ein unkompliziertes und dennoch leistungsfähiges automatisches Infanteriegewehr. Es besteht, abgesehen von Lauf und Verschluß nur aus billigen Blechprägeteilen. Wert: ganze 140 DM. Soviel jedenfalls muß der Soldat bezahlen, wenn ihm seine »Braut« abhanden kommt. CETME/G3-Gewehre sind außer in der Bundesrepublik in Spanien, Portugal (samt Kolonien), Norwegen, Schweden und Dänemark eingeführt. Übrigens: das Schweizer »SIG«-Sturmgewehr Modell 57 ist konstruktiv ebenfalls ein Verwandter des Mauser-Urtyps 06 aus dem Jahre 1945.

US-Armalite Modell 16
Letzte Entwicklungsstufe der Feuerwaffen?

Seit Kriegsende wurden in aller Welt rund zwei Dutzend Infanteriegewehr-Typen entwickelt, ausnahmslos Selbstlader, die meisten sogar vollautomatisch. Die bunte Skala reicht von ausgesprochen konventionellen Konstruktionen wie etwa dem heute noch bei der französischen Armee geführten Halbautomaten MAS Mod. 49, Kaliber 7,5 x 54 mm mit langem Holzschaft, Handschutz und Halteringen bis zu so ungewöhnlichen Waffen, wie etwa dem englischen Enfield-Gewehr Mod. EM 2, Kaliber .280 (7 mm), das bereits Anfang der fünfziger Jahre konstruiert, aber aus politischen Gründen nicht über das Entwicklungsstadium hinauskam.

Das automatische EM 2 ist nur 89 cm lang und hat dennoch einen überraschend langen Lauf von 60 Zentimetern, was sich ballistisch sehr günstig auswirkt. Die englischen Konstrukteure hatten zum erstenmal die Verschlußbahn samt Schließfeder und sogar das Magazin im hintersten Teil der Waffe untergebracht, der normalerweise für den Anschlagschaft reserviert ist. Als Schulterstütze hat das EM 2 nur eine hakenartige Platte. Das Gewehr fällt sofort auf, weil sein Magazin im Gegensatz zu allen anderen Konstruktionen hinter dem Griffstück liegt.

Die vorerst letzte Entwicklungsstufe der klassischen Feuerwaffen stellt das amerikanische Sturmgewehr »AR 15« dar, bekannter unter der militärischen Bezeichnung »M 16«. Dieses Gewehr, das durch seine Verwendung in Vietnam weltweit bekannt geworden und heute bereits von zahlreichen blutigen Legenden umrankt ist, fällt technisch und ballistisch völlig aus dem Rahmen der internationalen Militärbewaffnung.

Während inzwischen fast alle Staaten der Welt Gewehre des Kalibers 7,62 führen (Ostblock und China: Kurzpatrone 7,62 x 39; NATO: 7,62 x 51), haben die USA einen weiteren gewaltigen Schritt in der Kaliberverkleinerung getan. Die Waffen des Typs M 16 sind für eine hochrasante Patrone im »Kleinkaliber« 5,56 mm eingerichtet. Die Bezeichnung lautet ».223 Remington«, die Hülse ist 44,7 mm lang, das Geschoß wiegt nur 3,6 Gramm und erreicht eine Anfangsgeschwindigkeit von rund 1000 Meter/Sek. (NATO-Patrone: ca. 800 m/sec.). Die ganze Patrone wiegt nur 11,6 Gramm, jeder Soldat kann — verglichen mit der 24 Gramm schweren NATO-Patrone — bei gleicher Gewichtsbelastung doppelt soviel Munition mit sich führen. Entsprechend seiner hohen Anfangsgeschwindigkeit hat das Geschoß auf die praktische Kampfentfernung von ca. 460 Meter eine noch kaum gekrümmte Flugbahn und wenn es trifft, wirkt es fast immer tödlich.

Bei einer Vorführung des »M 16« schoß man einem Hammel ins Bein. Das Tier fiel auf der Stelle tot um. Diese brutale Wirkung des winzigen, leichten Geschosses beruht auf dem Schock, den es

Das US-Armalite-Gewehr im Einsatz in Vietnam. Das M-16-Sturmgewehr, wie die offizielle Bezeichnung lautet, ist berüchtigt wegen der brutalen Wirkung seiner kleinkalibrigen und hochrasanten Patrone. (Foto: Bruno Arnold.)

auf das Körpergewebe ausübt. Anders als die mehr als doppelt so schweren »Normal«-Geschosse, die den Körper meistens glatt durchschlagen und daher nur einen Teil ihrer Energie dabei verlieren, gerät das rasante Kleinkalibergeschoß ins Taumeln, gibt dabei seine ganze Wucht an das Gewebe ab und lähmt das Nervensystem.

Um den von Natur aus unmenschlichen Krieg etwas weniger grausam zu machen, hatten die Großmächte der Jahrhundertwende zwischen 1899 und 1907 im holländischen Den Haag eine sog. »Landkriegsordnung« erarbeitet, deren Spielregeln — obgleich oft mißachtet — heute noch gültig sind. Danach müssen zum Beispiel Infanteriegeschosse voll ummantelt sein, damit sie sich beim Auftreffen auf den menschlichen Körper nicht verformen und zersplittern können, wie etwa die berüchtigten Dum-Dum-Geschosse. Auch Explosivgeschosse wurden verboten. Im Jahre 1907 konnten die Väter der Haager Konvention nicht ahnen, daß es ein halbes Jahrhundert später möglich sein würde, mit Mantelgeschossen denselben grausamen Effekt zu erzielen.

Das Waffensystem, das diese unheimliche Munition verschießt, ist technisch gesehen ein Meisterwerk. Der Chefkonstrukteur der Waffenfirma »Armalite«, Eugene M. Stoner, hat es mit seinem Team in den 50er Jahren entwickelt, die berühmte Firma Colt baut es für die Armee. Aus dem M 16-Grundsystem, einem Gasdrucklader mit Drehkopfverschluß entstanden lediglich durch Veränderungen der Lauflänge, der Schulterstütze und der Munitionszuführung sechs verschiedene Waffenmodelle. Vom 86 cm langen Karabiner bis zum »schweren Sturmgewehr«, das ein Zweibein und Gurtzuführung hat, wie ein Maschinengewehr. Dieses leichte MG wiegt nur 3,74 Kilo. Der Grund: Bei den M 16-Waffen sind Lauf und Verschluß die einzigen Stahlteile. Das Gehäuse, samt dem typischen angegossenen Tragegriff, besteht aus Leichtmetall, Vorderschaft und Schulterstütze sind aus Kunststoff. Vorteil, abgesehen von der Gewichtsersparnis: an der ganzen Waffe kann kaum etwas rosten.

Völlig neuartig ist die Konstruktion des Gaskanals, der von der Laufanbohrung direkt ins Verschlußgehäuse führt, ohne den üblichen Gaskolben und sein Übertragungsgestänge. Beim M 16 wirken die Pulvergase unmittelbar auf ein Mundstück am Verschlußträger ein, der nach hinten gedrückt wird und dabei den Verschlußkopf um 22 Grad aus seiner Verriegelungsposition dreht. In der Verriegelungsstellung stützt sich der Verschlußkopf, der ähnlich wie ein grobes Zahnrad gearbeitet ist, mit acht radial angeordneten Warzen zugleich gegen entsprechende Widerlager.

Die Waffen des Systems M 16 schießen wahlweise Einzel- und Dauerfeuer. Die theoretische Feuergeschwindigkeit beträgt 700 bis 800 Schuß/Min.

Die Maschinenpistolen

Die ersten Maschinenpistolen wurden während des Ersten Weltkriegs in Italien und Deutschland entwickelt, als Spezialwaffe für den Nahkampf. Die deutsche »Bergmann-MP« mit der Bezeichnung »MP 18 I« war für die Pistolenpatrone »9 mm Parabellum« eingerichtet. Sie hatte einen 20 cm langen Lauf mit durchbrochenem Laufmantel und einen hölzernen Halbschaft. Für die MP 18 I wurden 32-Schuß-Trommelmagazine der langen Pistole 08 verwendet.

Die Konstruktion dieser ersten MP, die eigentlich nur als Not- oder Übergangslösung gedacht war, blieb richtungweisend für fast alle späteren Maschinenpistolen. Es sind besonders leichte und kurze Waffen, aus denen Pistolenmunition meist nur im Dauerfeuer verschossen werden kann. Um Feuerstöße sowohl aus der Hüfte als auch gezielt von der Schulter aus abgeben zu können, ist die Schulterstütze bei den meisten Typen einklappbar. Die Munition wird aus Stangen- und Trommelmagazinen zugeführt.

Ihrer Funktion nach gehören die Maschinenpistolen zur Gruppe der automatischen Waffen mit unverriegeltem Massenverschluß. Sie sind robust, unkompliziert und billig herzustellen, da der ganze Mechanismus nur aus zwei Teilen besteht: dem massiven Verschlußblock und der Schließfeder. Sogar der Schlagbolzen ist meistens überflüssig.

Wie es funktioniert, soll am Beispiel der berühmten israelischen »MP-Uzi« erklärt werden:

Israelische Maschinenpistole „Uzi", Kaliber 9 Millimeter. Schulterstütze eingeklappt.

In dem Verschlußgehäuse von fast quadratischem Querschnitt, wird das entsprechend geformte, massive Verschlußstück von der Schließfeder nach vorn in Richtung Patronenlager gedrückt. Wenn das Verschlußstück über das von unten in das Verschlußgehäuse ragende Magazin gleitet, nimmt es die oberste Patrone mit und drückt sie in den Lauf. Da diese Bewegung sehr schnell ist, schlägt das schwere Verschlußstück am Ende seines Weges mit Wucht gegen den Patronenboden. Dabei prägt sich eine Nase des Verschlußstücks in das Zündhütchen ein und zündet die Patrone.

Die Pulvergase, die sich beim Schuß entwickeln, wirken gleichmäßig nach allen Seiten. Da das Geschoß leichter zu bewegen ist, als das rund hundertmal schwerere Verschlußstück, das das Ende des Patronenlagers blockiert, nimmt das Geschoß auch rascher Geschwindigkeit auf, der Verschlußblock dagegen setzt sich nur langsam in Bewegung und zieht dabei mit seiner Auszieherkralle die leere Patronenhülse aus dem Lager. Wenn das Geschoß den Lauf verläßt, ist dieser Vorgang noch nicht abgeschlossen. Das heißt, so lange sich das Geschoß im Lauf befindet, kann kein Gasverlust entstehen.

Dank seiner Masse läuft der Verschlußblock anschließend gegen den Widerstand der Schließfeder wieder zurück, wirft dabei die leere Hülse aus und wird dann von der Schließfeder wieder nach vorn getrieben. Im Dauerfeuer wiederholen sich die Lade- und Schußvorgänge so lange, bis der Schütze den Finger vom Abzug nimmt. Der Verschluß bleibt dann gespannt in hinterster Stellung.

Die technischen Daten der MP Uzi (die übrigens auch auf Einzelfeuer umschaltbar ist) in der Version, die die deutsche Bundeswehr führt: Kaliber 9 mm, Gewicht ohne Magazin: 3,5 kg, theoretische Feuergeschwindigkeit 550—600 Schuß/Min., Anfangsgeschwindigkeit (V_0): 435 m/sec.

Die »Uzi« vereinigt in sich viele Vorzüge früherer MP-Konstruktionen und vermeidet deren Fehler. Berühmt ist ihre Unempfindlichkeit gegen Schmutz und Wasser. In einem Werbefilm der israelischen Armee wird dies demonstriert: Ein Mann vergräbt eine

»Uzi« im Sand, scharrt sie wieder aus, taucht sie in einen Wassereimer und feuert dann sofort aus der triefnassen und verschlammten Waffe ein ganzes Magazin leer.
Andere bekannte MP-Konstruktionen sind: die deutsche MP 38/40, Kaliber 9 mm Parabellum. Sie hat einen Schlagbolzen, der mit der Teleskop-Schließfeder fest verbunden ist und durch eine Bohrung des zylindrischen Verschlußstücks ragt. Als Kuriosität gilt die englische »Sten-MP« (Kaliber 9 mm) aus dem letzten Krieg. Bei dieser Standardwaffe der englischen Heimwehr, die in leicht veränderter Form auch von der Royal Army geführt wurde, sind alle Möglichkeiten der billigen industriellen Massenfertigung ausgeschöpft worden. Trotzdem funktioniert das primitive Blechding zuverlässig. Auffällig: das Stangenmagazin wird seitlich von links eingeführt.
Berühmt wegen ihrer sagenhaften Unempfindlichkeit gegen Schlamm und Dreck, sowie wegen ihrer ungewöhnlichen Form ist die russische Weltkrieg-II-MP »Schpagin PPSH 41« (Kaliber 7,62 mm). Sie hat einen hölzernen Halbschaft, ähnlich wie ein Gewehr, einen vierkantigen Laufmantel mit langen Lüftungsschlitzen, der an der Laufmündung abgeschrägt ist und ein großes Trommelmagazin.

Englische „Sten"-Maschinenpistole aus dem Zweiten Weltkrieg. Die Waffe im Kaliber 9 mm Para wurde mit geringstem Material- und Werkzeugaufwand gefertigt. Das Magazin wird, wie in der Draufsicht (oben) sichtbar, von links, seitlich eingeführt.

Französische Maschinenpistole MAT 49, Kaliber 9 Millimeter.

Schließlich ist noch die französische 9-mm-MP »MAT 49« zu erwähnen. Sie hat ein kantiges Verschlußgehäuse, einen gelochten runden Laufmantel, der den Lauf zu etwa drei Vierteln umhüllt, sowie eine umklappbare Schulterstütze. Die »MAT 49« wird heute noch bei der französischen Armee und Polizei als einzige leichte vollautomatische Waffe geführt. Denn die französische Einheits-Infanteriewaffe, das Gewehr »MAS 49/56«, Kaliber 7,5 x 54 mm ist nur ein Halbautomat.

Im Zeitalter der Sturmgewehre, die ebenso handlich sind, ebenso schnell feuern wie Maschinenpistolen aber leistungsfähigere Munition verschießen, sind die MP im militärischen Bereich, für den sie ursprünglich gedacht waren, überflüssig geworden.

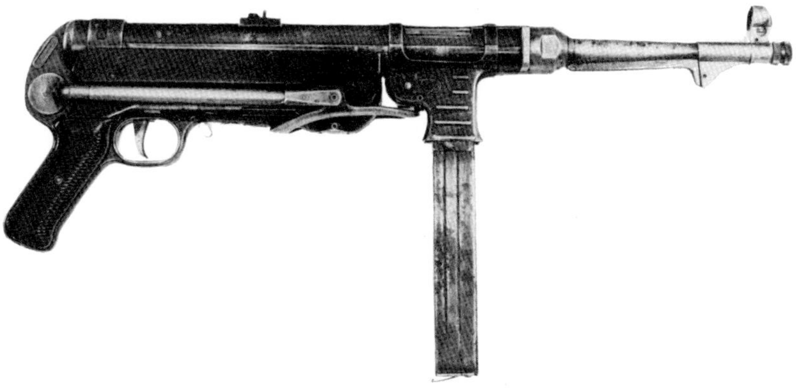

Deutsche „MP 40“, Kaliber 9 mm Para. Die Schulterstütze ist eingeklappt. Das Stangenmagazin faßt 32 Patronen.

Für die Jagd auf Hochwild könnte man grundsätzlich jedes beliebige Militärgewehr verwenden; vorausgesetzt, die entsprechende Jagdmunition ist verfügbar. Zur Pirsch auf Hasen, Enten und Fasanen allerdings sind Militärkarabiner — und Kugelgewehre überhaupt — nicht geeignet. Erstens, weil Hasen und Flugwild praktisch nur in der Bewegung geschossen werden können und daher mit *einer* Kugel kaum zu treffen sind, und zweitens, weil die Wirkung der meisten Jagdpatronen auf kleine Tiere so brutal wäre, daß ihr Fleisch danach kaum noch zum Genuß reizen würde. Daher verwendet der Jäger für die Pirsch auf Niederwild Flinte und Schrot.

Schrotpatronen enthalten statt eines einzigen großen Geschosses viele kleine Bleikugeln. Neben der Schrotflinte hat im jagdlichen Bereich auch die kleinkalibrige Büchse (meist 5,6 mm) eine gewisse Bedeutung als »Schonzeitgewehr« zum Abschuß von unerwünschtem Raubzeug im Revier.

Um stets für alle Fälle gewappnet zu sein, müßte der Jäger also bei jedem Pirschgang mindestens zwei Gewehre, Flinte und Büchse, mitführen, wenn es den Büchsenmachern nicht gelungen wäre, »kombinierte« Waffen zu bauen, in denen Kugel- und Schrotläufe vereinigt sind. Die bekanntesten Arten dieser Gattung sind: die »Bockbüchsflinte« und der »Drilling«.

Schon während der Vorderladerzeit gab es Waffen mit mehreren Rohren, doch die Frage nach Kugel- oder Schrotlauf stellte sich damals noch nicht, weil die meisten Läufe ohnehin glatt waren. Man konnte also wahlweise eine Kugel oder eine Portion Bleischrot laden (zur Not taten es auch Kieselsteine).

Das normale Jagdgewehr der vergangenen Jahrhunderte hatte allerdings nur *einen* Lauf und unterschied sich im Aufbau kaum von den Militärwaffen. Einziger Unterschied: bei den Jagdgewehren reichte der hölzerne Schaft meist nur bis zur Hälfte des Laufs.

Diese Bauart hat sich bis heute bei den Jagdwaffen erhalten. Doch gab es auch kurze, voll geschäftete Jagdgewehre. Man nannte und nennt sie »Stutzen«. Sie waren und sind heute noch reine Kugelwaffen, also »Büchsen«. Der Typ der »Jägerbüchse« aus der Steinschloß- und Perkussionszeit hatte bereits einen gezogenen Lauf. Er wurde mit Pflasterkugeln geladen und in gleicher Form sowohl bei der Jagd als auch bei den Jägertruppen geführt. Etwa ab 1840 war im jagdlichen Bereich auch der »Dornstutzen« nach dem früher beschriebenen System Thouvenin weit verbreitet.

Ob ein altes Gewehr für die friedliche Pirsch oder für militärische Zwecke gebaut worden ist kann im Allgemeinen sogar der Laie

„Sauer & Sohn"-Drilling Modell 3000 Luxus, Verschluß geöffnet.

ohne Mühe unterscheiden. Denn die Jagdgewehre sind leichter und eleganter in der Linienführung und meistens mit Zierrat versehen. Gravuren auf den Metallteilen und Schnitzereien im Schaftholz deuten immer auf jagdliche Verwendung hin. In den kunstsinnigen vergangenen Jahrhunderten überstiegen oft die Kosten für die Ausstattung eines Gewehrs bei weitem den reinen Waffenwert. Vereinzelt gilt das auch heute noch. Englische Flinten aus den traditionsreichen feinen Häusern von »Holland & Holland«, »Purdey« oder »Westley-Richards«, nach den Wünschen des Kunden angefertigt, kosten heute oft 20 000 Mark und mehr. Es war eben schon immer etwas teurer, sich von den Hoflieferanten des englischen Königshauses bedienen zu lassen. Doch es geht auch billiger. Jagdlich geschäftete Repetiergewehre, oft aus Militärkarabinern umgeändert, sind in einfachster Ausführung bereits ab 200 Mark zu haben. Die billigsten einläufigen Schrotflinten kosten 130 bis 150 Mark, Schrot-Doppelflinten gibt es ab 250 Mark und die Drillinge ab 1500 Mark. Halbautomatische, vier- und fünfschüssige Selbstladeflinten sind bereits ab 500 Mark zu haben.

Der Drilling ist die beliebteste unter den kombinierten Jagdwaffen im deutschsprachigen Raum. Er hat fast immer zwei nebeneinander liegende Schrotläufe im Kaliber 12 oder 16 und in der Mitte darunter einen Kugellauf im Kaliber von 6,5 oder 7 mm. Wie alle kombinierten Waffen hat der Drilling einen Kipplauf-Verschluß. Das heißt, zum Laden wird das Laufbündel um ein auf seiner Unterseite liegendes Gelenk nach vorn-unten geschwenkt, so, daß die Patronenlager zugänglich sind. Bei besonders komfortablen Waffen werden die abgeschossenen Hülsen beim Öffnen automatisch von einem »Ejektor« ausgeworfen. Normalerweise müssen sie einzeln mit der Hand ausgezogen werden.

Selbstverständlich für alle modernen Drillinge ist die Selbstspannvorrichtung, die die Schlagstücke (die verdeckten Hähne) beim Öffnen des Kipplaufverschlusses automatisch spannt. Bei alten Drillingen mit außenliegenden Hähnen geschieht das »von Hand«, unmittelbar vor dem Schuß.

Drillinge haben zwar drei Läufe und meistens auch drei Schlösser, jedoch nur zwei Abzüge, die hintereinander angeordnet sind. Soll der Kugellauf abgefeuert werden, so muß zu diesem Zweck der vordere Abzug, der normalerweise den rechten Schrotlauf bedient, mit einem schmalen Schieber auf dem Kolbenhals auf »Kugel« umgeschaltet werden.

Für Drillinge und andere mehrläufige Jagdwaffen haben sich drei Schloß-Bauarten durchgesetzt, deren Unterschiede jedoch nur der Fachmann kennen muß.

Beim *»Blitz«*-System sind alle Schlagstücke samt Federn nebeneinander auf dem Abzugblech angeordnet und lassen sich daher zur Reparatur oder Durchsicht leicht herausnehmen.

Beim *System »Anson & Deeley«* sind die Schloß-Mechanismen im Verschlußkasten, der »Basküle« fest montiert.

Beim *System »Holland & Holland«* sind zwei Schlösser auf den Innenseiten zweier Schloßbleche montiert, die sich links und rechts seitlich hinter dem Laufende befinden, und ebenfalls leicht abgenommen werden können. Bei »Holland & Holland«-Drillingen sitzt das dritte Schloß, für den Kugellauf, dazwischen in der Mitte.

Bezeichnung kombinierter Waffen verschiedener Bauart.

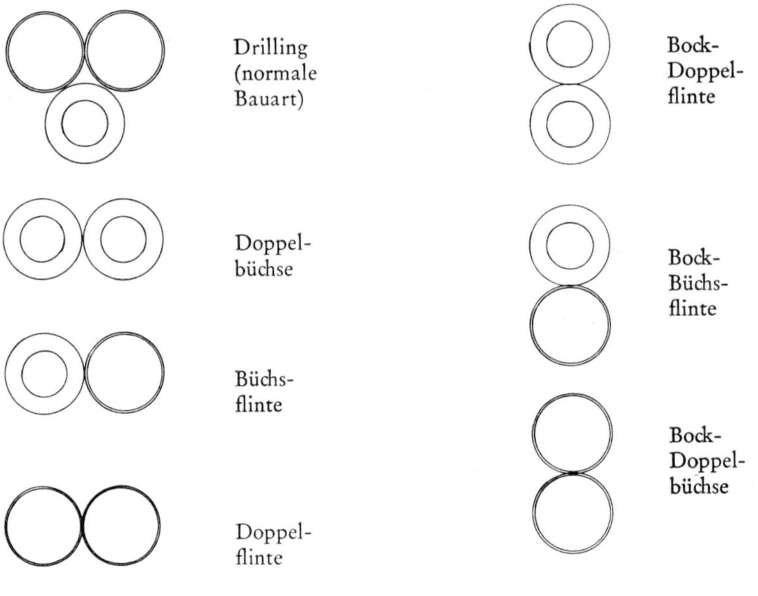

Zu erwähnen wäre außerdem noch das *»Einschloß«*-System, welches bei doppelläufigen Waffen mehr und mehr Verbreitung findet. Es besteht, wie der Name sagt, nur aus einem Schloß und hat nur einen Abzug. Mit einem Schieber wird es auf den gewünschten Lauf eingestellt.

Eine andere Neuerung, die man bei den Bock-Doppelflinten findet, ist die automatische Rückstoß-Umschaltung des Abzugs. Diese Doppelflinten haben nur einen Abzug. Beim ersten Schuß wirkt der Rückstoß auf ein beweglich aufgehängtes Massestück im Inneren, das daraufhin den Abzug auf den zweiten, noch geladenen Lauf umschaltet.

Bei manchen kombinierten Waffen klappt sich gleichzeitig mit der Umschaltung von Schrot- auf Kugellauf ein kleines Kugelvisier aus der Laufschiene. Für den Schrotschuß ist kein Visier üblich. Der Jäger zielt über die leicht ausgehöhlte Schiene zwischen den Läufen (oder über den oberen Lauf).

Verwirrend ist die Vielzahl der Kombinationen die es bei mehrläufigen Waffen gibt. Allein für Waffen mit zwei Läufen sind sechs verschiedene Bauarten möglich: Doppelflinte, Büchsflinte und Doppelbüchse, falls die Läufe nebeneinander angeordnet sind und: Bock-Doppelflinte, Bock-Büchsflinte und Bock-Doppelbüchse, falls die Rohre übereinander liegen.

Beim Drilling denkt man normalerweise an ein Gewehr mit zwei nebeneinanderliegenden Schrotläufen und einem darunter angeordneten Kugellauf. Aber es gibt auch den »Doppelbüchs-Drilling« mit zwei Kugelläufen und einem Schrotlauf, den »Flintendrilling« mit drei Schrotläufen und schließlich den »Büchs-Drilling« mit drei Kugelläufen. Die seltenen Ausnahmen und zugleich Meisterstücke der Büchsenmacherkunst sind die »Vierlinge«. Sie sind gebaut wie normale Drillinge, haben jedoch noch einen zusätzlichen Kleinkaliberlauf, entweder in der Laufschiene oder über dem Kugellauf. Die Schwierigkeit beim Bau von Vierlingen und allen anderen kombinierten Waffen besteht darin, die Läufe so exakt auszurichten, daß sie anschließend auch zusammen auf den gleichen Punkt schießen. Das wird besonders kompliziert, wenn dabei zwei Kugelläufe mit einer einzigen Visiereinrichtung übereinstimmen müssen. Auch aus diesem Grund haben alle guten kombinierten Waffen ihren relativ hohen Preis.

Besonders genaue Arbeit — Handarbeit — erfordern die Sicherungseinrichtungen der kombinierten Waffen, denn sie wirken auf kleine Einzelteile der Schlösser ein. Die robuste und todsichere Blockierung des Schlagbolzens, wie sie bei Repetiergewehren geschieht, ist bei Kipplaufwaffen nicht möglich, da die Schlagstifte winzig klein sind.

Sehr genau muß auch die Verriegelung des Kipplaufverschlusses gearbeitet sein. Sie wirkt hauptsächlich auf zwei Haken, die unter dem Laufbündel hart angelötet sind und zusätzlich auf eine Verlängerung der Laufschiene, die in eine entsprechende Aussparung am oberen Rand des Verschlußgehäuses eintritt. Der Ver- und Entriegelungsmechanismus wird bei den meisten modernen Waffen durch einen Hebel auf dem Kolbenhals ausgelöst, der sich gegen eine Federspannung nach rechts seitlich wegdrücken läßt.

Funktionszeichnung des Verschlusses beim „Sauer & Sohn"-Drilling Modell 3000 mit Blitzsystem.

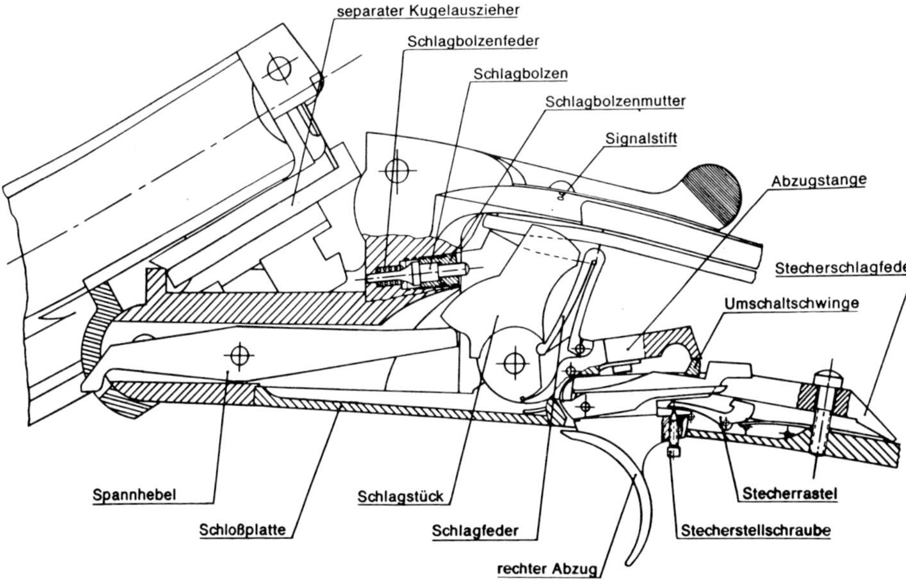

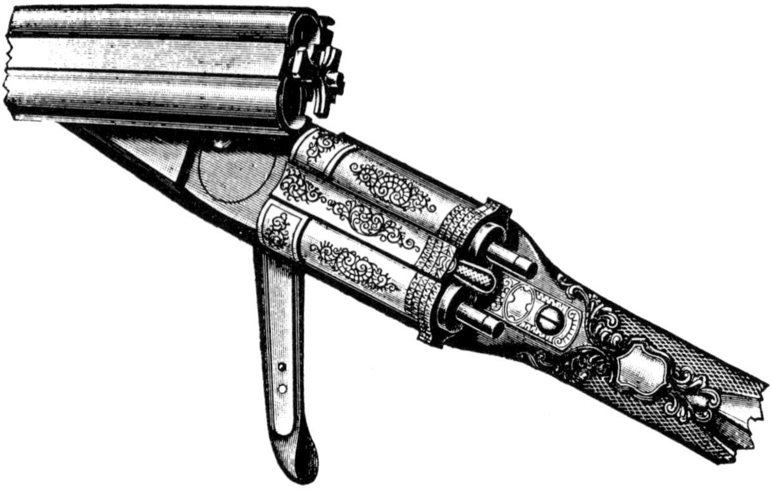

Dreyse-Zündnadelflinte aus dem 19. Jahrhundert. Die Enden der gespannten Zündnadeln ragen aus dem Hinterende des Zwillings-Schloßzylinders. Das Flintenlaufpaar wurde mit Hilfe des langen Unterhebels seitlich zum Laden ausgeschwenkt. Dieses späte Modell ist bereits für Schrotpatronen mit Metallrand eingerichtet.

Ältere Kipplauf-Waffen hatten zum gleichen Zweck einen Hebel am Abzugbügel (Roux-Verschluß). Eine noch ältere Bauart und zugleich die erste dieser Art ist der »T«-Verschluß, den Lefaucheux, der Vater der Stiftfeuerzündung für seine Doppelflinten erfunden hatte. Beim T-Verschluß wird ein langer Hebel (Schlüssel) unter dem Vorderschaft seitlich ausgeschwenkt. Damit ist die Verriegelung der Laufhaken aufgehoben.

Auch Nikolaus von Dreyses Zündnadel-Flinten, die Vorläufer des Zündnadel-Gewehrs haten einen ähnlichen Hebelverschluß. Dabei wurde das Laufpaar allerdings nicht gekippt, sondern seitlich von den Zwillings-Schloßzylindern weggedreht.

Als teure »Herrenwaffe« fanden die Zündnadel-Doppelflinten zwar nur begrenzte Verbreitung in den Jahren zwischen 1830 und der Jahrhundertwende, ihre Einheitspatrone befruchtete jedoch viele andere — erfolgreichere — Entwicklungen.

Diese Patronen waren ursprünglich im Aufbau fast identisch mit der Kugelpatrone des Militärgewehrs Modell 1841. Sie hatten eine Papierhülle, einen starken Papp-Treibspiegel der Pulver und

Blei trennt und außerdem die Zündpille trägt. Den Erfordernissen der Schrotladung entsprechend ist der Flinten-Treibspiegel jedoch als Becher gestaltet, der die Schrote zusammenhält, bis sie den Lauf verlassen haben.

In späteren Modifikationen erhielt der Treibspiegel einen Stempel aus Pappe, der in der Laufachse nach hinten, zum Patronenboden führte und in einer kelchartigen Erweiterung die Zündpille trug. So kam man mit einer kürzeren Zündnadel aus, die nicht mehr — wie bisher — die Pulverladung durchstechen mußte, ehe sie auf die Zündpille traf. Gegen Ende des 19. Jahrhunderts wurden die Dreyse-Flinten schließlich zum Verfeuern der neuen Zentralfeuer-Schrotpatronen mit Paphülsen und Metallboden eingerichtet.

Die Dreyse-Treibspiegel in Becherform konnten die Jäger übrigens auch einzeln kaufen, denn damals fertigte man sich die Patronen grundsätzlich selber an und rechnete dabei mit dem Pfennig. 1877 zum Beispiel kosteten hundert solcher »Pfropfen« je nach Kaliber zwischen einer Mark und 1,40 Mark. Papphülsen mit Messingboden für die damals noch neue Zentralfeuerzündung kosteten leer vier bis fünf Pfennige das Stück. Diese Hülsen konnten im Allgemeinen dreimal verwendet werden. Ein Schrotschuß, samt Pulver, Blei und Zündhütchen kam einem Jäger demnach auf höchstens vier Pfennige.

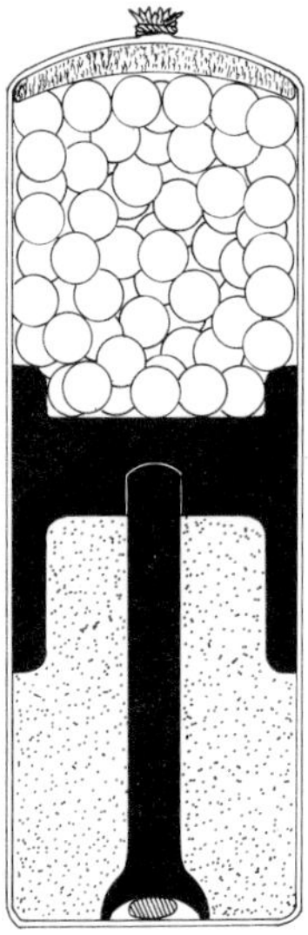

Dreyse-Zündnadel-Schrotpatrone mit Papierhülle, becherförmigem Papp-Treibspiegel und Zündpillenträger (schwarz). Diese Weiterentwicklung der frühen Zündnadelpatronen ohne Zündpillenträger entstand um die Mitte des 19. Jahrhunderts.

Maßschäftung und Gravuren

Die traditionsreichsten Herstellungsstätten für kombinierte Jagd-Waffen sind die Städte Ferlach in Österreich und Suhl in der DDR. An beiden Orten arbeiten viele kleine Handwerksbetriebe auf genossenschaftlicher Basis zusammen und bringen ihre Erzeugnisse gemeinsam auf den Markt. In Ferlach gehören derzeit 22 Meister und 250 Gesellen zur Genossenschaft. Nur das größte Unternehmen, die Firma Franz Sodia, ist selbständig. In Suhl gibt es zur Zeit noch etwa 50 Betriebe.

Ehemals in Suhl und seit Kriegsende in Eckernförde ansässig ist die Jagdwaffen-Firma »J. P. Sauer & Sohn«. Außerdem werden derzeit in der Bundesrepublik nur noch in Münnerstadt (Firma Heym), in Ulm (Firma Krieghoff) und in Würzburg (Firma Frankonia) kombinierte Waffen hergestellt.

Hier kann man sich noch Bockbüchsflinten oder Drillinge nach eigenen Wünschen bauen lassen. Für doppelläufige Waffen werden auch austauschbare Wechsel-Laufpaare geliefert, die aus einer Bock-Büchsflinte im Handumdrehen eine Bock-Doppelflinte machen. Lauflänge, Laufstahlsorte, die Kaliberzusammenstellung, die Gravuren und auf Wunsch besonders fein gemasertes Schaftholz kann der Kunde wählen. Er braucht nur Geld und vor allem Geduld, denn die Lieferzeiten für Spezialwaffen betragen mehrere Monate und manchmal ein Jahr.

»Der Lauf schießt und der Schaft trifft«, diese alte Büchsenmacherweisheit hat beim Jagdwaffenbau noch ihre Konsequenz: Auf Wunsch wird dem Kunden der Schaft angemessen, damit er später beim Schuß ideal »liegt«. Das ist eine Voraussetzung für den präzisen Schuß bei schnellem Anschlag, etwa auf auffliegendes Wild. Daß es tatsächlich der Schaft ist, der trifft, haben Versuche bewiesen, bei denen Schützen mit verbundenen Augen noch auf hundert Meter Entfernung Scheibentreffer erzielten, dank maßgeschärfter Gewehre. »Schaftverschneidungen«, wie der Fachmann sagt, also feines Schnitzwerk, Eichenlaub, oder doch wenigstens eine schöne

»Fischhaut« am Kolbengriff, geben dem Maßschaft das künstlerische Finish. Bei der entsprechenden Gestaltung der sichtbaren Metallteile, den Gravuren, unterscheidet man zwei Grundmuster: Arabesken und Jagdszenen.

Die Arabesken stammen, wie der Name sagt, ursprünglich aus dem arabischen Kulturraum. Kunstsinnige maurische Waffenschmiede erdachten bereits vor einem Jahrtausend das üppige stilisierte Ranken- und Blätterwerk als Dekor für wertvolle Klingen. Später wurde es als Schmuck für Feuerwaffen übernommen. Die Entstehung des Arabesken-Musters hat einen religiösen Hintergrund.

Der Prophet Mohammed (571—632), der Begründer des Islam, hatte seinen Anhängern verboten, Bilder von Mensch und Tier herzustellen, von Wesen also, die nach seiner Auffassung eine Seele haben. Im Koran heißt es dazu: »Wer ein Bild macht, dem wird Allah als Strafe auferlegen, den Odem dareinzublasen, aber das wird er nie vermögen . . .« Pflanzen allerdings haben auch nach islamischer Auffassung keine Seele. Sie dürfen daher als Grundmuster für künstlerischen Zierrat verwendet werden. Heute bezeichnet man die Arabeske oft als »Englische Gravur« oder als »Englische Arabeske«.

Von anderer Art und europäischen Ursprungs sind die Jagdstück-Gravuren. Es sind fein ausgearbeitete Tier-Darstellungen oder sogar richtige Jagdszenen. Fasanen und Enten, schnürende Füchse, röhrende Hirsche oder Jagdhunde, die Wild hetzen, sind die beliebtesten Objekte. Auch diese naturalistischen Darstellungen sind meist von stilisiertem Eichenlaub oder Arabesken umrahmt.

Oft sind die Entwürfe dieser Gravuren zweihundert Jahre alt. Sie wurden früher in traditionsreichen Büchsenmacherfamilien vom Vater auf den Sohn weitergegeben. Und wo diese Tradition fehlt, greifen die Hersteller feiner Jagdwaffen auf die Musterbücher aus dem vorigen Jahrhundert zurück. Originelle Entwürfe aus unseren Tagen fehlen leider auf dem Waffensektor fast völlig.

Trotzdem ist fast jede Gravur ein echtes Kunstwerk. Abgesehen

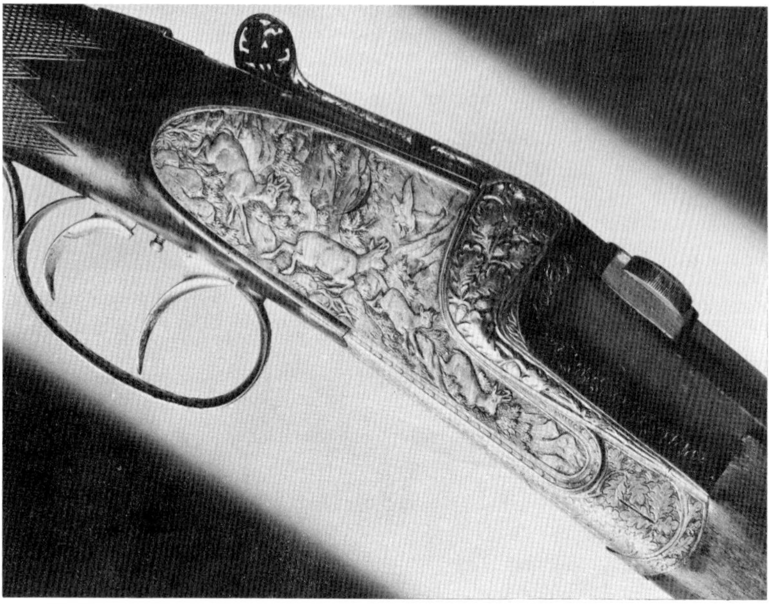

Eine wertvolle Jagdstückgravur, von Eichenlaub umrahmt. (Sauer-Werksfoto.)

von wenigen minderwertigen »Ätzgravuren«, die serienmäßig und mechanisch auf preiswerten Flinten erzeugt werden, sind die meisten Verzierungen aufwendige Handarbeit. Männliche und weibliche Graveure sticheln und punzen das Muster ins Metall. Sie beherrschen die einfache Randstichgravur, mit der die Ränder der Schloßplatten, der Basküle und das Laufende verziert werden ebenso wie erhabene Reliefgravuren, die obendrein mit Silber oder Gold ausgelegt werden können.

Damastläufe und Stecher

Bei alten Jagdgewehren einst geschätzt, aber heute fast vergessen sind die »Damastläufe«. Ein Geflecht von schmalen Eisen- und Stahlstreifen wurde um einen Kern gewickelt und zusammengeschmiedet. Man schätzte die hübsche Struktur dieser Läufe und die besondere Haltbarkeit. Inzwischen gibt es unvergleichlich bessere Laufstahlsorten, außerdem werden Läufe heute nicht mehr um den Kern geschmiedet, sondern aus massiven Stahl-Rohlingen gebohrt und abgedreht.

Kugelläufe, denen man früher die Züge mit »Ziehstangen« eingeschnitten hatte, werden heute meistens auf Spezial-Rundlaufmaschinen kalt gehämmert. Dazu wird ein Kern, der bereits das »Gewinde« der Züge negativ eingeschnitten hat in die vorgebohrte Laufseele gesteckt. Schnell umlaufende Hammerköpfe verformen dann das Laufmaterial derart, daß es sich eng an den Kern anlegt und das Muster der Felder und Züge annimmt.

Weil es bei den Jagd-Kugelwaffen noch mehr auf den präzisen Schuß ankommt als bei den Militärgewehren, haben sie meist besondere Abzugseinrichtungen, bei denen der Abzugswiderstand reguliert und besonders fein eingestellt werden kann. Diese Me-

Stecherabzugseinrichtung der Sauer-Weatherby-Repetierbüchse. Mit der Schraube 275442 wird die Feineinstellung des Abzugsgewichts vorgenommen.

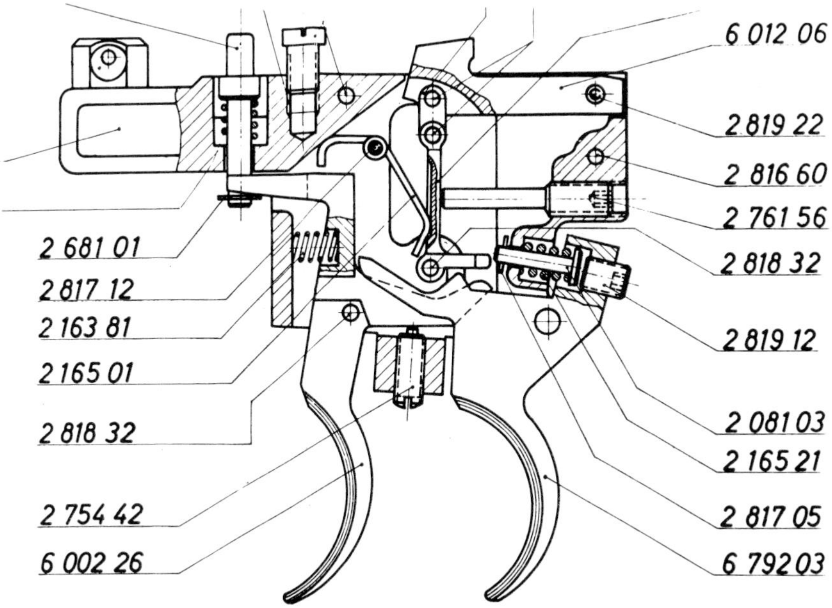

chanismen sind auf der Innenseite des Abzugsblechs montiert und heißen »Stecher« oder »Schneller«.
Die typische Form des Stechers mit zwei hintereinanderliegenden Abzügen (nicht zu verwechseln mit den beiden Abzügen bei mehrläufigen und kombinierten Waffen) war bereits im 16. Jahrhundert bekannt und ist heute noch weit verbreitet. Wird der hintere Abzug gedrückt, so rastet er hörbar ein und macht dadurch den vorderen Abzug »scharf«. Das heißt, die Büchse ist nun »eingestochen« und läßt sich mit ganz geringem Druck auf den vorderen Abzug auslösen.
Beim Präzisionsschuß auf Wild und für die Scheibenschützen ist der Stecher eine große Hilfe, weil die weiche Auslösung die Gefahr des »Verreißens« mindert. Das Gewehr darf erst unmittelbar vor dem Schuß eingestochen werden, weil sonst die Gefahr besteht, daß sich der Schuß unbeabsichtigt löst. Kommt der Jäger nicht zum Schuß, muß er das Stechschloß wieder entspannen. Das geschieht durch gleichzeitiges Drücken beider Abzüge.
Es gibt auch Stecher, die mit einem einzigen Abzug auskommen. Beim französischen »Rückstecher« wird der Abzug zunächst durch einen Druck von hinten eingestochen und anschließend von vorn ausgelöst.
Es muß nicht unbedingt ein Stecher sein. Wer nicht die ruhige Hand und die eisernen Nerven hat, die für den erfolgversprechenden Umgang mit einer eingestochenen Waffe notwendig sind, sollte sich lieber eine Büchse mit »Flintenabzug« anschaffen. Das ist ein Abzug, der sich weich durchziehen und auslösen läßt, weil er keinen Druckpunkt hat. Aber auch mit einfachen Druckpunkt-Abzügen läßt sich tadellos schießen, wenn der Widerstand am Auslösepunkt nicht zu hart eingestellt ist.

Im militärischen Bereich dürfen nach internationaler Übereinkunft nur Kugelpatronen mit voll ummantelten Geschossen verwendet werden. Diese Munition ist für den Jäger völlig ungeeignet. Er benötigt Kugelpatronen mit Teilmantelgeschossen, die sich beim Auftreffen auf den Wildkörper aufstauchen oder sogar in Splitter zerlegen. Der Jäger benötigt außerdem Schrotpatronen.
Schrot wird ausschließlich aus glatten Läufen verschossen. Schrotpatronen bestehen aus einer zylindrischen Papphülse mit angesetztem Metallboden. In der Bodenmitte ist das Zündhütchen eingesetzt. Alte Schrotpatronen und solche, die vom Jäger selbst nachgeladen werden können, haben oft Hülsen aus Messingblech.

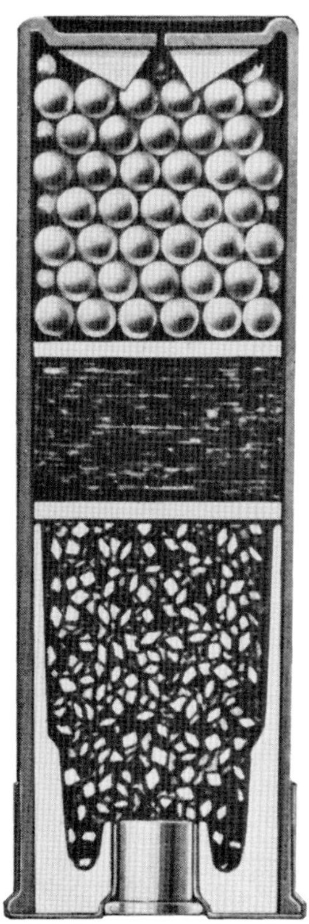

Schnitt durch eine moderne Schrotpatrone. Die Zündkapsel ist mit dem Amboß fest verbunden. Die Wandung des Pulverraumes ist durch eine Kunststoffeinlage (weiß) verstärkt. Es folgen: der gefettete Filzpfropfen und die Schrotladung.

In der Hülse liegen von hinten nach vorn: Die Pulverladung (heute rauchloses Blättchenpulver), Pappscheiben und Filzpfropfen, die Schrotladung und zuletzt eine weitere Pappscheibe als Deckel. Filzpfropfen und Pappscheiben zwischen Pulver und Schrot dienen als »Treibspiegel«, der die losen Schrotkörner beim Schuß im Lauf vor sich herschiebt und als Garbe zusammenhält. Der Schrotschuß ist nur auf Klein- und Flugwild bis zu einer Höchstentfernung von etwa 30 bis 40 Metern wirksam. Die Schrotkörner verlassen den Lauf mit einer Geschwindigkeit um 360 Metern pro Sekunde, verlieren ihre Energie wegen des geringen Eigengewichts jedoch rasch und fallen bereits nach 200 bis 300 Metern wieder zu Boden. Der Vorteil des Schrotschusses liegt in seiner gestreuten Garbe, die eine Fläche eindeckt. So läßt sich auch flüchtendes oder fliegendes Wild treffen.

Die Flächendeckung der Schrotgarbe hängt wesentlich von drei Faktoren ab: von der Entfernung, von der Schrotgröße und von der Art der Laufbohrung. Die Schrotgarbe breitet sich trichterförmig von der Laufmündung aus. Die Fläche, die mit Schroten eingedeckt wird, wächst mit der Entfernung, und sie wird außerdem umso größer, je kleiner der Durchmesser der Schrotkörner ist. die gängigen Schrotkorngrößen sind: 2,5; 3; 3,5 und 4 Millimeter. Auf eine (theoretische) Entfernung von 80 Metern deckt 2,5-mm-Schrot einen Streukreis von rund 10 Metern Durchmesser. 3,5-mm-Schrot dagegen bleibt auf dieselbe Entfernung wesentlich dichter zusammen. Der Trefferkreis hat nur einen Durchmesser von 4,25 Metern.

Flintenläufe mit »Würgebohrung« (englisch: Choke) halten die Garbe noch enger zusammen als Läufe mit zylindrischen Bohrungen. Choke-Läufe sind an der Mündung mehr oder weniger verengt und eignen sich daher besonders für den Weitschuß. Im allgemeinen hat bei Doppelflinten der rechte Lauf für den Nahschuß eine zylindrische oder eine »Halb-Choke«-Bohrung. Der linke Lauf für den Weitschuß ist »Voll-Choke«-gebohrt.

Die Kaliberbezeichnungen bei der Schrotmunition und den dazugehörigen Flinten sind aus einem umständlichen alten englischen Meß-System entwickelt. Hier zählt ausnahmsweise nicht der Lauf-Durchmesser wie bei den Kugelbüchsen, sondern die Menge der kalibergroßen Bleikugeln, die zusammen ein englisches Pfund (453 Gramm) wiegen. Beispiel: Das Flintenkaliber 12 hat eine Laufbohrung von rund 18 Millimetern Durchmesser. Zwölf Bleikugeln von 18 Millimetern Durchmesser wiegen 453 Gramm.

In Europa am weitesten verbreitet ist das Flintenkaliber 16. Es hat einen Laufdurchmesser von 17 Millimetern. Außerdem kommen vereinzelt die Kaliber 12 und 20 (16 mm) vor. Eine Sonderstellung nimmt das kleine amerikanische Vogelflinten-Kaliber »36/.410« ein. Es entspricht einer Laufbohrung von 10,4 mm. Die Zahl 36 vor dem Bruchstrich ist nach dem Flinten-System gemessen und die Zahl .410 drückt den Laufdurchmesser in Zoll aus, wie bei englisch-amerikanischen Kugelwaffen üblich.

Abgesehen vom Kaliber unterscheiden sich Schrotpatronen auch in der Hülsenlänge und damit in der Stärke ihrer Schrot- und Pulverladungen. Eingeführt sind Hülsenlängen von 65 und 70 Millimetern. Jede Flinte ist für Munition einer bestimmten Länge eingerichtet. Zwar lassen sich 70-mm-Patronen auch in Flinten laden, deren Patronenlager nur 65 mm lang ist. Doch dann treten beim Schuß unberechenbare Drucksteigerungen auf, die Waffe und Schützen gefährden.

Das unterschiedliche Fassungsvermögen der Schrotpatronen sei am Beispiel des Kalibers 16 gezeigt. Bei einer Schrotgröße von 3 mm enthält die 65 mm lange Patrone 180 Schrote und die 70-mm-Patrone 192 Schrotkugeln.

Eine Sonderform der Flintenmunition sind die Patronen mit Flintenlaufgeschoß. Sie haben statt einer Schrotladung ein zylindrisches Bleigeschoß von Kalibergröße. Es kann auf Entfernungen bis zu 40 Metern für den Schuß auf Reh- und Rotwild verwendet werden.

Kugelpatronen mit Teilmantelgeschossen

Weil es bei der Jagd darauf ankommt, daß das Wild durch die Schußwirkung möglichst sofort getötet wird, darf kein Jäger ein Vollmantelgeschoß verwenden. Vollmantelgeschosse verformen sich beim Auftreffen und Eindringen in tierisches Gewebe überhaupt nicht oder nur sehr wenig. Sie ergeben daher meistens einen glatten Durchschuß und verlassen den Tierkörper wieder, ohne einen wesentlichen Teil ihrer Energie abgegeben zu haben. Das heißt, Vollmantelgeschosse töten nur dann unmittelbar, wenn sie Körperzentren wie Herz oder Gehirn treffen. Da nicht jedem Jäger jedesmal ein »Blattschuß« gelingt, braucht er Büchsenpatronen, deren besonders starke Geschoßwirkung auch bei weniger guten Treffern tödlich ist. Zu diesem Zweck wurden die Teil-

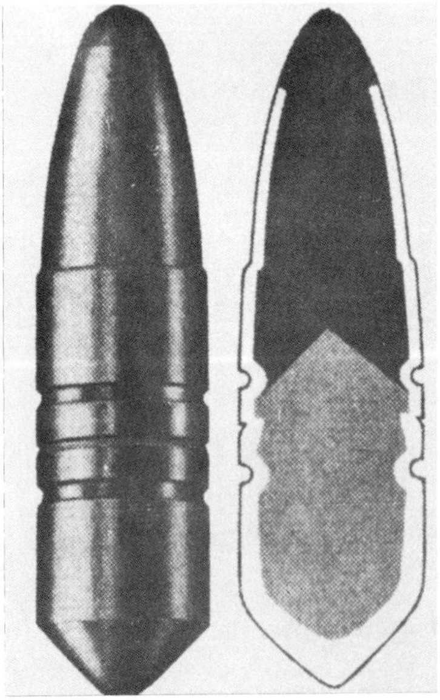

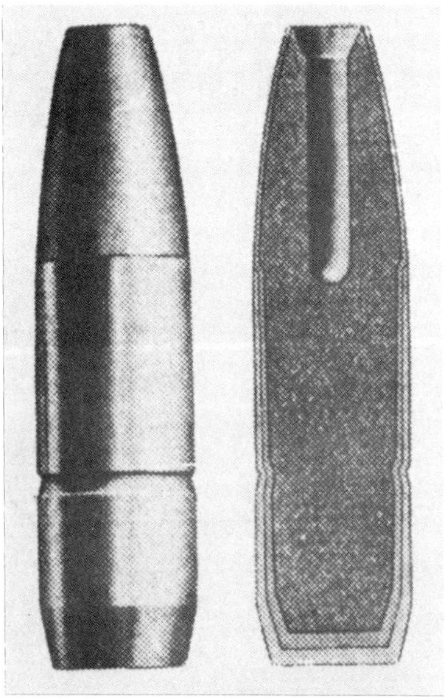

Zerlegergeschosse für Jagdkugelpatronen. Links ein „Brenneke-Torpedo-Universal"-Geschoß mit Teilmantel und geteiltem Kern. Der vordere Kern ist aus weichem Material, staucht sich beim Auftreffen auf den Wildkörper und gibt Splitter ab. Der hintere Kern aus hartem Material durchschlägt den Körper und ergibt den Ausschuß. Rechts: „D-Mantel-Geschoß" mit offener Hohlspitze. Es löst sich beim Auftreffen fast völlig in Splitter auf.

mantel- und Hohlspitzgeschosse geschaffen. Es gibt viele verschiedene Typen, daß hier nur das Prinzip besprochen werden kann.
Bei den Teilmantelgeschossen reicht der dünne Blechüberzug des bleiernen Geschoßkerns nicht ganz bis zur Spitze. Das heißt, beim Auftreffen auf den Wildkörper wird die weiche Bleispitze des Geschosses gestaucht, der Stahlmantel reißt auf und das Geschoß bekommt eine unregelmäßige Pilzform, oft teilen sich sogar Splitter ab. Das deformierte Geschoß hat nun einen erheblich größeren Durchmesser als vor dem Schuß. Folge: es zerstört mehr Gewebe im Tierkörper und löst durch die schlagartige Verdrängung der Zellflüssigkeit außerdem einen Schock im Nervensystem des Tieres aus, der meistens unmittelbar tödlich ist.
Die Hohlspitz- oder Lochgeschosse, auch Expansions- oder Expansivgeschosse genannt, haben ein kleines Loch zentral in der Geschoßspitze. Oft ist der Hohlraum von außen nicht sichtbar und mit dünnem Kupferblech verschlossen. Wenn Geschosse dieser Art auf den Wildkörper treffen und sich verformen, wird die in der Bohrung eingeschlossene Luftmenge so stark zusammengepreßt, daß sie schließlich den Geschoßkörper in Teile sprengt. Die Wirkung dieser Munition ist außerordentlich brutal.

Kimme und Korn, Diopter, Zielfernrohre

Die ältesten, einfachsten und immer noch am weitesten verbreiteteten Zieleinrichtungen sind Kimme und Korn. Es gab und gibt unzählige Spielarten, die sich jedoch nur geringfügig unterscheiden und in zwei Hauptgruppen eingeteilt werden können: offene Visiere und geschlossene. Bei beiden ist das Korn gleich; ein Balken oder Stachel auf dem vorderen Laufende. Die »Kimmen« jedoch sind unterschiedlich gestaltet; bei der offenen Form als Steg mit V- oder U-förmigen Einschnitt, bei der geschlossenen als Platte oder Scheibe mit rundem Durchblick. Diese Form wird fast ausschließlich bei Scheibenbüchsen und neuerdings auch bei automati-

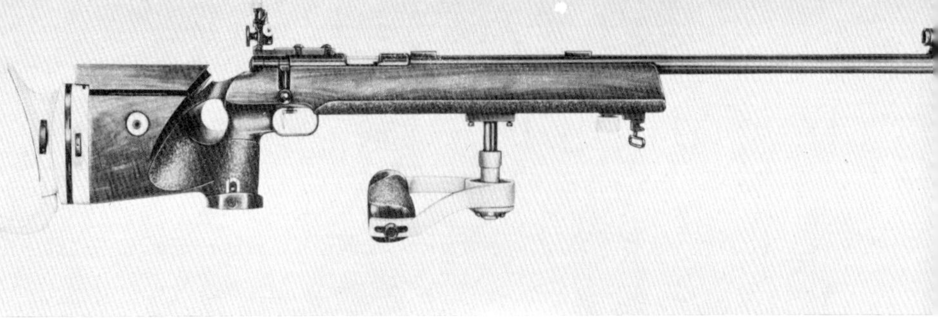

„Anschütz"-KK-Matchbüchse mit Diopter und Tunnelkorn. Beachten Sie auch die Handstütze unter dem Vorderschaft und den verstellbaren Anschlagschaft. Eine Spezialwaffe für die besonderen Erfordernisse der modernen Schieß-Wettkämpfe.

schen Militärgewehren verwendet, dort allerdings in allereinfachster Ausführung.

Die »Dioptervisiere« der Scheibenbüchsen dagegen sind Präzisionsgeräte, mit verstellbaren Irisblenden, Farbfiltern und zehntelzentimetergenauer Höhen- und Seitenverstellung. Sie werden auf den modernen (meist Kaliber .22) Matchbüchsen über der Schloßbrücke montiert und liegen wenige Zentimeter vor dem Auge des Schützen. Das Korn ist bei den Matchwaffen in einem »Tunnel« montiert, einer Röhre, die störendes Seitenlicht abhält. Die Ausschaltung irritierender Lichtreflexe ist nur einer von vielen Vorteilen, die die Dioptervisierung gegenüber der offenen bietet. Fast noch wichtiger ist die Verlängerung der Visierlinie um rund ein Drittel und das leichtere Auffassen des Korns, dessen Spitze im Mittelpunkt des runden Durchblicks liegen muß.

Der Vorteil der Lochvisiere ist seit einem halben Jahrtausend bekannt. Man findet Röhrenvisiere bereits bei Waffen mit Luntenschloß. In der technisch aufwendigsten Form, als Diopter, sind solche Zieleinrichtungen allerdings nur unter den besonderen Bedingungen des Scheibenschießens zu verwenden. Im Auffassen wechselnder Ziele in unterschiedlichen Entfernungen sind sie der gewöhnlichen offenen Kimme unterlegen. Ein Kompromiß zwischen beiden Systemen sind die Lochkimmen der Militärgewehre. Sie nützen einerseits die Vorteile der verlängerten Visierlinie und des leichten Ziel-Auffassens und vermeiden andererseits durch ihre geringe Größe und leichte Verstellbarkeit die Nachteile des eingeeng-

ten Gesichtsfeldes und der Festlegung auf eine bestimmte Schußentfernung.
So raffiniert die Zieleinrichtungen auch sein mögen, das Visieren mit Kimme, bzw. Diopter und Korn bleibt dennoch eine unzulängliche Methode, weil das Auge die dabei gestellten Anforderungen nicht erfüllen kann. Es ist überfordert, wenn es sich auf drei Objekte in verschiedener Entfernung (Kimme, Korn, Ziel) gleichzeitig scharf einstellen soll. Das Auge versucht zwar, die Aufgabe zu lösen, indem es sich in wechselnder Folge auf jeweils eine der drei Ebenen einstellt. Die Überlagerung dieser rasch aufeinanderfolgenden Bilder vermittelt dem Gehirn schließlich den Eindruck eines einzigen, halbwegs scharfen Bildes von allen drei Objekten. Doch es liegt auf der Hand, daß dieses Verfahren (trotz der Spitzenergebnisse, bei den internationalen Schieß-Wettbewerben) nicht optimal sein kann, weil es der Natur zuwiderläuft. Vor allem den älteren und fehlsichtigen Schützen wird das Zielen über Kimme und

„Anschütz"-Mikrometerdiopter. Die Diopterscheibe, durch deren feine Bohrung der Schütze blickt, kann millimeterweise in der Höhe und nach den Seiten verstellt werden. Die beiden Rändelschrauben an der Schiene vorn, dienen zur Montage des Diopters auf der Waffe.

Korn zur Qual. Eine kleine Hilfe bringen die Match-Zieloptiken mit eineinviertel oder eineinhalbfacher Vergrößerung. Es sind Linsen, die in den Diopter, bzw. den Korntunnel eingeschraubt werden können. Die ideale Lösung des Zielproblems verlangt jedoch mehr Optik als bei den deutschen Schießwettbewerben erlaubt ist. Sie verlangt eine Vorrichtung, die die Visiermarkierungen und das Zielobjekt in einer Ebene abbildet, wo sie vom Auge mühelos aufgenommen werden können: das Zielfernrohr.

Es gibt viele Berichte über frühe Versuche, mit Hilfe der seit dem 17. Jahrhundert bekannten Fernrohre die Zielgenauigkeit der Büchsen zu verbessern. Soweit dabei Erfolge erzielt wurden, sind sie mit ziemlicher Sicherheit dem Zufall zuzuschreiben, sowie jener Meisterschuß, von dem in der Chronik »Museum Museorem« anno 1714 folgendes zu lesen war:

Als der Graf Leiningen-Hartenburg beobachtete, wie sich ein französischer Posten an sein Schloß heranmachen wollte, »schlug er seine Pürschbüchse an, legte ein Perspektiv (Taschenteleskop) drauf, und als er den Partisanen recht gefaßt hatte, ließ er das Perspektiv sinken, druckte los und traf denselben . . .«

Die ersten echten Zielfernrohre wurden erst eineinhalb Jahrhunderte nach dem oben geschilderten Vorfall, im amerikanischen Bür-

Zeiss-Diatal-Zielfernrohr 6×42, montiert auf einer Mauser-Repetierbüchse.

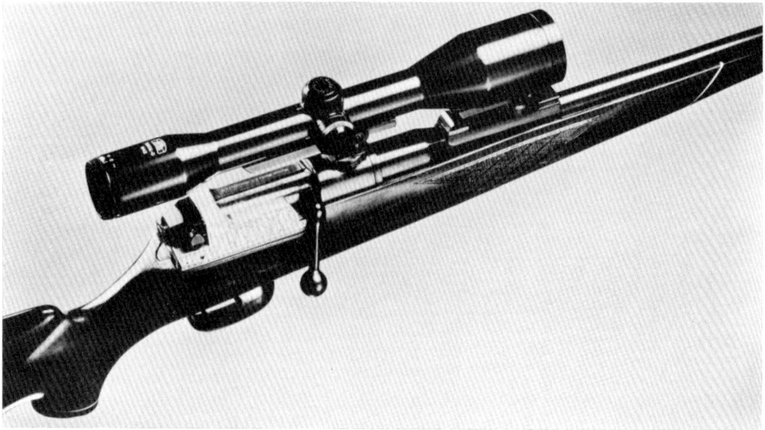

gerkrieg (1861—1865) verwendet. Es waren Rohre, von etwa dem gleichen Durchmesser und derselben Länge wie sie der Lauf hatte. Sie konnten nicht abgenommen werden und besaßen noch keine Zielmarken, »Absehen«, wir wir heute sagen.
Dieser Scharfschützen-Zielfernrohre bemächtigten sich nach dem Krieg die Sportschützen in den USA und als die »National-Rifle-Association« (NRA) später daran ging, Wettkampfregeln aufzustellen, wurden auch die Zielfernrohre berücksichtigt. In den USA gibt es heute noch Wettkampfdisziplinen, bei denen mit schwach vergrößernden Gläsern geschossen werden darf.
In Deutschland dagegen begann die Zielfernrohr-Geschichte überhaupt erst in den 80er Jahren und nocheinmal ganz von vorn. In Richard Mahrholdts Waffenlexikon wird der Forstverwalter August Fiedler aus Stonsdorf im Riesengebirge als Erfinder des Zielfernrohrs genannt. Dieser Forstmann bastelte die Rohre selbst und montierte sie auf die damals üblichen 11-Millimeter-Hinterlader-Jagdbüchsen. Das älteste erhaltene Stück stammt aus dem Jahr 1884. Spätere Fiedler-Gläser waren übrigens bereits mit Absehen ausgestattet. Anfang der 90er Jahre nahm sich endlich die Industrie der neuen Erfindung an. Voigtländer, Kahles und Zeiss waren unter den ersten, später kam noch die Firma Hensoldt hinzu, um nur einige der bedeutendsten Hersteller aus dem deutschsprachigen Raum zu nennen.
Beim Militär tauchten die Zielfernrohr-Gewehre erstmals im Ersten Weltkrieg auf, und zwar für einen Zweck, der dem ursprünglich beabsichtigten genau entgegengesetzt war.
Anstatt sich die Vergrößerung nutzbar zu machen, um sehr weitentfernte Ziele erkennen zu können, verwendete man sie im Grabenkampf vor Verdun, wo es kaum jemals eine weitere Schuß-Entfernung als höchstens hundert Meter gab. Die Zielfernrohre wurden für den Nachtkampf, im Schein der Leuchtkugeln gebraucht, weil unter diesen Bedingungen ein präziser Schuß über Kimme und Korn schwierig, wenn nicht unmöglich war. Inzwischen hatten die Zielfernrohre, dank fortgeschrittener technischer Ent-

wicklung nämlich eine weitere Eigenschaft gewonnen, die nun zu ihren grundsätzlichen Vorzügen hinzutrat: die hohe Lichtstärke. Gläser mit entsprechend großem Objektivdurchmesser bündeln (beispielsweise in der Dämmerung) das wenige noch vorhandene Licht und führen es dem Auge zu. So werden beim Blick durch das Glas Dinge wieder erkennbar, die das bloße Auge nicht mehr sieht, eine Erscheinung, die von den Prismen-Feldstechern allgemein bekannt ist.

Wegen seiner vielen Vorzüge ist das Zielfernrohr, das lange Zeit in Jägerkreisen als unsportlich galt, inzwischen sowohl aus dem jagdlichen als auch dem militärischen Bereich nicht mehr wegzudenken. Am gebräuchlichsten sind vier-, sechs- und achtfache Vergrößerungen, es gibt neuerdings auch variable Gläser, die sich stufenlos von zweieinhalb- bis zu zehnfacher Vergrößerung einstellen lassen.

Der Aufbau eines Zielfernrohres mit fester Vergrößerung ist aus der nebenstehenden Abbildung ersichtlich. Sie wurde, samt den dazugehörigen Angaben von der Firma Carl Zeiss, Oberkochen, freundlicherweise zur Verfügung gestellt.

Die optischen Grundelemente des Zielfernrohrs sind: Das Objektiv, also das Linsensystem, das dem Ziel zugewandt ist. Die Strichplatte mit Zielmarke — auch »Absehen« genannt —, das Umkehrsystem und das Okular.

Das Ziel wird in der Objektivbildebene, in der auch das Absehen montiert ist abgebildet, und zwar auf dem Kopf stehend. Ein Umkehrsystem, beim abgebildeten Rohr eine Kombination aus vier Linsen, richtet das Bild wieder auf und bildet es in der Okular-Bildebene ab, wo es mit dem Okular betrachtet wird. Daraus ergibt sich, daß für das Anvisieren Objektiv und Absehen maßgebend sind, während das Okular lediglich als Hilfsmittel zur Beobachtung dient. Die Scharfeinstellung im Okular ermöglicht nicht nur die Korrektur kleiner Fehlsichtigkeiten des Schützen, sondern auch den Ausgleich, der normalerweise in der Dämmerung eintretenden Kurzsichtigkeit.

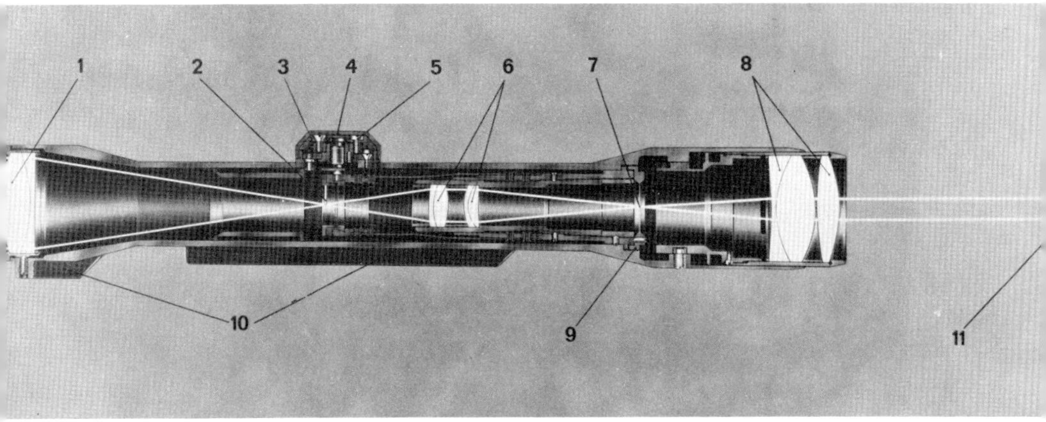

1 Objektiv
2 Absehen (Objektiv-Bildebene)
3 Absehenverstellung
4 Schutzkappe
5 Klemmschraube
6 Umkehrsystem
7 Okular-Bildebene
8 Okular
9 Sehfeldblende
10 Montageschiene
11 Austrittspupille

Schnitt durch ein Zeiss-Zielfernrohr (4×32)

Es gibt rund 50 verschiedene Formen des Absehens für die verschiedensten Zwecke. In der Praxis kommen jedoch nur wenige vor. Die bekanntesten sind hier abgebildet. Ihre Ausführung ist im wesentlichen einheitlich. So beträgt beispielsweise das Deckungsmaß der dicken Absehenbalken auf eine Entfernung von hundert Meter zwanzig Zentimeter; die dünnen Fäden verdecken auf die

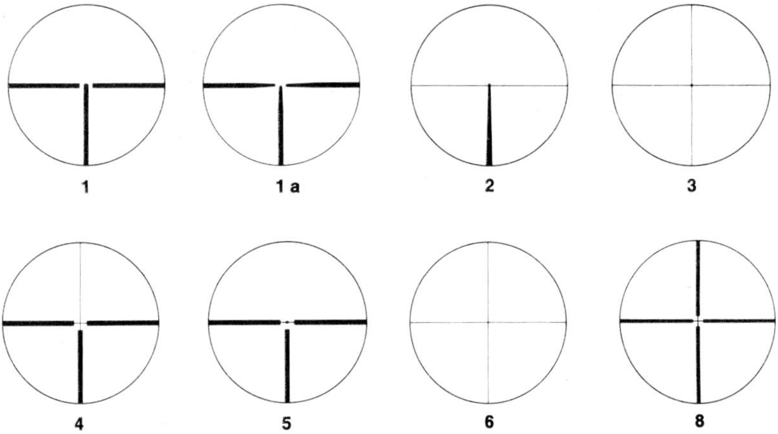

gleiche Entfernung rund zwei Zentimeter. Die Absehen 1; 4 und 5 können auch als Hilfsmittel zur Entfernungsschätzung herangezogen werden, wenn man weiß, daß der Abstand der beiden horizontalen Balken auf 100 m Entfernung eine Strecke von etwa 70 cm frei läßt, was etwa dem Maß eines breitstehenden Rehes entspricht.

Zielfernrohre werden fast immer über der Laufachse montiert und am besten so niedrig wie möglich. Bei neueren Jagdgewehren greifen die Montageteile oft in eine Prismenschiene auf der Verschlußhülse, die bereits bei der Herstellung der Waffe gefräst worden ist. Vor nicht allzulanger Zeit, als man die Jagdgewehre noch nicht von vorneherein für die Zielfernrohrmontage vorbereitete, mußten das die Büchsenmacher unter beträchtlichem Kostenaufwand tun. An den fabrikneuen Gewehren wurde — oft noch vor dem ersten Schuß — wieder gefeilt und gelötet, ehe die Grundplatten für die damals üblichen »Einhak«- und »Schwenk«-Montagen an ihrem Platz saßen. Anschließend mußte die Waffe natürlich wieder neu brüniert werden. Das alles ist heute, im Zeitalter der »Aufschub-Montagen« nicht mehr notwendig.

Es gibt Zielfernrohre, bei denen das Absehen nur in der Höhe verstellbar ist und die sonst übliche zweite Schraube für die Seitenrichtung fehlt. Solche Gläser werden mit Montagen angebracht, die ihrerseits eine Möglichkeit zur Seitenverstellung haben. Beim Anschießen wird dann allerdings nicht nur das Absehen innerhalb des Zielfernrohrs, sondern das Glas als ganzes verrückt.

Bis zum Jahre 1836, in dem der Amerikaner Samuel Colt sein erstes Patent für einen Revolver bekam, verlief die Entwicklung der kurzen Feuerwaffen, die man mit *einer* Hand abfeuern konnte, analog zu der der Gewehre. Die erste bekannte einschüssige Vorderlader-Faustfeuerwaffe soll anno 1364 von einem Büchsenmacher in Perugia/Italien gefertigt worden sein, sicher ein merkwürdiges Instrument, wenn man bedenkt, daß zu dieser Zeit noch keine mechanische Zündvorrichtung, also nicht einmal das Luntenschloß, bekannt war. Das Zeitalter der Pistolen begann erst richtig, als im 16. Jahrhundert das Radschloß erfunden wurde. Die deutschen

Englische Duellpistole mit „Säge"-Griff von T. Mortimer, London, um 1810. Bonders interessant ist das — nachträglich — eingebaute Wechselsystem zur wahlweisen Verwendung der Waffe mit Stein- bzw. Perkussionszündung. Anstelle der Batterie kann ein schwenkbarer Pistonträger in die (vergoldete) Pfannenmulde eingelegt werden. Gleichzeitig muß der Flint durch ein stählernes Schlagstück ersetzt werden. (Sammlung D. Heitmann.)

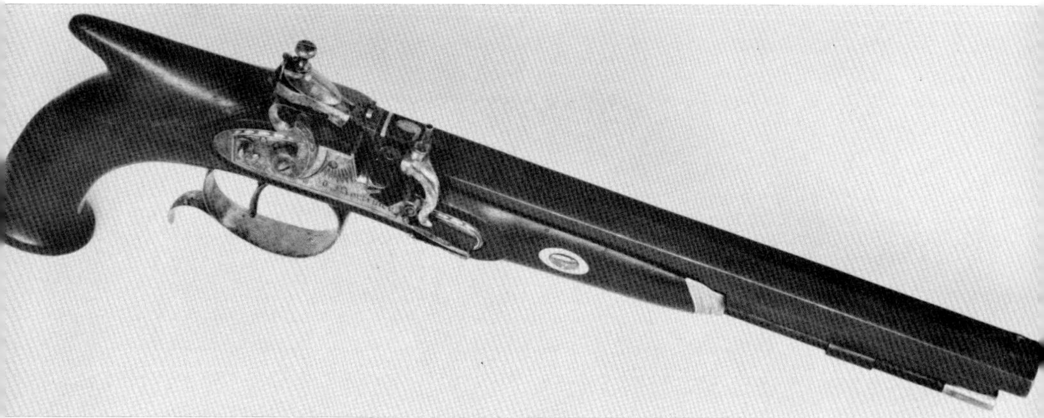

Reiter bedienten sich als erste im größeren Stil der kurzen Feuerwaffen mit Radschloß. Diese Pistolen hatten nur wenig gekrümmte Schäfte mit einem dicken, meist eisenbeschlagenen Knauf am Griffende. Da man mit ihnen wegen der langwierigen Ladeprozedur im Notfall nur einen Schuß zur Verfügung hatte, konnte man sich auch umgekehrt als »Streithammer« zum Zuschlagen verwenden. Der Griff-Knopf blieb in gemilderter Form bis in die Steinschloßzeit erhalten.

Die langen, schlanken Steinschloßpistolen des 18. Jahrhunderts zählen zu den elegantesten Feuerwaffen, die es je gab. Neben den relativ schlichten Reiterpistolen entstanden nun neue Typen: handliche Reisepistolen (die brauchte man damals notwendig, denn die Wege waren unsicher), Prunkpistolen für Könige, Fürsten und Leute, die sich's leisten konnten und schließlich die Duell-Pistolen-Paare, mit denen Herren von Stand ihre Ehrenhändel austrugen. Die Duell-Pistolen-Paare, heute hochbezahlte Sammler-Raritäten, hatten meist achteckige Läufe, die Lauflänge betrug meist zehn Zoll (26 cm). Perkussions-Duellpistolen waren noch bis zu Beginn dieses Jahrhunderts in Deutschland und Europa im Gebrauch. In

Radschloßpistole von 1591 (oben) und Steinschloßpistole aus dem 18. Jahrhundert. Die abgefeuerten Waffen konnten bei Bedarf umgedreht und dank ihrer beschlagenen Knäufe als Streithämmer benützt werden.

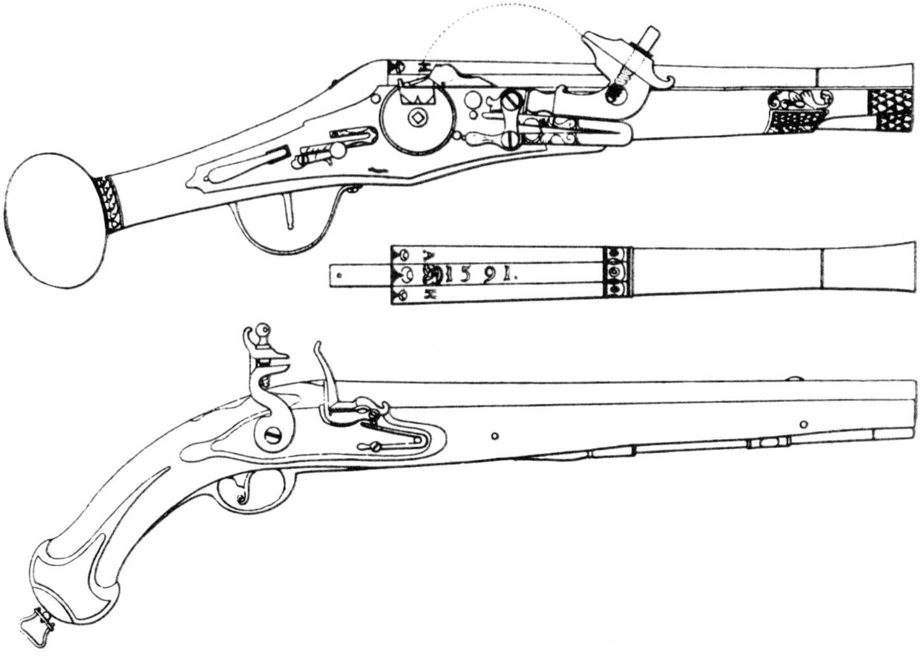

Einläufiges Perkussionsterzerol, eine kleine Taschenwaffe aus dem 19. Jahrhundert.

einigen südamerikanischen Staaten, etwa in Uruguay, ist der Zweikampf auf Leben und Tod übrigens noch heute erlaubt.
Eine Sonderform der Vorderladerpistolen sind die kleinen, oft wie Spielzeug anmutenden »Terzerole«, von Damen und Herren aller Stände geschätzt und als Strumpfband- oder Taschenwaffe für den Fall der Fälle. Es gab Pistolen mit glatten und gezogenen Läufen. Und für ihre Ladeweise gilt, was bereits über die entsprechenden Gewehrtypen gesagt wurde. Die Trefferleistung war natürlich, den weitaus kürzeren Läufen entsprechend, schlechter.

Französische Reiterpistole Modell 1822, Kaliber 18 Millimeter, gezogen auf Perkussion aptiert.

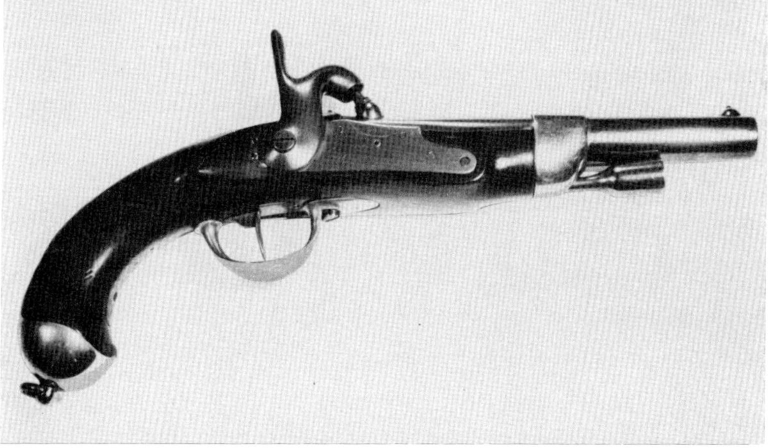

Im militärischen Bereich konnten sich die gezogenen Vorderladerpistolen nur vereinzelt durchsetzen. Es ist heute kam mehr zu fassen, daß zum Beispiel im preußischen Heer noch in den 70er Jahren des vorigen Jahrhunderts glatte Vorderladerpistolen die einzigen Faustfeuerwaffen waren.

Samuel Colts Revolverpatent

Jahrhundertelang hatten die Tüftler und Erfinder die kurzen Feuerwaffen vernachlässigt. Geniale Kunsthandwerker schufen zwar Pistolen mit prunkvollen Dekors, doch konstruktiv blieb alles beim alten. Der erste, der einen wirklich neuen Weg beschritt, war der Amerikaner Samuel Colt (1814—1862), der als Sechzehnjähriger aus Holz sein erstes Revolver-Modell schnitzte und mit 20 das erste Patent darauf erhielt. Als er 48jährig an Krebs starb, hatten sich seine Waffen bereits die halbe Welt erobert.
Colts erster in Serie hergestellter Revolver, das berühmte Modell »Paterson« von 1836 weist bereits alle Grundzüge auf, die bis heute für Revolver typisch sind: hinter einem starren Lauf dreht sich ein Stahlzylinder mit mehreren (meist sechs) Bohrungen, in denen die Ladungen oder Patronen untergebracht sind. Jedesmal wenn der Hahn gespannt wird, dreht sich gleichzeitig die Trommel soweit bis die nächste Bohrung sich genau hinter dem Lauf befindet.
Colt konnte nicht für sich in Anspruch nehmen, die Trommel erfunden zu haben, denn die war, wie bereits bei den Gewehren beschrieben, schon zur Luntenschloß-Zeit bekannt. Außerdem gab es lange vor Colt bereits den »Bündelrevolver«, auch »Pepperbox« genannt, bei dem sich mehrere Läufe um eine zentrale Achse drehen und hintereinander abfeuern ließen.
Colts neue Idee, die den Revolver so erfolgreich machte, war die Kombination zwischen Hahn- und Trommelbewegung. Das Urmodell, gefertigt von Colts »Patent Manufacturing Co.« in Pater-

son, heute unter dem Namen »Texas Paterson« bekannt, hatte eine fünfschüssige Trommel, Kaliber .34, einen Faltabzug, der erst beim Spannen des Hahns aus dem Rahmen sprang und einen achteckigen, viereinhalb Zoll (11 cm) langen Lauf. Bei den Paterson-Modellen, die von 1837 bis 1846 in verschiedenen Größen und den Kalibern .31, .34 und .36 hergestellt wurden, konnte die Trommel noch nicht in der Waffe nachgeladen werden. Daher führte man sicherheitshalber eine zweite geladene Trommel mit, die mit wenigen Handgriffen gegen die leergeschossene ausgetauscht werden konnte. Typisches Zubehör für Paterson-Revolver ist die zylindrische Pulverflasche mit den fünf Einfüllstutzen, die genau in die Trommelbohrungen passen und das rasche Nachladen erleichtern.
Die berühmten »Texas-Rangers«, eine berittene Polizeitruppe, die damals den Süden der Vereinigten Staaten mit Pulver und Blei befriedete, setzte Colts Revolver erstmals gegen die aufständischen Indianerstämme, die Seminolen und Comanchen, ein und machten die neuen Faustfeuerwaffen damit im ganzen Land bekannt. Dennoch geriet Samuel Colt mit seiner Waffenfabrik in finanzielle Schwierigkeiten und machte Bankrott. Es spricht für seine unternehmerischen Fähigkeiten, seine Zähigkeit und auch für die Qualität seiner Waffen, daß Colt sich wieder erholte und nocheinmal von vorn begann. Endlich bekam er einen Regierungsauftrag: 1000 Revolver für die Kavallerie. In Windeseile konstruierte Colt ein neues Modell nach den Wünschen seines Freundes und Förderers, des Ranger-Hauptmanns Sam Walker.
Der neue »Colt Walker« wurde eine Waffe der Superlative, der

Patentzeichnung des ersten Colt-Revolvers, der später unter dem Namen „Paterson“ berühmt wurde. Das Colt-Patent wurde am 29. August 1839 erteilt.

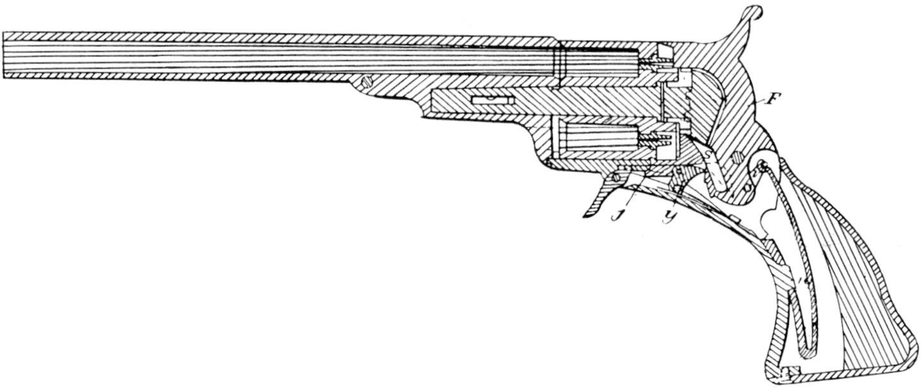

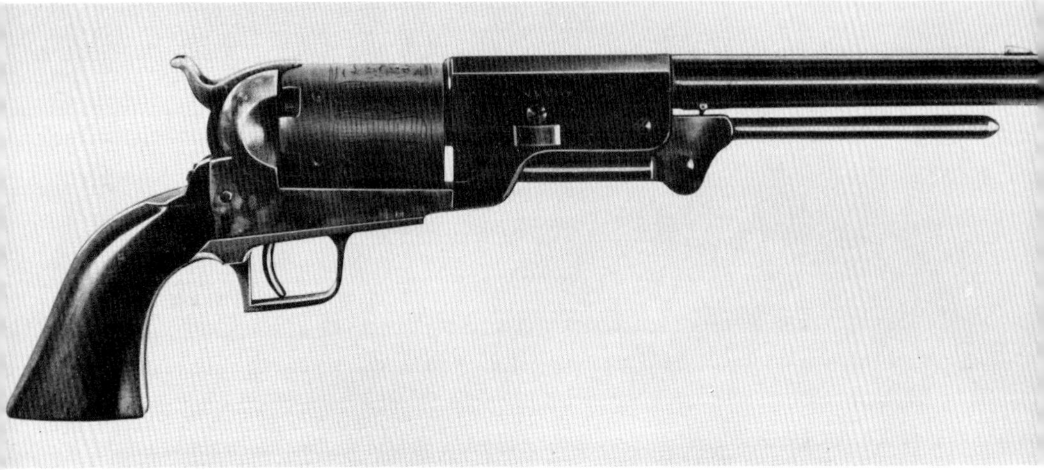

„Colt Walker", Modell 1847, Kaliber .44, der schwerste Revolver, den es je gab. Diese 2,5 Kilo schwere Taschenkanone führten die legendären „Texas-Rangers".

längste, schwerste und für lange Zeit auch weitreichendste Revolver, den es gab. Diese Handkanone wog rund zweieinhalb Kilo, wurde in den Kalibern .44 und .47 hergestellt und mit drei Gramm Schwarzpulver geladen. Diese Pulvermenge reichte sogar für viele Militärgewehre der damaligen Zeit. Die angegebene Reichweite von 500 Metern ist trotzdem übertrieben und wahrscheinlich ein Reklame-Gag.

Der überschwere »Walker« ist als Spezialwaffe für den Schuß aus dem Sattel konzipiert. Für Fußgänger, Reisende, Spieler und leichte Mädchen brachte Colt später kleinere Gürtel-, Taschen- und Strumpfbandrevolver heraus, die jedoch im Aufbau alle dem Kavallerie-Modell glichen.

Wesentlichste Neuerung war die eingebaute Ladepresse unter dem Lauf, mit der die Trommel rasch nachgeladen werden konnte. Noch schneller ging es bei Verwendung von Papierpatronen, die Colt später für seine Modelle anbot. Die Revolver kosteten damals regulär zwischen 7 und 10 Dollar, wurden jedoch oft zu zehnfachen Preisen gehandelt, da die Fabrik in Hartford die Nachfrage nicht decken konnte. Für die Leute im wilden Westen waren die Colt-Revolver so etwas wie eine Lebensversicherung.

Doch der Erfolg der Revolver blieb nicht auf die USA beschränkt. Colt-Revolver wurden ab 1853 auch in London und Lüttich/Belgien in Lizenz hergestellt. Im Krimkrieg (1853—56), als Türken, Franzosen und Engländer gegen das russische Zarenreich kämpften, waren Colts Revolver auf Seiten der Verbündeten dabei. Der Konstrukteur besuchte selbst den Kriegsschauplatz um sich von der Wirkung seiner Waffen zu überzeugen. Als Amerikaner wunderte er sich über die damals in Europa übliche Taktik. Colt schrieb:
»Diese Narren marschieren in geschlossener Formation aufeinander zu, bleiben stehen, zielen aufeinander und drücken ab. Wer übrig bleibt, hat gewonnen . . .«
Colts neues Modell »Navy 1851« wurde weltberühmt und später nur noch vom »Army-Modell 1860« übertroffen, dem formschönsten Vorderlader-Revolver, den es je gab. Die stromlinienförmige Waffe im Kaliber .44 wurde zwischen 1860 und 1872 in rund 400 000 Exemplaren hergestellt und im Bürgerkrieg neben dem Modell 1851 von beiden Parteien verwendet.
Colts Patent, unter dessen Schutz er erreicht hatte, daß sein Name gleichbedeutend mit »Revolver« wurde, lief 1859 endgültig ab. Zuvor bereits hatten andere Waffenhersteller eigene Konstruktio-

„Colt Army", Modell 1860, Kaliber .44, das letzte und beste Colt-Vorderladermodell. Es wurde bis 1872 gebaut.

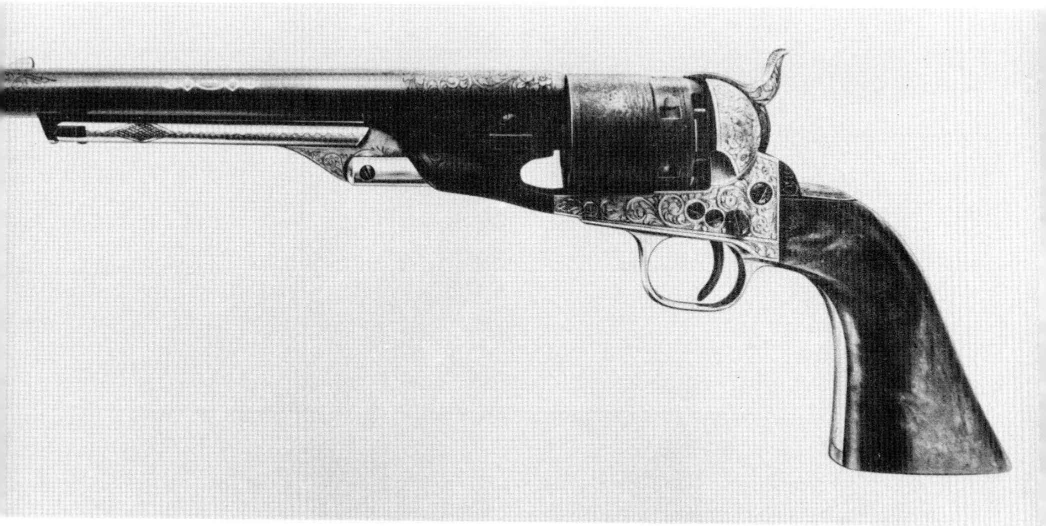

nen auf den Markt gebracht. »Remington« und »Smith & Wesson« waren die bedeutendsten.
Während bei Colts Waffen Rahmen- und Laufstück getrennt und nur durch einen herausnehmbaren Keil verbunden waren, baute Remington Revolver, bei denen die Trommel in einem geschlossenen Rahmen gelagert war, eine Einrichtung, die die Festigkeit verbesserte und die Verwendung stärkerer Ladungen erlaubte. Wesentlicher als der geschlossene Rahmen waren zwei andere Veränderungen der Revolver-Konstruktion, die sich auf die Spann- und Trommelbewegung bezogen.
Während bei Colts Revolvern der Hahn vor jedem Schuß mit dem Daumen neu gespannt werden mußte, wobei gleichzeitig die Trommel weiter transportiert wurde (Prinzip der »einfachen Spannbewegung«), ließ sich der Londoner Büchsenmacher Robert Adams 1851 einen Perkussionsrevolver patentieren, bei dem Spann- und Transportbewegung mit dem Abzug gekoppelt waren. Das heißt, während der Abzug allmählich durchgezogen wurde, drehte sich die Trommel weiter und spannte sich der Hahn, der unmittelbar danach zurückfiel und den Schuß zündete. Adams

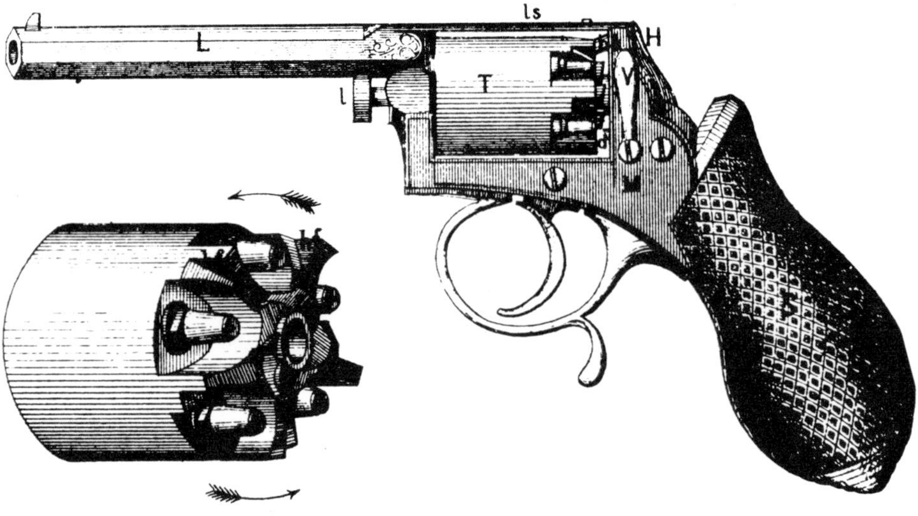

Ein Adams-Revolver mit gekoppelter Spann- und Transportbewegung. Beide Bewegungen werden vom Abzug ausgelöst („double action"). Daneben (vergrößert) die ausgebaute Trommel mit den Pistons.

erste Revolver, die dieses Prinzip der »fortgesetzten Spannbewegung« hatten, erkannte man daran, daß der Hahn keinen Schweifgriff für den Daumen besaß. Außerdem fehlte bei den ersten Adams-Revolvern die Ladepresse. Die Waffen waren für Papierpatronen eingerichtet.

Der Revolver mit »fortgesetzter Spannbewegung« schoß schneller als die Colts, dafür mußte der Schütze einen vielfach stärkeren Abzugswiderstand in Kauf nehmen, was zum »Verreißen« der Waffe und damit zu schlechterer Trefferleistung führen konnte.

Eine Kombination zwischen einfacher und fortgesetzter Bewegung stellte schließlich das Prinzip der »doppelten Spannbewegung« dar, für die bereits 1837 ein Patent erteilt worden war. Bei der doppelten Spannbewegung kann der Schütze wahlweise den Hahn mit dem Daumen spannen (wie bei den Colts) und mit geringem Abzugswiderstand schießen, oder (wie bei Adams), schnell schießen, indem er immer wieder den Abzug durchzieht.

Die anglo-amerikanischen Bezeichnungen, die auch hierzulande oft gebraucht werden, lauten »single action« für die einfache und »double action« für die fortgesetzte und doppelte Bewegung.

Ob single- oder double-action ist eine Geschmacksfrage über die sich die Revolver-Fans heute noch streiten. Daß Samuel Colts Geschäfte in den 50er Jahren des vorigen Jahrhunderts plötzlich zurückgingen, hatte damit nur am Rande zu tun. Es lag vielmehr an den neuen Revolvern der Konkurrenz, die bereits für Metallpatronen eingerichtet waren. Technisch gesehen gerieten Colts Vorderlader ins Hintertreffen, als 1857 der erste »Smith & Wesson« im Kaliber .22 auf den Markt kam. Zwei Jahre später folgte ein verbessertes »S&W«-Modell mit Kipplauf im Kaliber 8 mm Randfeuer und wahrscheinlich hat nur der amerikanische Bürgerkrieg mit seinem großen Waffenbedarf eine zweite Colt-Pleite verhindert.

Obwohl der Krieg für den Nordstaatler Colt finanziell und militärisch erfolgreich zu Ende ging, mußte er — kurz vor seinem Tod — immerhin feststellen, daß der europäische Faustfeuerwaffen-Markt für ihn verloren war, denn dort sahnten von nun an andere ab.

Die erfolgreichsten Revolver in ganz Europa waren damals die »Lefaucheux«-Modelle, wenigstens wenn man die Produktionszahlen als Maßstab nimmt. Ein halbes Jahrhundert lang wurden sie in vielen Kalibern zwischen 5 und 15 Millimetern und von zahllosen Herstellern — mit und ohne Lizenz — gebaut. Die Grundzüge der Konstruktion, die auf Eugène Lefaucheux, ein Sohn des Erfinders der Stiftfeuerpatrone zurückgeht, sind folgende:

Der geteilte, offene Rahmen des Revolvers ähnelt den Colt-Vorderladern. Die Verbindung wird jedoch mit Schrauben, also ohne Keil, hergestellt. Lefaucheux-Revolver arbeiten mit doppelter Spannbewegung, die kleinen Taschenmodelle haben meist einen Klapp-Abzug ohne Abzugbügel. Als Munition kommen ausschließlich randlose Lefaucheux-Stiftzünder-Patronen infrage. Die Metallpatronen (sie wurden bereits beschrieben) können durch eine Ladeklappe geladen und die leeren Hülsen mit einem rechts, schräg unter dem Lauf montierten Ausstoßer entfernt werden.

Schwere Ausführungen des Lefaucheux-Revolvers wurden bei vielen Armeen eingeführt, in Frankreich zum Beispiel anno 1863.

Im Zeichen der neuen Metallpatronen dachte man überall darüber nach, wie man die veralteten Vorderlader-Revolver für die neue Munition ändern könnte. Es entstanden zahllose gute und weniger gute »Conversion«-Systeme. Die Firma Colt fand ihren Ausweg aus der Vorderlader-Sackgasse erst relativ spät im Jahre 1868, mit Hilfe eines Ausländers, des Preußen Alexander Thuer. Thuer schlug vor, den hinteren Teil der Trommel mit den Pistonbohrungen abzusägen und durch einen aufgelöteten Ring zu ersetzen, der sechs Bohrungen für die Aufnahme der entsprechenden Metallpatronen hatte.

Die erste Neukonstruktion nach Colts Tod kam schließlich 1873 auf den Markt und wurde sofort ein Riesenerfolg. Das »P«-Modell, auch »Frontier« genannt, hatte einen geschlossenen Rahmen und war für eine Metallpatrone im Kaliber .45 eingerichtet.

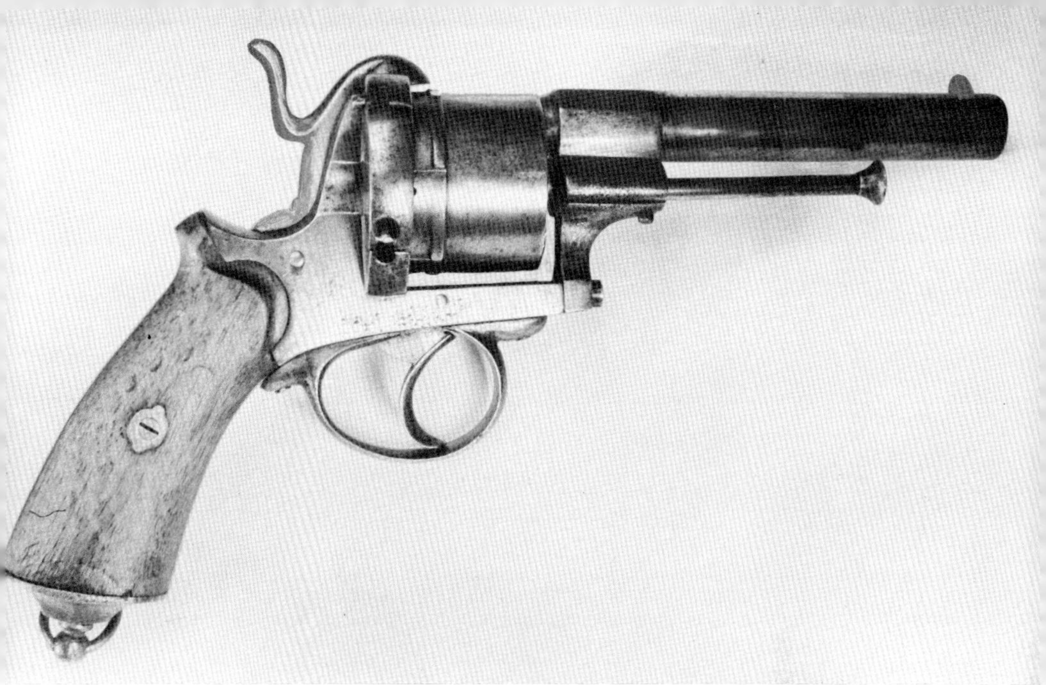

Lefaucheux-Revolver, Kaliber 11 mm für Stiftzündungspatronen, belgische Fertigung, vermutlich eine Armeewaffe. Typisch für das System Lefaucheux sind der offene Rahmen und die Ladeklappe (vergrößert rechts) mit Ausstoß-Stift unter dem Lauf. Weniger typisch ist der Abzug mit Bügel. Lefaucheux-Revolver haben meist Klapp-Abzüge ohne Bügel.

Unbegreiflich, daß diese Taschenkanone ausgerechnet unter dem Namen »Peacemaker« (Friedensstifter) Berühmtheit erlangte, denn fortan war der .45er-Colt an den meisten blutigen Auseinandersetzungen beteiligt, die es in den Saloons entlang der Eisenbahnlinien und zwischen Siedlern und Indianern gab.

Das erste aktenkundige Duell zwischen Banditen und Gesetzeshütern, das beiderseits mit Colts neuen .45ern ausgetragen wurde, ereignete sich am 16. März 1874 auf offener Straße bei Osceola im Bundesstaat Missouri. Die berüchtigten Banditen-Brüder James und John Younger erschossen Sheriff Ed Daniels und den Pinkerton-Detektiv Captain Lull. John Younger wurde dabei selbst tödlich getroffen, sein Bruder James konnte schwer verwundet entkommen.

Mit dem »Peacemaker« gewann die Firma Colt den verlorenen Markt zurück und begründete zum zweitenmal ihren Weltruf. Der Revolver samt der .45er-Patrone mit 16 Gramm schwerem Geschoß wird heute noch hergestellt und spielt in fast allen Wildwestfilmen die Hauptrolle.

Beim »Peacemaker« wird die Trommel durch eine »Ladeklappe« mit Patronen beschickt. Ein Teil des Stoßbodens kann seitlich aufgeklappt werden, damit sind die Trommel-Bohrungen von hinten zugänglich. Abgeschossene Hülsen werden mit dem Stift ausgestoßen, der unter dem Lauf federnd gelagert ist und sich von vorn in die Trommelbohrungen schieben läßt, wenn die Trommel gleichzeitig mit der Hand gedreht wird. Die leeren Hülsen fallen dann durch die geöffnete Ladeklappe nach hinten aus der Waffe.

Ein komfortableres Lade- und Entladesystem hatten die »Smith & Wesson«-Revolver mit Kipplauf. Der vordere Rahmenteil samt Trommel ließ sich um ein Gelenk vorwärts-abwärts schwenken. Dabei wurden alle Hülsen automatisch und auf einmal aus den Lagern gezogen und ausgeworfen. Kipplauf-Revolver wurden auch von anderen Herstellern gebaut. Heute sind u. a. noch Modelle von »Webley & Scott« (England) sowie von »Harrington & Richardson« (USA) auf dem Markt.

Ein gewisser Nachteil beim Kipplauf-System ist das geteilte Rahmenstück, das — wenigstens theoretisch — die Schußfestigkeit der Waffe, bei Verwendung starker Patronen mindert. Daher gingen die meisten großen Hersteller bereits in den 80er-Jahren des vorigen Jahrhunderts zu einem neuen System über, das bis heute unübertroffen ist: die Ausschwenktrommel. Dabei kann die Trommel zum Laden und Entladen an einem Auslegerarm, dem »Kran«,

nach links oder rechts seitlich aus dem geschlossenen Rahmen gekippt werden. Eine Vorrichtung, ähnlich der beim Kipplauf-System, wirft anschließend die leeren Hülsen aus.
Wenn man von den späteren Verbesserungen der Munition absieht (die Einführung des rauchlosen Pulvers stand ja noch bevor), hat es seit 1873 auf dem Revolver-Sektor kaum mehr etwas neues gegeben. Die Konstrukteure entwickelten zwar eine ganze Reihe origineller Detail-Lösungen für das Nachlade- und Auszieherproblem, doch sie konnten sich gegen die bewährten Grundkonzeptionen nicht durchsetzen.
In Deutschland, Österreich und der Schweiz beschränkte man sich darauf, die amerikanischen Systeme nachzubauen und brachte dabei nicht immer das Beste zustande, wie das Beispiel des deutschen «Reichs»-Revolvers (Modell 1879 lang, und 1883 kurz) beweist. Bei diesem Revolver im Kaliber 10,55 mm konnte man nämlich die abgeschossenen Hülsen nur entfernen, wenn man einen Bleistift oder einen langen Schraubenzieher in der Tasche hatte. Die Waffe besaß keine Vorrichtung zum Ausstoßen. Es war vorgesehen, daß die Trommel-Steckachse nach vorn aus der Waffe gezogen und die Trommel aus dem Rahmen genommen wurde. Dann konnte man mit der Trommelachse die Hülsen durchstoßen. Ein unmögliches Verfahren, noch dazu bei einem Militärrevolver.
Es ist unbegreiflich, warum die damalige Militärkommission ein Monster wie den Reichsrevolver konzipierte, obwohl ihr eine vorzügliche andere Konstruktion vorgelegen hatte: Paul Mausers »Zick-Zack-Revolver« Modell 1878.
Wer jemals einen dieser seltenen Revolver gesehen hat, wird sofort begriffen haben, wie er zu seinem Namen gekommen ist: durch die eigenartigen Zick-Zack-Rillen auf dem Umfang der Trommel. In diesen Führungen läuft ein Mitnehmerstift im unteren Teil des Rahmens, der die Trommel nach Bedarf transportiert und arretiert. Weil der Revolver eine doppelte Spannbewegung hat, kann der Mitnehmer wahlweise über den Hahn oder über den Abzug gesteuert werden. Mausers neuartige Lösung war zwar zuverlässig

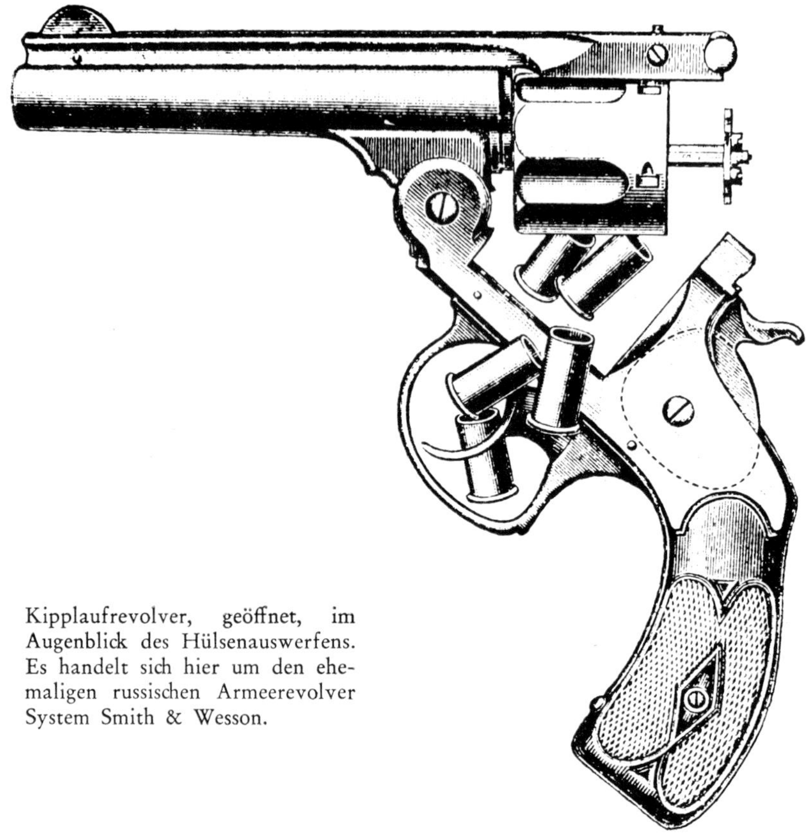

Kipplaufrevolver, geöffnet, im Augenblick des Hülsenauswerfens. Es handelt sich hier um den ehemaligen russischen Armeerevolver System Smith & Wesson.

Mauser „Zick-Zack-Revolver“, Modell 1878. Eine ungewöhnliche Konstruktion, bei der der Trommeltransport durch die Rillen auf dem Trommelumfang gesteuert wird. Kipplauf, Kaliber 7,6 mm, 9 mm und 10,55 mm. Der Revolver wurde nur in geringen Stückzahlen gebaut.

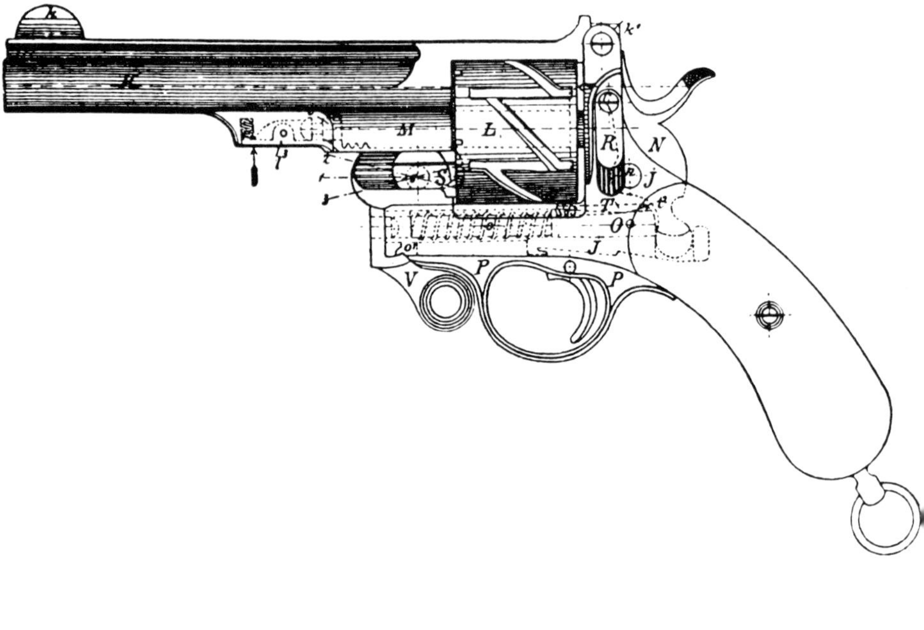

und haltbar, technisch allerdings ziemlich aufwendig im Vergleich zu anderen Revolverkonstruktionen. Die Waffe wurde nur in geringeren Stückzahlen und mit verschiedenen Änderungen in den Kalibern 7,6, 9 und 10,55 mm hergestellt. Typisch ist der geteilte Rahmen, der sich zum Laden und Entladen um ein Scharnier nahe dem Hahn-Anschlag aufklappen läßt. Ein Hebel mit ringförmigem Griff vor dem Abzugbügel ver- und entriegelt den Rahmen und betätigt zugleich den Hülsen-Auswerfer.

Die Revolver-»Krankheit«

Samuel Colt hatte dem seit Jahrhunderten bekannten Trommel-Magazin zwar zum großen Markterfolg verholfen, doch er wußte natürlich, daß alle Trommelwaffen einen Fehler hatten: den Luftspalt, der Trommel und Lauf trennt. Durch diesen Spalt, der bei guten Waffen zwischen 0,1 und 0,2 Millimeter beträgt (nachzumessen mit jeder billigen Ventil-Einstell-Lehre aus dem Autozubehör) entweichen beim Schuß Pulvergase, die damit für den Antrieb des Geschosses verloren gehen. Mit diesem erheblichen Mangel hatten sich Colt und die meisten seiner Konkurrenten abgefunden, sie versuchten lediglich, den Gasverlust durch besonders starke Ladungen auszugleichen. Dabei war das Problem des »gasdichten Revolvers« technisch längst gelöst.
Bereits lange vor Colt, im Jahre 1810, hatte der Londoner Büchsenmacher Collier ein Patent auf ein gasdichtes Revolvergewehr erhalten, bei dem die Trommel noch mit der Hand weitergedreht werden mußte. Das Besondere: die Trommelbohrungen waren vorn konisch erweitert und nahmen das entsprechend geformte Laufende auf, so daß eine feste Verbindung entstand. Vor dem Weiterdrehen mußte die Trommel erst einige Millimeter gegen den Widerstand einer Feder zurückgezogen werden, bis sie sich vom Laufende trennte. Dieses Prinzip der ineinandergreifenden Konusse wurde bei den späteren gasdichten Revolverkonstruktionen wieder

angewandt. Zwei Möglichkeiten boten sich an: entweder der Lauf ließ sich nach vorn rücken oder die Trommel rückte zurück. Zur ersten Gruppe gehörte Ghaye's Vorderlader-Revolver von 1855, bei dem die Transport- und Spannbewegungen von einem Repetier-Unterhebel, ähnlich wie bei den Winchester-Gewehren bewirkt wurde. Zur zweiten Gruppe mit verschiebbarer Trommel gehört das belgische System »Nagant«. Es ist das einzige gasdichte Revolversystem, das weitere Verbreitung fand. Von Sammlern geschätzt ist vor allem der ehemalige russische Nagant-Armee-Revolver im »Drei-Linien«-Kaliber 7,62.

Der Revolver wurde mit doppelter Bewegung (double action) für Offiziere bei Nagant-Lüttich hergestellt und mit einfacher Bewegung, in »single action«-Version für Mannschaften in Tula (UdSSR).

Beim Nagant-Revolver wird die Verbindung zwischen Trommel und Lauf auf zweifache Weise hergestellt. Erstens durch die bewegliche Walze, die sich wie oben beschrieben auf das konisch gestaltete Laufende aufschiebt und zweitens durch eine originelle Patrone.

In der leicht konischen Hülse ist das Geschoß so tief eingesetzt, daß es von außen nicht sichtbar ist. Der Hülsenmund ist »gekröpft«, das heißt, etwas nach innen eingebogen. Die Patrone ist so lang, daß sie bis in den Laufansatz reicht. Beim Schuß drückt das Geschoß den verengten Hülsenmund auf Kaliberweite auseinander, das elastische Material legt sich eng an die Wandungen der Trommel- und Laufbohrungen an und stellt so die absolut gasdichte Verbindung zwischen beiden Teilen sicher. Die Trommel wird, ehe sie sich weiterdrehen kann, etwas zurückgezogen, damit löst sich auch die »überstehende« abgeschossene Patronenhülse aus dem Lauf.

Bei den gasdichten Revolvern ist zugleich ein anderes Problem gelöst, das bei manchen »Luftspalt-Revolvern« auftritt, die nicht erstklassig gefertigt oder bereits alt und abgenützt sind: die exakte Übereinstimmung der Achsen von Lauf- und Trommelbohrung, das

Gasdichter Revolver, System Nagant. Links (vergrößert) die Patrone Kaliber 7,62 Millimeter. Das Geschoß steckt so tief in der Hülse, daß es nicht sichtbar ist.

sogenannte »timing«. Wenn sich die Trommelbohrung im Augenblick des Schusses nicht haargenau vor dem Lauf befindet, wird das Geschoß beim Übertritt in den Lauf deformiert. Störende Bleiablagerungen am hinteren Laufende und schlechte Schußleistung sind noch die harmlosesten Folgen. Im extremen Fall kann die Waffe beschädigt werden.

Repetier- und Selbstladepistolen

Die Entwicklung der mehrschüssigen Faustfeuerwaffen ist im Zusammenhang mit der Entwicklung der entsprechenden Gewehre zu sehen. Als die ersten Repetiergewehre aufkamen, gab es bald auch Repetierpistolen, etwa die »Volkanic« von 1854, für die Daniel Wesson ein Patent bekam und die technisch gesehen nichts weiter war als ein verkleinertes Unterhebel-Repetiergewehr mit Vorderschaft-Röhrenmagazin. Zu einer originellen Gruppe der Repetierpistolen zählt etwa der französische »Gaulois«, eine einhändig zu bedienende Taschenwaffe von ungewöhnlicher Form, bei der der Lade- und Abfeuerungsmechanismus allein durch Zusammendrücken des kastenförmigen Griffrahmens bewirkt wurde.

Welcher Konstrukteur schließlich als erster auf die Idee kam, eine automatische Pistole zu bauen, ist heute umstritten. Fest steht nur, daß die ersten Selbstladepistolen ein paar Jahre vor den entsprechenden Gewehren auf den Markt kamen. Und bemerkenswert ist noch ein weiterer Unterschied: Während bei den Gewehren die Systeme der Gasdruck- und Rückstoßladung von Anfang an in Konkurrenz miteinander standen, hat die Gasdruckladung bei den automatischen Pistolen nie eine Rolle gespielt. Sie waren und sind bis heute ausnahmslos Rückstoßlader, soweit sie überhaupt verriegelte Verschlüsse haben. Die heute verbreitete Form der Selbstladepistolen jedoch hat den einfachen, unverriegelten »Massen«- oder »Federverschluß«. Das Prinzip ist im Kapitel »Maschinenpistolen« beschrieben.

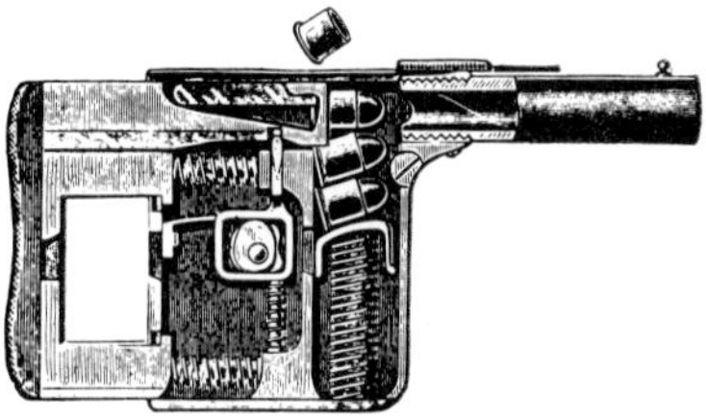

Die Repetiertaschenpistolen der Typen „Gaulois“ und „Protector“. Sie werden durch Druck auf den Rahmen geladen und abgefeuert.

Die erste Pistole dieser Art und zugleich die älteste Selbstladepistole, die in nennenswerten Stückzahlen gefertigt wurde, ist die deutsche »Bergmann-Pistole« die bereits 1893 entstanden war, jedoch erst 1896 auf den Markt kam. Sie hatte einen außen liegenden Hahn wie ein Revolver und wurde in den Kalibern 5 mm, 6,5 mm und 8 mm gebaut. Der nach unten offene Magazinschacht liegt wie bei einem Repetiergewehr vor dem Abzugbügel.
Äußerlich ähnlich, jedoch wesentlich aufwendiger in der Technik, ist die »Mauserpistole Modell 1896«, die im gleichen Jahr wie die »Bergmann« auf den Markt kam, im Gegensatz zu ihr jedoch sehr erfolgreich und auf der ganzen Welt berühmt wurde.
Diese Waffe, von Mauser-Direktor Feederle konstruiert, ist ein Rückstoßlader mit verriegeltem Verschluß. Beim Schuß bewegen sich Lauf- und Verschlußstück durch die Rückstoß-Kraft zunächst gemeinsam in einer Schienenbahn sechs Millimeter zurück. Erst wenn das Geschoß den Lauf verlassen hat, endet der gemeinsame Weg. Lauf und Verschluß trennen sich: der Lauf kehrt wieder in seine vordere Ausgangsposition zurück, während das Verschlußstück allein weiter zurückläuft, dabei die abgeschossene Hülse aus dem Patronenlager mitnimmt und auswirft. Wenn das zurücklaufende Verschlußstück seine Bewegungsenergie aufgezehrt hat, wird es von der Schließfeder wieder nach vorn, gegen das Laufende gedrückt. Dabei nimmt die Stirnfläche des Verschlußstücks die oberste Patrone aus dem Magazin mit, schiebt sie ins Patronenlager und verriegelt sich dann wieder mit dem Laufstück. Bei seinem Rücklauf ist das Verschlußstück hinten aus dem Rahmen der Pistole ausgetreten und hat dabei den außenliegenden Hahn niedergedrückt und gespannt. Wird nun der Abzug betätigt, so wiederholt sich der Vorgang.
Die Mauserpistole war ursprünglich für die speziell dafür entwickelte Patrone, Kaliber 7,63 mm eingerichtet. Diese Patrone hat eine für Pistolenmunition ungewöhnliche flaschenförmige Hülse,

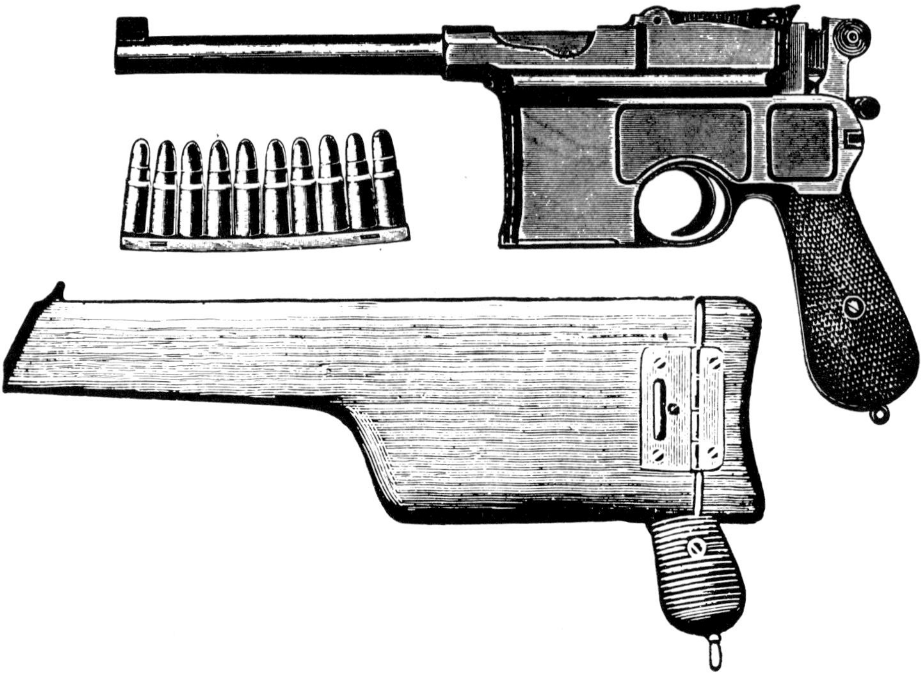

Mauser-„Kriegs"-Pistole Modell 1896, Kaliber 7,36 Millimeter, mit Patronenrahmen und hölzernem Anschlagschaft, der zugleich als Packkasten dient.

die Raum für eine sehr starke Ladung bietet. Tatsächlich zählt die heute kaum noch verwendete und recht teure Mauser 7,63-mm-Patrone zu den wirkungsvollsten Pistolenpatronen überhaupt. Der Vergleich mit den drei meist verwendeten Munitionssorten 7,65 mm Browning, 9 mm Parabellum und .45 Automatic Colt, zeigt das.

Patrone	Anfangsgeschw. (V_0) in m/sec.	Geschoßenergie in m/kg
7,65 mm Browning	297	21,6
9 mm Parabellum	327	43,6
.45 Autom. Colt	259	51,6
7,63 mm Mauser	437	53,5

Mit ihrer starken Patrone, deren Mantelgeschoß auf 50 Meter Schußentfernung 20,4 Zentimeter tief in Tannenholz eindrang, wurde die Mauser-»Kriegs«-Pistole zu einer Waffe, die man noch auf Gewehrschuß-Entfernung mit Erfolg einsetzen konnte. Das Schiebevisier hatte denn auch Einteilungen bis 1000 Meter. Den sicheren Schuß mit dieser schweren Waffe gewährleistete ein hölzerner Ansteck-Schaft, der innen ausgehöhlt war und zugleich als Behälter für die Pistole diente.

Das Magazin der ersten Bauserie war — typisch Mauser — dem Gewehrmodell 93 nachgebildet. Es mußte von oben mit einem Ladestreifen gefüllt werden, hatte unten einen zur Reinigung abnehmbaren Deckel und im Inneren eine »W«-förmige Blattfeder, die den Zubringerblock nach oben drückte. Obwohl das deutsche Kriegsministerium um die Jahrhundertwende nach einem Selbstlade-Pistolen-Typ suchte, der die damals beim Heer eingeführten Reichsrevolver ablösen sollte, konnte man sich in Berlin nicht für die vorzügliche Waffe aus dem Hause Mauser entschließen. Es gab zwar Truppenversuche und man rüstete probeweise die Offiziere des deutschen Expeditionskorps damit aus, das im Jahre 1900 nach China entsandt wurde, um den Boxeraufstand niederzuschlagen, doch als reguläre Armeewaffe wurde die »Kriegspistole« in Deutschland nicht eingeführt.

Immerhin schlug die Pistole aus Oberndorf am Neckar im Fernen Osten derart ein, daß sie — angeblich — noch heute im Reich Mao Tse Tungs nachgebaut werden soll. Auch in Spanien wurden

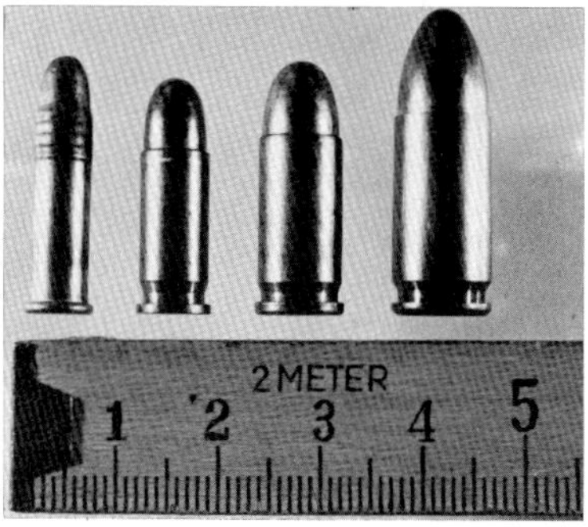

Größenvergleich der in Europa meist verwendeten Pistolenpatronen. Von links: Patrone .22 l. r. (5,6 mm), Patrone 6,35 mm, Patrone 7,65 mm und Patrone 9 mm Parabellum.

die deutschen Taschen-Kanonen jahrzehntelang von verschiedenen Herstellern kopiert. Die bekanntesten und qualitativ besten Nachahmungen lieferte die Firma Astra. Die Astra »Modell 903«, die ein von unten einschiebbares 20-Schuß-Magazin hatte und sogar für Dauerfeuer eingerichtet war, machte nach dem Ersten Weltkrieg den Original-Mauser-Pistolen derart Konkurrenz, daß man sich in Oberndorf gezwungen sah, den Nachbau nachzubauen. Er kam als »Reihenfeuer«-Modell 1932 auf den Markt.

Während des Ersten Weltkriegs, als man dringend jede Menge Pistolen benötigte, gelangten auch Mauser-Typen an die Front, und zwar in zwei Ausführungen. Erstens das Orignal-Modell, eingerichtet für die Patrone 7,63 mm,und zweitens eine Sonderform, die die 9-Millimeter-Parabellum-Patrone verschoß. Dieses Sondermodell wird heute von Sammlern besonders hochgeschätzt und -bezahlt. Nicht zuletzt deshalb, weil man sich bei der weitaus billigeren Parabellum-Munition nicht jeden Schuß zweimal überlegen muß. Das Parabellum-Mauser-Modell ist äußerlich sofort zu erkennen: in beide Holz-Griffschalen ist eine große rote »9« eingeschnitten.

Die wahrscheinlich berühmteste der vielen hunderttausend Mauser-Pistolen, die jemals hergestellt wurden, trägt die Seriennummer 13 769 und den Namenszug »W.L.S. Churchill«. Der spätere englische Staatsmann hatte sich die Waffe im Jahre 1898 in London gekauft und zog mit ihr am 2. September desselben Jahres in die Schlacht von Omdurman im Sudan, wo die aufständischen »Mahdisten« von den englischen Kolonialtruppen unter dem berüchtigen Lord Kitchener geschlagen wurden.

Winston Leonard Spencer Churchill war damals 24 Jahre alt und Kavallerie-Leutnant bei den 21. Lancers. Wegen einer noch nicht ganz ausgeheilten Schulterverletzung kämpfte er zum erstenmal nicht mit dem Säbel, sondern mit der leichter zu führenden Mauser-Pistole. Churchill berichtet darüber in seinem Memoiren-Band »My Early Life«:

»Hart vor mir warf sich einer zu Boden . . . Ich sah das Aufblitzen seines krummen Säbels, mit der er zu einem Hieb nach den Fesseln meines Pferdes ausholte. Ich hatte gerade noch Zeit, mein Pony aus seiner Reichweite wegzudrücken. Mich dann weit aus dem Sattel lehnend, feuerte ich auf knapp drei Meter zwei Schüsse in ihn hinein. Als ich mich wieder aufrichtete, sah ich unmittelbar vor mir einen anderen Mann mit geschwungenem Säbel. Ich hob die Pistole und schoß. Wir waren so dicht aneinander geraten, daß ich ihn direkt mit meiner Pistolenmündung berührte. Mann und Säbel verschwanden unter mir . . .« Churchill schließt: »Wenn ich bei der Attacke von Omdurman den Säbel zu gebrauchen fähig gewesen wäre, anstatt mich notgedrungen einer modernen Waffe wie der Mauserpistole zu bedienen, wäre diese Erzählung vielleicht gar nicht geschrieben worden.«

Übrigens: Winston Churchills Mauser-Pistole wurde am 22. März 1971 bei »Sotheby's« in London versteigert. Ein Liebhaber bezahlte 9840 Dollar, das waren damals rund 35 000 DM.

Borchardt und Luger

Nach so viel Lob für die Mauser-»Kriegs«-Pistole ist es schwer zu begründen, warum sie sich in ihrem Ursprungsland nicht so durchsetzen konnte, wie eigentlich zu erwarten gewesen wäre. Vielleicht lag es daran, daß sie in der Herstellung zu aufwendig war.

Immerhin braucht nachträglich wenigstens niemand zu bereuen, daß diese vorzügliche Waffe nicht regulär beim deutschen Militär angenommen worden ist. Denn glücklicherweise erwies sich das Pistolenmodell, das im Reich schließlich unter der Bezeichnung »08« eingeführt wurde, als mindestens ebenbürtig. Diese Waffe, auch bekannt unter den Bezeichnungen »Parabellum« und »Luger«, ist eine Weiterentwicklung der sogenannten »Borchardt-Pistole«, die der Oberingenieur Hugo Borchardt von den »Deutschen Waffen- und Munitionsfabriken« (DMW) in Berlin konstruiert und 1894 auf den Markt gebracht hatte. Diese Pistole im Kaliber 7,63 hatte nur einen Nachteil: sie war zu schwer und zu groß für den praktischen Gebrauch, insgesamt wurden etwa 3000 Stück hergestellt. Dem Konstrukteur Georg Luger gelang es, Borchardts technisches Konzept in einer Waffe mit geringeren Abmessungen zu verwirklichen. Er schuf damit die berühmteste aller Armeepistolen, bis auf den heutigen Tag.

Außer in Deutschland war die Luger-Pistole in der Schweiz als Ordonanzpistole eingeführt und wurde dort auch in Lizenz hergestellt für die Patrone 7,65 mm Parabellum. Diese Patrone ist nicht identisch mit der heute weit verbreiteten 7,65-mm-Browning-Patrone. Sie hat vielmehr eine flaschenförmige Hülse und ähnelt mehr der Mauser 7,63. Die Normalausführung der Parabellum-Pistole ist jedoch für die gleichnamige 9-mm-Patrone eingerichtet. Der seltsame Name »Parabellum«, der den Mauserwerken und den Deutsche Waffen- und Munitionsfabriken (DWM) als Warenzeichen geschützt ist, wurde aus dem lateinischen Spruch »Si vis pacem, para bellum« abgeleitet. Er wird dem Römer Vegetius zugeschrieben und bedeutet auf gut deutsch: »Willst du den Frieden, sei bereit für den Krieg.« Daß damals ein deutscher Waffenhersteller diese äußerst bedenkliche Weisheit über sein Programm geschrieben hat, sollte uns heute nicht wundern, denn der Grundsatz der militärischen Abschreckung durch Wettrüsten in Ost und West basiert immer noch auf dem Vegetius-Spruch.

Die »Luger-Parabellum« ist ein Rückstoßlader mit verriegeltem Kniegelenk-Verschluß und herausnehmbarem Magazin im Griffstück.

Der Kniegelenk-Verschluß, den von der Borchardt abgesehen, keine andere Pistole hat, besteht aus einem vierkantigen Verschlußknopf und zwei hintereinanderliegenden Gelenkstücken. Die drei Teile sind in dem gabelförmigen Schlitten angeordnet, in welchen vorn der Lauf eingeschraubt ist. Beim Schuß gleiten infolge der Rückstoßwirkung zunächst Schlitten und Verschluß gemeinsam einige Millimeter zurück, dabei werden zwei Gelenkköpfe von Steuerkurven am Griffstück nach oben gedrückt und das Verschlußgelenk

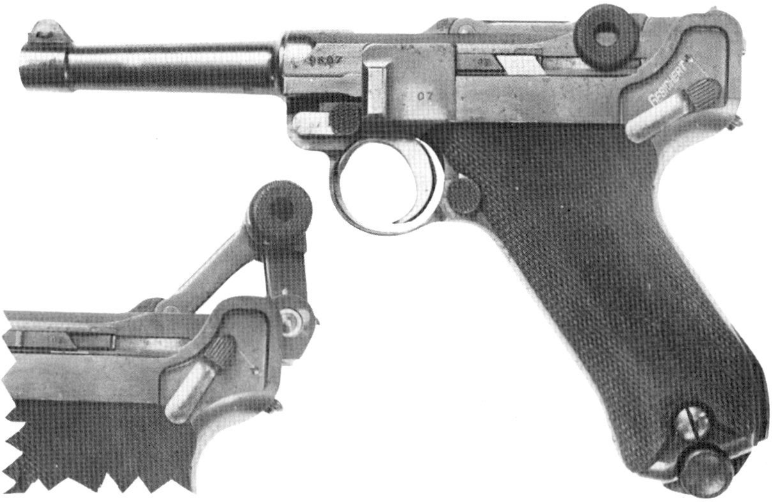

Parabellum-Pistole 08 (Luger) mit Kniegelenkverschluß. Die zweite Abbildung zeigt das Gelenk in abgeknickter Stellung während des Ladevorgangs.

»überknickt«. Nun ist die starre Verriegelung aufgehoben und der Verschlußknopf kann in den Nuten des Gabelstücks zurücklaufen. Dabei wird das Gelenk stark geknickt und die Schießfeder gespannt, die schließlich den Verschluß wieder nach vorn holt und dabei eine neue Patrone ins Lager befördert. Zugleich wird die Schlagbolzenfeder im Verschlußstück gespannt.

Die Luger-Pistole wurde und wird besonders geschätzt wegen ihres weichen Abzugs, der vorzüglichen Handlage durch den günstig geformten schrägen Griff und der guten Gewichtsverteilung. Sie ist nicht »kopflastig«.

Das blecherne Magazin wird von unten in das hohle Griffstück eingeführt und faßt acht Patronen Kaliber 9 mm. Die Besonderheit der Luger ist jene Einrichtung, die anzeigt, wenn eine Patrone im Lauf ist. Der federnde Auszieher tritt dann etwas aus der Nut im Verschlußkopf heraus und das Wort »geladen« wird sichtbar.

In den vier Jahrzehnten, während der die Parabellum-Pistolen in großen Serien von insgesamt mehr als zwei Millionen Exemplaren gefertigt wurden, entstanden verschiedene Versionen. Die 1908 beim deutschen Heer eingeführte Waffe bekam die Bezeichnung »08«. Sie hat einen 102 mm langen Lauf und erhielt später eine geringfügig veränderte Abzugseinrichtung.
Die seltenere und daher noch mehr geschätzte »lange 08« wurde im Ersten Weltkrieg von den Artillerieeinheiten statt eines Karabiners geführt. Sie heißt daher auch »Ari-08«. Das Ari-Modell hat einen 200 mm langen Lauf, auf dem ein Kurven-Schiebevisier mit Einstellmarken bis 800 Meter angebracht ist. Um auf so große Entfernungen schießen zu können, brauchte man natürlich einen Ansteckschaft, ähnlich dem der bereits beschriebenen Mauser-Pistole. Auch bei der »08« verwendete man dazu das Futteral, das allerdings nicht aus Holz, sondern aus Leder war, und daher mit einem angeschnallten Brettchen versteift werden mußte. Das Brettchen hatte vorn einen Metallbeschlag, der sich in einer gefrästen Nut am unteren hinteren Griffende verriegeln ließ.
Zur Ari-08 gehört ein besonderes Trommelmagazin, das 32 Patronen faßt. Es wurde später auch für die bereits beschriebene erste Maschinenpistole, die MP 18/I, verwendet.
Als Sondermodelle sind zu erwähnen: die deutsche »Marine«-Pistole, Kaliber 9 mm mit 15 cm langem Lauf und Anschlagschaft und die Parabellum-Pistole Kaliber 7,65 Luger mit 12 cm langem Lauf. Ein Teil der vor dem Ersten Weltkrieg hergestellten Parabellum-Pistolen hatte eine zusätzliche »Griffsicherung«. Ein federndes Druckstück ist hinten oben in den Griff eingesetzt, das den Abzug blockiert, wenn der Schütze die Waffe nicht fest in der Faust hält. Eine Luger mit Griffsicherung wird jetzt nach langer Pause wieder von Mauser, Oberndorf, hergestellt.

Walther-Pistole P 38, Kaliber 9 Millimeter Parabellum.

Die P 38

1938 wurde die 08 bei der deutschen Wehrmacht durch die »Heerespistole 38«, kurz »HP 38«, abgelöst. Diese Pistole, die ebenfalls die 9-mm-Parabellum-Patrone verschießt, hat gegenüber ihrer Vorgängerin den Vorteil eines außenliegenden Hahns, der wie bei einem »double-action-Revolver« durch Zurückziehen des Abzugs gespannt wird und niederfällt. Der entscheidende Vorzug liegt jedoch in den gegenüber der teuren »08« um etwa zehn Prozent geringeren Herstellungskosten. Die »08« kostete 35 RM, die »HP 38« nur 32 RM.

In diesem Fall bedeutet »billiger« jedoch keinesfalls »geringwertiger«. Der Beweis: Die »P 38«, wie sie heute heißt, wurde nach dem Krieg wieder bei der Bundeswehr eingeführt, und sie ist heute als Polizei- und Zivilmodell auf der ganzen Welt verbreitet. Die »P 38« ist eine Konstruktion der Firma »Carl Walther«, ehemals Zella-Mehlis/Thüringen, heute ansässig in Ulm/Donau. Typisch Walther ist die Sicherungseinrichtung, die den Schlagbolzen blockiert und daher »idiotensicher« wirkt. Beim Sichern wird zugleich der Hahn abgelassen und entspannt. Man kann die »P 38« ohne schlechtes Gewissen geladen und entsichert mit entspanntem Hahn bei sich tragen. Im Fall des Falles läßt sie sich wie ein »double-action-Revolver« sofort abfeuern, ohne daß zuvor der Verschluß-Schlitten zurückgezogen werden müßte. Die Konzeption des außenliegenden Hahns, die die Vorteile des Revolvers mit denen der automatischen Pistole verbindet, ist heute bei den meisten Militärpistolen und auch bei vielen Zivilmodellen zu finden.

Ein früher Typ dieser Art, der heute noch gebaut wird und es an Berühmtheit mit der »08« und der »P 38« aufnehmen kann, ist die Colt-Pistole Modell 1911, im Kaliber .45 (11,5 mm), auch bekannt als »Government Model« oder kurz ».45 ACP« (Automatic Colt Pistol). Sie wurde 1911 beim US-Militär eingeführt und wird dort heute noch getragen. Die .45 ACP gehört zu jener Sorte Waffen, die man in Unterweltskreisen »Taschenflak« nennt, eine Taschenkanone also. Das große Kaliber und das 14,9 Gramm schwere Mantelgeschoß (9 mm Para: 8 Gramm) sichern trotz der relativ geringen Geschoßgeschwindigkeit von 259 m/sec. (9 mm Para: 350 m/sec.) eine gewaltige Wirkung. Der schweren Patrone entsprechend ist auch das Gewicht der Waffe recht hoch. Die .45 ACP wiegt in Normalausführung 1105 Gramm (P 38: 865 Gramm).

Die »ACP« hat eine Griffstücksicherung, ihr Magazin faßt sieben Patronen, der außenliegende Hahn läßt sich (wie bei den klassischen Colt-Revolvern üblich) nicht mit dem Abzug spannen, sondern nur mit dem Daumen der rechten Hand oder automatisch durch das zurückgleitende Verschlußstück.

Interessant ist die spezielle Verriegelung der .45 ACP: Der Lauf hat auf seiner Oberseite zwei Verriegelungswarzen, die kurz vor

Colt-Government-Pistole (.45 ACP), seit über einem halben Jahrhundert die Dienstwaffe der US-Army. (Sonderausführung mit Elfenbeingriff.)

dem Patronenlager liegen. Die Warzen greifen in entsprechende Nuten des Schlitten-Verschlußstücks ein. Beim Schuß macht der Lauf daher zunächst die Rückwärtsbewegung des Schlittens mit, doch dann kippt er an seinem hinteren Ende, von einem Umlenkhebel gesteuert nach unten, die Verriegelungswarzen treten aus ihren Lagern und der Verschlußschlitten läuft allein weiter und bewirkt den Lade- und Spannungsvorgang in der bekannten Weise.

Für Scheibenschützen und zivile Zwecke wird die »ACP« auch im Kaliber .38 (9 mm) gebaut.

Wie bei allen erfolgreichen Waffen (siehe das Kapitel über die Mauser-Pistole) hängten sich auch bei der »ACP« bald Nachahmer an den Erfolg des Originals an. Die spanischen Firmen »Star« und »Llama« bedienen vor allem den europäischen Markt mit preiswerten »Colts«, die unter anderem auch für die Patronen 7,65 mm und 9 mm eingerichtet sind.

Roth-Sauer-Pistole, Kaliber 7,65 Millimeter, mit Magazin. Die eigenwillige Konstruktion der Waffe macht eine Sicherung überflüssig.

Zahllose Konstrukteure haben in den letzten 70 Jahren darüber nachgedacht, auf welche Weise die Selbstladepistolen noch perfekter zu machen seien. Es entstanden neben den wenigen »großen Würfen« eine Unmenge origineller und manchmal grotesker Konstruktionen. Zu den originellen Mustern zählt die »Schwarzlose«-Pistole Kaliber 7,65 mm, die 1910 auf den Markt kam, sich allerdings nicht durchsetzen konnte. Schwarzlose, der als Maschinengewehr-Konstrukteur bekannt geworden war, hatte das übliche Verfahren, bei dem sich der Verschluß nach hinten bewegt und damit die leere Patrone auszieht, umgedreht. Bei seiner Waffe wird der Lauf beim Schuß mit nach vorn genommen und anschließend von der Schließfeder wieder zum starren Schloßblock zurückgedrückt, dabei nimmt er die nächste Patrone aus dem Magazin.
Eine hochinteressante Waffe ist auch die »Roth-Sauer-Pistole«, die von dem berühmten österreichischen Konstrukteur Sylvester Krnka konstruiert und von den Firmen »Sauer«/Suhl und »Roth«/Wien

hergestellt wurde. Sie hat das Kaliber 7,65 mm (eine größere Version mit 8-mm-Patrone wurde 1907 vom k.u.k.-Heer angenommen), wird mit Ladestreifen von oben geladen und besitzt einen starr verriegelten Drehwarzen-Verschluß. Die Besonderheit der »Roth-Sauer« ist ihr Sicherungsmechanismus. Bei der automatischen Ladebewegung wird das Schloß nur zur Hälfte gespannt. Erst durch das Betätigen des Abzugs wird die Schlagfeder dann völlig gespannt und sogleich abgelassen. Der Konstrukteur wollte auf diese Weise verhindern, daß sich aus der Waffe unbeabsichtigt ein Schuß lösen kann. Leider wirkte sich der lange Abzugsweg ungünstig auf die Schußleistung aus.

Selbstladepistolen mit verriegelten Verschlüssen werden heute nur

Walther PPK, unverriegelte Selbstladepistole mit außenliegendem Hahn, Kaliber 7,65 Millimeter.

Dreyse-Pistole Modell 1907, Kaliber 7,65 und 9 mm kurz. Eine der ersten eigenständig deutschen Konstruktionen auf dem Sektor der Selbstladepistolen mit unverriegeltem Verschluß. Das Magazin faßt sieben Patronen (Archiv Rheinmetall.)

noch in großen Kalibern ab 9 mm oder für besonders starke Patronen (etwa 7,65 Luger) gebaut. Die allermeisten zivilen Selbstverteidigungswaffen der Kaliber 5,6 mm (Kleinkaliber), 6,35 mm, 7,65 mm Browning und 9 mm kurz begnügen sich mit dem unverriegelten Feder- oder Massenverschluß, dem der geniale amerikanischen Konstrukteur John W. Browning zum Durchbruch verhalf, wenn er ihn auch nicht erfunden hat. Immerhin brachte Browning, dessen Name der »Fabrique de Nationale d'Armes« (FN) in Herstal/Belgien als Warenzeichen geschützt ist, bereits im

Jahre 1900 die erste Federverschluß-Taschenpistole im Kaliber 7,65 heraus. Unzählige weitere Modelle folgten. Es heißt, der Amerikaner habe insgesamt 200 Waffen konstruiert, vom Maschinengewehr bis zum »Browning-Baby«, einer Mini-Taschenpistole im Kaliber 6,35 mm, die wie fast alle seine Konstruktionen vielfach nachgeahmt wurde.

Auch unsere heutigen Taschenpistolen basieren fast ausnahmslos auf der Browningschen Konzeption. Verbesserungen brachte nur der außenliegende Hahn, der mit dem Abzug gespannt werden kann. Diese Anwendung, die bereits bei der »P 38« beschrieben wurde, findet sich heute bei einer ganzen Reihe von Taschenpistolen. Das erste Modell dieser Art brachte die Firma »Walther« im Jahre 1929 heraus. Ihre beiden Modelle »PP« (Polizeipistole) und »PPK« (Polizeipistole Kriminalmodell) 177 und 155 mm lang, sind heute noch führend in dieser Waffengattung. Sie werden für die Patronen 7,65 und 9 mm kurz hergestellt. Die Magazine fassen acht bzw. sieben Patronen. Besonders geschätzt ist das perfekte Sicherungssystem (wie schon bei der P 38 beschrieben) und die saubere Verarbeitung.

Die Repliken

Vorderlader, Baujahr 1973

Originale, noch funktionsfähige Vorderladerwaffen, Pistolen, Revolver und Gewehre sind heute kostbar und nur noch in sehr begrenzten Stückzahlen erhalten. Wer trotzdem einen »Colt« besitzen möchte, eine Steinschloßpistole aus »Harpers Ferry« oder ein Gewehr, wie es »Lederstumpf« einst führte, kann sich heute diesen Wunsch im nächsten Waffengeschäft erfüllen. Eine ganze Industrie in Oberitalien und die traditionsreiche Waffenfabrik »Centaure« in Liège/Belgien fertigen heute wieder Waffenmodelle, deren Produktion vor über einem Jahrhundert eingestellt wurde. Diese originalgetreuen und funktionsfähigen Nachbauten nennt man »Repliken«, und man muß sie gerechterweise in zwei Klassen einordnen, das ergibt sich bereits aus dem Preis.

Die billigere Sorte (Vorderlader-Revolver) gibt es bereits ab etwa 150 DM (Pistolen ab 80 DM) ist eigentlich mehr zur Dekoration und für einen gelegentlichen Schuß gedacht. Bei sachgemäßer Behandlung (siehe nächstes Kapitel) sind diese Waffen

Replika des „Remington New Army"-Revolvers aus dem Jahre 1859. Die Waffe hat das Kaliber .44 und ist besonders stabil wegen des geschlossenen Rahmens. (Foto: Hege-Uberti.)

zwar durchaus sicher, sie haben schließlich alle den staatlichen Beschuß überstanden. Das Material jedoch und die Verarbeitung dieser Waffen entsprechen eben dem geringeren Anschaffungspreis. Wer höhere Ansprüche stellt und viel mit seinen Repliken schießen will, sollte mindestens 200 Mark für Pistolen und Revolver und mehr als 300 Mark für ein Gewehr ausgeben. In diesen Preisklassen entsprechen die Nachbauten qualitativ absolut den Originalen. Meist sind sie sogar besser, weil heute zur Fertigung Präzisionsmaschinen und bessere Stahlsorten zu Verfügung stehen als noch vor einem Jahrhundert. Es ist ein Nachteil der Repliken, daß sie — zumindest in den nächsten Jahrzehnten — nicht an der Wertsteigerung teilnehmen, die allen alten Originalwaffen sicher ist. Dafür jedoch sind sie zum Gebrauch geeignet, was bei alten Stücken nur noch selten der Fall ist. Die Vorderlader-Revolver befriedigen außerdem den Wunsch nach einer vollwertigen Faustfeuerwaffe.

Ein reichhaltiges Programm steht zur Auswahl, zum Beispiel fast alle Revolvermodelle, die Samuel Colt einst konstruiert und hergestellt hat, vom »Paterson« über den überschweren »Whitneyville Walker« von 1847 und das »Navy-Modell 1851« bis zum berühmten »Colt-Army« von 1860. Es gibt außerdem das »New Model Army« von Remington, ein Revolver, der auffällt, weil er im Gegensatz zu den Colt-Nachbauten einen geschlossenen Rahmen hat. Falls Sie sich für einen Revolver entschließen und künftig öfter schießen wollen, sollten Sie nicht irgendwo kaufen, sondern bei einem Händler Ihres Vertrauens. Denn anders als bei modernen Waffen, bei denen ein renommierter Markenname für die Qualität der Waffe bürgt, werden die Repliken in unterschiedlichster Qualität geliefert von Firmen, deren Namen ihnen meist nichts sagen. Das Angebot ist für den Laien völlig unübersichtlich.

Um nur ein Beispiel zu nennen: Der »Colt-Navy« wird heute von mindestens drei Herstellern nachgebaut, alle drei Waffen ähneln sich äußerlich wie ein Ei dem anderen. Und doch gibt es im Inneren, wohin Sie nicht sehen können, beachtliche Unterschiede, die sich auch im Preis niederschlagen. Die beiden billigeren Modelle kosten um 150 DM, das Spitzenmodell ist hundert Mark teurer. Schießen können Sie mit allen dreien, wenigstens heute. In ein paar Jahren jedoch, nach fünftausend oder zehntausend Schuß auf dem Stand, sind — vielleicht — die beiden billigeren reif für den Schrott oder für die Dekorationswand, der teurere jedoch ist noch fast wie neu. Er tut's bis an Ihr Lebensende. Und so ist das — mit geringeren Preisunterschieden — bei fast allen Vorderlader-Revolvern.

Etwas weniger problematisch ist die Wahl bei den Vorderlader-Pistolen und -Gewehren. Das Angebot ist kleiner und übersichtlicher, diese Waffen haben außerdem von Haus aus weniger Fehlerquellen als die Revolver (Luftspalt, Timing). Außer der Verarbeitung fürs Auge kommt es bei den einschüssigen Perkussions- und Steinschloßwaffen vor allem auf die Innenbearbeitung des Laufs an. Die Wandung darf nicht rauh sein, sonst lagern sich zuviel Pulverrückstände ab und das Schußpflaster scheuert durch, ehe die Kugel beim Laden den Laufboden erreicht hat. Das kommt leider bei den billigeren Vorderlader-Gewehren öfter vor. Um allzuraschem Verschleiß vorzubeugen, müssen die Perkussionsschlösser aus gutem Material gefertigt und die Feder- und Abzugskräfte sorgsam aufeinander abgestimmt sein. Oft gibt es Enttäuschungen mit Steinschloßwaffen, weil die Batterien zu wenig gehärtet sind. Dann schlägt der Hahn schon nach kurzem Gebrauch keinen Zündfunken mehr.

Das alles freilich stellt sich erst nach dem Kauf heraus. Daher ist der Kauf von Repliken in ganz besonderer Weise Vertrauenssache. Die beiden größten Replika-Hersteller in Italien sind die Firmen »Armi-Jäger« in Lione und »Uberti« in Gardone. Die feinsten Nachbauten, allerdings zugleich mit Abstand die teuersten, liefert »Centaure« aus Belgien. Die Vorfahren der Firmeninhaber hatten bereits vor hundert Jahren Original-Colt-Revolver in Lizenz hergestellt, und das ist ihnen heute noch Verpflichtung für allerbeste Materialien und Verarbeitung. Wenn Sie einen »Colt-Army«, den

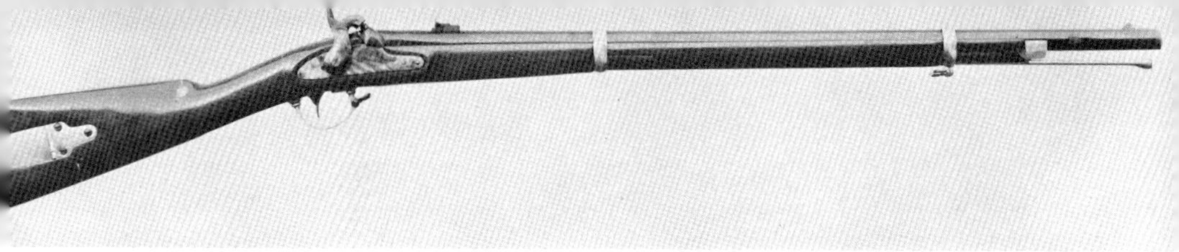

Replika des „Remington-Zouave"-Infanteriegewehrs, Modell 1863 aus dem amerikanischen Bürgerkrieg. Die Waffe ist für „Minié-Geschosse im Kaliber .58 (14,7 mm) eingerichtet.

Nachbau einer Steinschloßpistole von »Harpers-Ferry« oder eine »Kentucky-Rifle« mit dem »Centaure«-Stempel kaufen, können Sie vergessen, was auf den vorhergehenden Seiten über mögliche Replika-Mängel geschrieben steht.

Schießen mit Vorderladern

Als die Waffentechnik endlich so weit war, daß es auch mittelmäßigen Schützen gelang, mit Hinterladern, Metallpatronen und rauchlosem Pulver in schneller Folge und treffsicher zu schießen, da fanden einige Leute, daß es eigentlich früher viel schöner gewesen war. Damals, in der Vorderlader- und Schwarzpulver-Zeit als nicht unbedingt der beste Schütze, sondern auch Zufall und Glück ein Preisschießen entschieden. Und sie holten Urgroßvaters Donnerbüchse vom Dachboden, schmirgelten den Rost ab, stopften sie mit Pulver und Blei und freuten sich wie Kinder, als nach dem ersten Schuß eine dichte, streng riechende Dampfwolke durchs Gelände zog. Sie hatten die alte Schützenromantik wieder entdeckt.

Abgesehen von wenigen Vereinen in den USA und vereinzelt auch in Europa, bei denen die Tradition des Schwarzpulverschießens seit der Vorderladerzeit ungebrochen ist — in Deutschland zum Beispiel bei manchen Bürgerwehren— fand dieser Sport erst in den letzten Jahren wieder eine breitere Basis. Den Waffenliebhabern, die immer schon einmal mit einem richtigen Vorderlader schießen wollten wie vor zweihundert Jahren, wurde dieser Wunsch plötzlich erfüllbar durch die Repliken, die es seit etwa zehn Jahren in Europa zu kaufen gibt.

Die größte Gruppe der Schwarzpulver-Fans lebt in den USA, wo sie, unterstützt durch die mächtige »National-Rifle-Association« (NRA), den amerikanischen Schützenbund alljährlich große Ausscheidungen veranstalten. Wie bedeutsam der US-Markt ist, zeigt die Tatsache, daß bisher fast nur Nachbauten amerikanischer Waffen auf dem Markt sind. Die US-Schwarzpulver-Fans kaufen 90% der Replika-Produktion aus Italien und Belgien auf. Aber es bleiben noch genug Waffen für die Clubs, die derzeit in Frankreich, England, Italien, Österreich und in der Bundesrepublik gegründet werden.
In der Bundesrepublik hätte dieser Männersport heute gewiß schon zigtausende Freunde, wenn da nicht ein paar Schwierigkeiten wären. Erstens die Beschaffung des notwendigen Schwarzpulvers, das nur mit Genehmigung des zuständigen Ordnungsamts oder Landratsamts bezogen werden kann und zweitens der Mangel an Schießständen, auf denen Schwarzpulverschützen »bummsen« dürfen.
Zu Punkt 1: Erkundigen Sie sich doch mal telefonisch bei der für Sie zuständigen Behörde, unter welchen Umständen Sie in Ihrem Bundesland den notwendigen Sprengstofferlaubnisschein bekommen können. Besser ist noch die persönliche Vorsprache. Abgesehen von den unterschiedlichen Bestimmungen in den verschiedenen Bundesländern, hängt es allzuoft vom persönlichen Eindruck ab, den Sie bei dem zuständigen Beamten hinterlassen, ob er Ihnen den Bezugsschein bewilligt. Sie müssen auf jeden Fall ihre Gesetzes- und Sachkunde über den Umgang mit Schwarzpulver nachweisen. Kostenlose Vorbereitungslehrgänge, die in den meisten Bundesländern anerkannt werden, veranstaltet das »Deutsche Waffen-Journal«, 7170 Schwäbisch Hall, Tel. (07 91) 21 61.
Wenn Sie statt losen Schwarzpulvers die sogenannten »Preßlinge« verwenden, die seit einiger Zeit im Handel sind, kommen Sie sogar ohne Sprengstofferlaubnisschein zu Ihrem Schießvergnügen. Die Preßlinge, zylindrische Pulverstücke in passenden Kalibergrößen sind glücklicherweise durch eine Lücke im Waffengesetz gerutscht und werden hoffentlich auf Dauer frei verkäuflich bleiben.

Zu Punkt 2: Theoretisch dürfen Schwarzpulver-Schützen auf allen polizeilich genehmigten Schießständen schießen. Sie sind dort jedoch meistens nicht gern gesehen, da der Pulverdampf, den sie reichlich erzeugen, die anderen »rauchlosen« Schützen stört, und oft den Schießbetrieb zum Erliegen bringt. Manchmal geht es »ausnahmsweise« doch, wenn man mit dem Schießplatzwart ein Bier trinkt und mit ihm eine Zeit vereinbart, zu der keine anderen Schützen auf dem Stand sind. Auf reinen Kleinkaliber- und Luftgewehrständen ist der Versuch allerdings zwecklos.
Gern gesehener Gast dagegen sind Sie mit all Ihren Vorderladern beim »Internationalen Schwarzpulverschießen« in Schwäbisch Hall, das alljährlich im Herbst vom »Deutschen Waffen-Journal« ausgerichtet wird. Diese größte deutsche Veranstaltung dieser Art fand 1973 — in Verbindung mit der Weltmeisterschaft — bereits zum fünften Mal statt. Über tausend Schwarzpulverschützen aus der ganzen Bundesrepublik kamen zusammen.

Zubehör und Ladeweise

Da haben Sie sich also eine Vorderlader-Replika gekauft und nun wollen Sie wissen, wie dieses besondere Schießgefühl ist, von dem alle Schwarzpulverschützen schwärmen. Gemach, gemach. Schicken Sie erst ein kurzes Gebet zur Schutzpatronin aller Schützen, der heiligen Barbara, und dann wappnen Sie sich mit Geduld und Umsicht. Beides werden Sie brauchen. Außerdem benötigen Sie: Bleikugeln im passenden Kaliber, Dämmpfropfen oder Schußpflaster, ein Pulverhorn und natürlich Schwarzpulver.
Beginnen wir mit dem letzteren. Grundsätzlich sind fast alle feingekörnten Schwarzpulversorten, die sich im Handel befinden, fürs Vorderladerschießen geeignet. Am besten ist »Jagdschwarzpulver Nr. 1« mit einer Korngröße zwischen 0,6 und 1,2 Millimetern. Es wird zweckmäßigerweise in einer Pulverflasche aufbewahrt, die eine Dosiereinrichtung für die richtige Lademenge hat. Solche Pulverflaschen werden heute wieder als Replika-Zubehör verkauft.

Sie kosten zwischen 20 und 30 Mark. Welches Modell für Ihre Waffe das richtige ist, sagt Ihnen der Händler.

Die Dosiervorrichtung funktioniert folgendermaßen: Sie fassen die gefüllte Flasche mit einer Hand und verschließen dabei den Ausgießstutzen mit dem Zeigefinger. Dann drücken Sie den seitlichen Federhebel und kippen die Flasche mit Schwung. Dabei füllt sich das Dosierrohr des Stutzens mit Pulver aus dem Inneren des Behälters. Sie lassen jetzt den Federhebel wieder los, drehen die Flasche wieder um und können die abgemessene Pulvermenge in den zuvor sorgsam ausgewischten Lauf oder in die Trommelbohrungen ihrer Vorderladerwaffe schütten. Falls Sie den Werksangaben über die Ladungsmenge ihrer Replika nicht trauen, können Sie selbst nachrechnen.

Es gilt der Grundsatz, daß man bei Faustfeuerwaffen (Pistolen und Revolver) pro Millimeter Laufdurchmesser 0,1 Gramm Pulver laden soll. Ein Beispiel: Das verbreitete Replika- Kaliber .44 (Zoll) entspricht ungefähr 11,1 Millimetern. Man rechnet also: 11,1 x 0,1 = 1,11 Gramm Pulver. Entsprechend gilt für Gewehre: 0,25 Gramm Ladung pro Millimeter Laufdurchmesser. Das sind nur Richtmaße, es darf experimentiert werden. Vorsicht jedoch vor Überladungen. Bei den Revolvern setzt zwar das Fassungsvermögen der Trommelbohrungen eine Grenze, bei Gewehren und Vorderlader-Pistolen ist das nicht der Fall. Wenn Sie mehr als 0,5 Gramm pro Millimeter laden, wird es gefährlich! Übrigens bringen übersteigerte Ladungen keineswegs bessere Schußergebnisse. Im Gegenteil. Abgesehen von ärgerlich starkem Rückstoß, beginnt die Waffe dann auch noch zu streuen. Wichtig: Vorderlader-Waffen dürfen nur mit Schwarzpulver und keinesfalls mit rauchlosem Nitro-Pulver (etwa aus alten Patronen) geladen werden. Die »weichen« Stähle der Repliken halten den hohen Gasdruck des Nitro-Pulvers nicht aus!

Die Geschosse, in diesem Fall Rund- oder Spitzkugeln aus Blei, können Sie auf zweierlei Art beschaffen Entweder gleich fertig beim Händler (das Kilo kostet etwa sieben Mark) oder, was zünf-

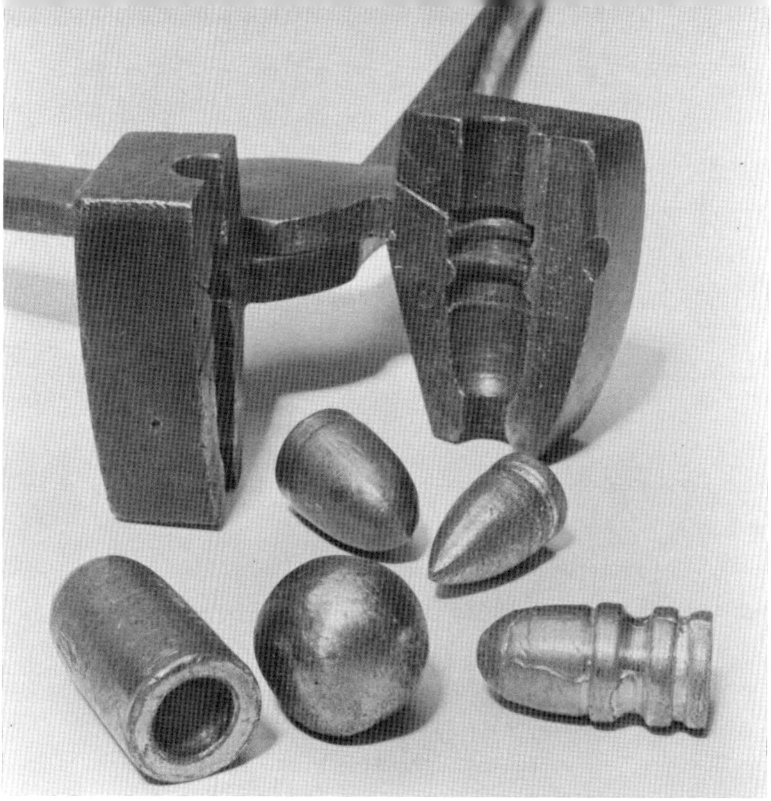

Selbstgegossene Vorderladergeschosse. Links ein Expansionsgeschoß mit Hohlboden. Das Geschoß rechts ist mit der abgebildeten Kugelzange gegossen.

tiger ist, Sie gießen sich Ihre Kugeln selbst. Die Gießform, »Kugelzange« genannt, kaufen Sie wieder beim Händler. Die billigsten Zangen kosten etwa 20 Mark, bessere Ausführungen oder Zangen für ausgefallene Kugelformen können bis 90 Mark kosten. Auch kleine Bleibarren im geeigneten Härtegrad gibts beim Waffenhändler. Aber Sie können sich natürlich eine ganz persönliche Legierung zusammenstellen. So zum Beispiel, wenn Sie reinem Blei etwas »Letternmetall« (aus einer Buchdruckerei) zusetzen.

Die Legierung ist richtig, wenn das Blei so hart ist, daß es nicht in den Zügen schmiert und doch so geschmeidig, daß es sich in die Züge einpreßt und ihre Form annimmt. Das gilt in erster Linie für Revolver, da sie ohne Schußpflaster geladen werden. Bei gezogenen Gewehren und Pistolen, bei denen die Kugel vom nachgiebigen Pflaster umhüllt ist, kommt es auf die Legierung weniger an.

Besonders geeignet und noch dazu preiswert ist das Blei, das zum

Auswuchten von Autoreifen verwendet wird. Bei Montagebetrieben und großen Kfz-Werkstätten fallen größere Mengen dieser kleinen Gewichte als »Abfallblei« an. Ebenfalls zum Umschmelzen geeignet sind abgeschossene Luftgewehrkugeln, die sich in den eisernen Scheibenkästen auf den Schießständen in Massen ansammeln. Meistens hängt noch eine Menge Scheibenpapier daran. Es ist gut, sie vor dem Einschmelzen ins Wasser zu schütten. Dann schwimmt das Papier oben und läßt sich abschöpfen.

In einem alten eisernen Kochtopf oder zur Not auch in einer Blechbüchse wird das Blei nun auf der Gasflamme oder auch auf einer Elektro-Kochplatte eingeschmolzen. Das geht ziemlich rasch, da der Blei-Schmelzpunkt niedrig, bei 300 Grad liegt.

Beim Schmelzen bildet sich oben eine Schicht von Verunreinigungen und Oxyden, die sich leicht mit einem Blechlöffel abschöpfen läßt. Die Bleischmelze hat die richtige Temperatur, wenn sich ein eingetauchter Zeitungs-Papierstreifen schnell bräunt, ohne jedoch sogleich zu entflammen.

Während des Einschmelzens haben Sie die Kugelzange in der Nähe der Wärmequelle deponiert, so daß sie jetzt ebenfalls aufgeheizt ist. Das ist wichtig, denn mit einer zu kalten Zange gelingt kein Guß. Falls Ihre (billige) Kugelzange keine Holzgriffe hat, können Sie sie jetzt nur noch mit dicken Lederhandschuhen anfassen. Drükken Sie die beiden Zangengriffe zusammen, schöpfen Sie mit einem Löffel etwas Blei und füllen Sie die Form rasch durch den Gußkanal. Wenn etwas Blei daneben geht, so macht das nichts. Es erkaltet auf einer untergelegten Zeitung und wird später wieder eingeschmolzen. Auch das Gußstück in der Zangenform wird sofort hart. Nach zwei bis drei Sekunden kann die Zange geöffnet werden, ein leichterHammerschlag gegen die Form genügt meist, um die Kugel herausfallen zu lassen.

Falls die Kugelform keinen »Abschneider« hat, mit dem zuvor bereits der Gußhals grob abgeschnitten wurde, so geschieht das nun mit einer Kneifzange. Dann wird der stehengebliebene Rest mit einer Feile, mit Schmirgelpapier oder mit einem Messer beseitigt.

Laden eines Vorderladergewehrs. Links: Einführen der eingepflasterten Kugel in den Lauf. Rechts: Hinabstoßen der Kugel mit dem Ladestock.

Es empfiehlt sich, aus Revolvern, Pistolen und fast allen Gewehren nur Rundkugeln zu verschießen. Erstaunlicherweise bringen sie erheblich bessere Treffergebnisse als die Langgeschosse, die man aus den Doppelformen ebenfalls gießen kann.

Jetzt brauchen Sie nur noch Dämmpfropfen, bzw. Schußpflaster und dann kanns endlich losgehen. Die Dämmpfropfen für den Revolver sind runde Filzscheiben von etwa Kalibergröße. Man stanzt sie mit einer »Lochpfeife« (erhältlich in Eisenwarengeschäften) aus einem alten Hut. Der Filz sollte zuvor mit Wachs, Öl oder erhitztem Schmierfett getränkt worden sein. Das ist wichtig, weil Wachs, Öl und Fett, die im Lauf haftenden Pulverrückstände der vorhergegangenen Schüsse aufweichen und der zu schnellen Verkrustung der Züge vorbeugen.

Auch die Schußpflaster für Gewehre und Pistolen müssen gefettet sein. Man fertigt die Pflaster aus einem etwas dickeren, möglichst zähen Stoff. Am einfachsten herzustellen und durchaus tauglich sind quadratische Stoffstücke einer Seitenlänge, die ungefähr dem doppelten Kaliberdurchmesser entspricht. Beispiel: Kaliber .44 = 11,1 mm x 2 = 22,2 mm Seitenlänge. Das Schußpflaster sollte also ungefähr 2 cm im Quadrat messen.

Wie früher bereits im Kapitel über die alten »Pflasterbüchsen« beschrieben, wird das Pflaster, wenn sich die Pulverladung bereits im Lauf befindet, oben auf die Laufmündung des Gewehrs oder der Pistole gebreitet. Dann legt man die Kugel darauf und drückt sie samt dem Pflaster ein Stück in die Mündung hinein. Anschließend werden Kugel und Pflaster mit dem Ladestock bis auf die Pulverladung niedergestoßen. Zur Kontrolle, ob die Kugel unten fest aufsitzt, läßt man den Ladestock mehrmals frei in den Lauf fallen. Wenn er zurückspringt (das geht besonders gut mit eisernen Ladestöcken) ist die Ladung in Ordnung.

Bei gezogenen Vorderladerwaffen, die für Kompressions- oder Expansionsgeschosse eingerichtet sind, entfällt das Schußpflaster. Die Replika der »Remington-Zouave-Rifle« zum Beispiel verschießt ein Expansionsgeschoß des früher bereits beschriebenen Systems »Minié«. Das heißt, ein Langgeschoß mit einer Aushöhlung im Boden. Beim Schuß dringen die Pulvergase in diese Höhlung hinein und treiben das Geschoß auseinander, bis es sich in die Züge preßt. Vor dem Schuß ist das Kugelkaliber kleiner als das Laufkaliber, so daß sich das Geschoß leicht laden läßt. Auch bei Waffen dieser Art geht es nicht ohne Fett. Die Geschosse haben daher Rillen, die mit Fett oder Talg zugeschmiert werden müssen.

Am einfachsten ist die Ladeweise bei den Revolvern. Man hält die Waffe senkrecht, mit dem Lauf nach oben und spannt den Hahn bis zur ersten Rast, der »Ruh-Rast«. Jetzt läßt sich die Trommel beliebig drehen. Wenn die Pulverladungen nacheinander in die Trommelbohrungen eingefüllt sind, kommt je ein Dämmpfropfen darauf und anschließend je eine Kugel. Sie wird mit der Ladepresse, die (Ausnahme: Colt-Paterson) unter dem Lauf angebracht ist, in die Bohrung gepreßt. Es ist wichtig, daß die Kugel so fest sitzt wie irgend möglich, und daß sie nicht aus der Bohrung vorsteht, sonst wird die Trommel blockiert.

Bei allen langen und kurzen Perkussions-Waffen müssen jetzt noch die Zündhütchen auf die Pistons gesetzt werden. Es gibt zwei Arten, die kleinen mit geriffeltem Rand für Pistolen und Revolver und Jagd-Gewehre und die großen »Fügelzündhütchen« für Militär-Vorderlader. Meistens passen die kleinen Zündhütchen nicht genau auf die Piston-Kegel. Es empfiehlt sich daher, die Kupferhütchen leicht zusammenzudrücken, sie sitzen dann fest.
Wer sich eine Steinschloß-Replika kauft und damit schießen will, wird diesen Entschluß wahrscheinlich bald verfluchen, es sei denn, er wäre ein begabter Bastler, der den vielen Fehlerquellen des Steinschloß-Systems Herr wird. Tatsächlich gibt es bei den Steinschlössern eine Menge Versager. Es ist noch das geringste Übel, wenn Flint oder Batterie ölig sind, oder wenn bei feuchter Witterung das Zündpulver auf der Pfanne naß wird. Allzuoft splittern die Flints, die ganz besonders sorgsam mit einem weichen Blei-Streifen oder mit einem Lederfutter in den Hahnlippen festgeschraubt sein müssen. Nur die Erfahrung lehrt, wie weit die Spitze des Zündsteins aus den Hahnlippen vorstehen darf, damit die Zündfunken richtig sprühen und die Pfanne erreichen. Das Hauptübel der Steinschloß-Waffen stellt sich meistens schon nach 30 oder 50 Schüssen ein: die gehärtete Schicht auf der Batterie ist durchgescheuert und der Flint schlägt keinen Zündfunken mehr. Dann hilft meist nur eine Ersatz-Batterie, die dann bald ebenfalls ihren Geist aufgibt. Aus diesem Grund schießen die allermeisten Schwarzpulverschützen mit Perkussionswaffen, denn da gibt es keine bösen Überraschungen.

Feuer frei, mit Pulver und Blei

Wenn Sie endlich alle Klippen umschifft haben, eine Schwarzpulver-Bezugs-Genehmigung besitzen und die Erlaubnis, auf einem Schießstand mit Ihrem Vorderlader Krach und Qualm zu machen, dann lesen Sie, was Sie sonst noch wissen müssen, damit die Sache Spaß macht — und Sie wieder heil nach Hause kommen.

Ein gezogener Vorderlader ist eine vollwertige Waffe, sowohl was die Schußleistung betrifft, als auch die Gefahr, die bei unsachgemäßer Behandlung von ihm ausgeht. Die Gefärdung des Schützen und der Umstehenden ist beim Vorderladerschießen größer als beim Umgang mit modernen Waffen, weil mit offenem Schwarzpulver hantiert wird. Ich habe selbst schon »Westernhelden« gesehen, die mit Zigaretten im Mundwinkel lässig ihre Revolver luden. Tun Sie das um Gottes willen nicht. Schwarzpulver ist zwar unempfindlich gegen Schlag und Stoß, nur Hitze und Feuer verträgt es nicht. Halten Sie sich unbedingt an das Rauchverbot auf allen Schießständen.

Und noch eine Binsenweisheit: Richten Sie niemals den Lauf Ihrer Waffe auf einen Menschen, selbst wenn die Waffe ungeladen sein sollte. Damit wirklich nichts passieren kann, sollten Sie die Zündhütchen erst dann auf die Pistons setzen und — bei Steinschloßwaffen — das Zündpulver auf die Pfanne schütten, wenn Sie zum Schießen bereit sind und Ihre Waffe auf die Scheibe gerichtet ist.

Sie sollten sich angewöhnen, Ihren Revolver und ihre Vorderlader-Büchse grundsätzlich ungeladen vom Schießstand nach Hause zu nehmen. Sie könnten vergessen, daß die Waffen geladen sind und eines Tages setzen Sie oder ein anderer nur so zum Spaß ein Zündhütchen auf und — bum ist das Unglück geschehen.

Eine Wolke von Pulverdampf vernebelt die Sicht. So muß es sein, beim Schwarzpulverschießen.

Falls es einen Versager gibt — das kommt bei Vorderladerwaffen schon mal vor — halten Sie die Waffe noch etwa zehn Sekunden lang auf das Ziel gerichtet. Dann erst dürfen Sie nachsehen, wo der Fehler liegt. Meistens geht's mit einem neuen Zündhütchen. Es kann aber auch sein, daß der Zündkanal verstopft oder daß das Pulver naß oder ölig ist. Vielleicht haben Sie sogar vergessen, die Pulverladung einzufüllen. Dann müssen Sie das Geschoß aus dem Lauf entfernen. Bei Gewehren und Pistolen verwendet man dazu einen »Kugelbohrer«, so vorhanden. Wenn nicht, tut es oft auch den »Krätzer«, eine Art Doppel-Korkenzieher, der an das hintere Ende des Ladestocks geschraubt wird. Man läßt ihn vorsichtig auf die Kugel nieder und dreht ihn mit Gefühl, bis sich die scharfen Spitzen des Krätzers ins Geschoßblei gebohrt haben. Nun läßt sich die Kugel — meistens — herausziehen.

Weil Schwarzpulver bei der Verbrennung eine Menge Rückstände auf den Laufwänden hinterläßt, sollte man die Waffe während des Schießens öfter mal mit einem feuchten Lappen durchwischen, und zwar dann, wenn das Laden beschwerlich wird. Wasser löst Schwarzpulverrückstände sofort, es ist auch für die unbedingt notwendige Reinigung nach dem Schießen zu empfehlen.

Mit Vorderladerwaffen zu schießen — und zu treffen — ist eine Kunst, über die es viel mehr zu sagen gibt als das in diesem Rahmen möglich ist. In dem Buch »Vorderlader« (siehe Seite 263), erschienen im Motorbuchverlag Stuttgart, finden Sie alles, was Schützen über den Umgang mit Pulver, Blei und Ladestock wissen müssen.

Daß das romantische Vorderladerschießen in den kommenden Jahren eine Massenbewegung zu werden verspricht, ist nur zum Teil mit dem neuen Waffengesetz zu erklären, das praktisch alle modernen Waffen mit Bann belegt hat. Die Lust am Spiel mit den Oldtimer-Feuerrohren entspringt derselben Quelle wie die wiederentdeckte Freude an Opas Automobilen und Omas Möbeln. Es ist Nostalgie.

Das Waffengesetz

Als man vor rund einem Jahrzehnt in Bonn begann, über ein Bundes-Waffengesetz nachzudenken, wollte man nicht mehr, als die unzähligen unterschiedlichen Länder-Bestimmungen endlich unter einen Hut bringen. Und dagegen wäre wirklich nichts einzuwenden gewesen. Dann bekam Österreich 1967 ein neues, liberales und in jeder Beziehung vorbildliches Waffengesetz, das jedem unbescholtenen Bürger per »Waffenpaß« den Erwerb von Pistolen und Revolvern gestattet. Man hätte hoffen mögen, daß die Bundesrepublik dem Beispiel des kleinen Nachbarn folgt. Doch es kam ganz anders, schlimmer als es die größten Pessimisten erwarten konnten: das Bundeswaffengesetz wurde ein »Lex Meinhof«.

In den Jahren zwischen 1968 und 1971 hatte sich im politischen Untergrund eine Bewegung entwickelt, wie es sie ähnlich in Deutschland seit einem halben Jahrhundert nicht mehr gegeben hatte: militante Anarchisten — so der Kreis um Ulrike Meinhof und das »Sozialistische Patienten Kollektiv« in Heidelberg — lieferten der Polizei Feuergefechte und legten serienweise Bomben. Zugleich — das ist nicht zu bestreiten — nahm auch die »normale«, unpolitische Schußwaffenkriminalität von Jahr zu Jahr beängstigend zu. Der Bankraub kam in Mode. Plötzlich fühlte sich die Staatsgewalt verunsichert und hilflos. Die Regierung geriet in Hysterie und machte in aller Eile ein Waffengesetz. Als ob man damit Anarchisten und Bankräubern beikommen könnte.

Zwar sitzt die Baader-Meinhof-Bande inzwischen hinter Schloß und Riegel, und auch die Bankräuber halten sich neuerdings etwas zurück, doch wer wollte behaupten, daß das eine Wirkung des neuen Bundeswaffengesetzes wäre?

Die Wirkung bekommt seit dem 1. Januar 1973 ein ganz anderer Personenkreis zu spüren: Waffenfreunde und Sammler, unbescholtene Bürger, Du und ich.
Vor dem Inkrafttreten des neuen Gesetzes ist monatelang in fast allen Blättern und auf allen Fernsehkanälen dafür und dagegen polemisiert worden. Es wäre sinnlos, all die guten und schlechten Argumente noch einmal zu wiederholen. Wir müssen mit dem Gesetz leben, auch wenn das schwer fällt, weil es ein ungerechtes und obendrein schlampiges Werk ist. Noch bei Redaktionsschluß der 2. Auflage dieses Buches fehlten wesentliche Ausführungsbestimmungen und sie waren auch nicht in absehbarer Zeit zu erwarten. So mußten zwangsläufig einige wichtige Fragen offen bleiben.
Im Folgenden finden Sie eine Zusammenfassung jener Punkte, die für Sammler und Waffenfreunde allgemein wichtig sind. Mit dem Original Gesetzes-Text vom 19. September 1972 und seinen 62 Paragraphen können Nichtjuristen ohnehin wenig anfangen.

Verbotene Waffen

Bei den Schußwaffen der nachstehend aufgeführten Arten ist alles verboten: Besitz, Herstellung und Instandsetzung, sogar der Verkauf. Waffen dieser Gruppe müssen bei der Polizei abgeliefert, bzw. unbrauchbar gemacht werden. Ausnahmen in Einzelfällen können beim Bundeskriminalamt Wiesbaden oder beim Bundesamt für gewerbliche Wirtschaft 6 Frankfurt/M., Postfach 3931 beantragt werden. Verbotene Waffen sind:
1. Waffen die zusammengeklappt, verkürzt oder schnell zerlegt werden können (Wildererwaffen).
2. Waffen im Kaliber .22 (Kleinkaliber), die zerlegbar sind und deren längster Waffenteil kürzer als 60 Zentimeter ist.
3. Waffen, die einen anderen Gegenstand vortäuschen (z. B. Stockflinten und Schießkugelschreiber).
4. Vollautomatische Selbstladewaffen (MG, MP, Sturmgewehr; als Militärwaffen nach dem Kriegswaffenkontrollgesetz verboten).

5. Waffen, auch Nachbildungen, die aussehen als ob sie Vollautomaten wären (z. B. der »Landmann«-KK-Halbautomat).

Frei verkäufliche Waffen

Waffen der folgenden Arten können von Personen über 18 Jahren ohne Formalitäten erworben werden:
Luftgewehre, Schreckschußwaffen, Schußwaffenattrappen (mit verschweißten und verbolzten Funktionsteilen), Vorderladergewehre und *wahrscheinlich* auch Vorderlader-Pistolen und -Revolver. Außerdem sind frühe Hinterladungsmodelle frei, soweit die Patronenmunition, die sie verschießen *nicht* in der amtlichen Munitionsliste aufgeführt ist. Frei sind weiterhin auch Schußwaffen mit Patronenlagern von weniger als 6 Millimetern Durchmesser und Länge (Zimmerstutzen).

Waffen, die nur mit Waffenbesitzkarte erworben werden können

Alle Waffen, die weder verboten, noch frei verkäuflich sind, können von Personen über 18 Jahren nur erworben werden, wenn das zuständige Amt für öffentliche Ordnung (in kreisfreien Städten) oder das Landratsamt (in Landkreisen) zuvor eine »Waffenbesitzkarte« dafür ausgestellt hat.
Die Waffenbesitzkarte bekommt nur, wer zuverlässig, nicht schwerwiegend vorbestraft, zum Umgang mit Feuerwaffen befähigt ist und ein Bedürfnis nachweisen kann.
Die Befähigung muß in einer Sachkundeprüfung nachgewiesen werden, als Bedürfnis wird zum Beispiel die Teilnahme an schießsportlichen Veranstaltungen oder der Aufbau einer »kulturhistorisch wertvollen« Sammlung anerkannt. Die Behörde kann Auflagen erteilen, wie die Waffen, vor unbefugtem Zugriff gesichert, aufbewahrt werden müssen. Im Gesetz steht ausdrücklich, daß bei der Bedürfnisprüfung für Faustfeuerwaffen besonders strenge

Maßstäbe anzulegen seien. Man darf also annehmen, daß künftig jeder Versuch, einen Revolver zu bekommen, abgelehnt wird.
Die Waffenbesitzkarte wird für eine bestimmte Anzahl (wieviel maximal ist noch unbekannt) genau bezeichneter Waffen ausgestellt und gilt zunächst fünf Jahre. Die Erlaubnis kann anschließend um weitere fünf Jahre verlängert werden.
Einer Waffenbesitzkarte bedarf nicht, wer eine Waffe auf dem Wege der Erfolge erwirbt. Er muß sie jedoch ebenfalls anmelden.
Auch die Inhaber gültiger Jahres- oder Tagesjagdscheine können Gewehre (länger als 60 Zentimeter) ohne Waffenbesitzkarte kaufen. Einzige Ausnahme: gezogene Selbstlader, also auch die beliebten Kleinkaliber-Halbautomaten dürfen künftig nicht mehr verkauft werden.
Falls Sie eine besitzkartenpflichtige Waffe kaufen wollen:
Sie beantragen eine Waffenbesitzkarte, beschaffen ein polizeiliches Führungszeugnis, begründen ihren Antrag und legen die Sachkundeprüfung ab.
Wenn die Behörde die Waffenbesitzkarte bewilligt, so wird zugleich die Art der Waffe eingetragen. Mit diesem Dokument gehen Sie zu Ihrem Waffenhändler. Er verkauft Ihnen die Waffe und trägt sofort Modellbezeichnung, Hersteller, Seriennummer und Verkaufsdatum in den Schein ein. Danach haben Sie eine Woche Zeit um die Behörde vom erfolgten Kauf zu benachrichtigen.
Ein entsprechendes Verfahren ist auch für den Waffentausch, sowie für Waffen An- und Verkauf unter Sammlern vorgeschrieben.
Wichtig: in jedem Fall muß die Waffenbesitzkarte *vor* dem Besitzwechsel vorliegen. Wer sich auf dem Schießstand eine Waffe leiht, braucht natürlich keine Besitzkarte.

Der Waffenschein

Wer Schußwaffen außerhalb seiner Wohnung oder seines eingezäunten Besitztums führen, also zugriffsbereit tragen will, bedarf eines Waffenscheins, den das Ordnungsamt oder Landratsamt

ausstellen kann. In der Praxis wird er nur Leuten genehmigt, die wegen ihres Berufes (Taxifahrer, Bankboten) besonders gefährdet sind. Jäger im Revier brauchen keinen Waffenschein. Auch für den Transport einer Waffe (zum Büchsenmacher, beim Umzug, auf dem Weg zum Schießstand), soweit sie dabei nicht geladen und zugriffsbereit ist, wird kein Waffenschein verlangt, ebensowenig beim Schießen auf einem zugelassenen öffentlichen Schießstand.
Grundsätzlich freigestellt von der Waffenscheinpflicht sind Schreckschußwaffen. Man darf sie führen.

Der Munitionserwerbschein

Gleichzeitig mit der Waffenbesitzkarte kann ein Munitionserwerbschein beantragt werden, der für eine bestimmte Munitionssorte gilt. Zum Beispiel: Pistolenpatronen 9 mm Parabellum. Die Menge ist nicht festgelegt. Der Schein verfällt nach fünf Jahren. Munition die auf Erwerbschein gekauft wurde, darf nicht an andere weitergegeben werden, es sei denn, sie hätten ebenfalls Munitionserwerbscheine. Auf dem Schießstand darf Munition, die zum sofortigen Verbrauch bestimmt ist, ohne Erwerbschein gekauft werden.
Jagdscheininhaber benötigen keinen Munitionserwerbschein. Frei verkäuflich ist außerdem die Munition für alle Waffen, die von der Besitzkartenpflicht freigestellt sind, also Luftgewehrkugeln, Zimmerstutzenmunition und Schreckschußpatronen. Nach den Buchstaben des Gesetzes müßten außerdem die »Schwarzpulverpreßlinge« frei sein. Die letzte Entscheidung darüber stand bei Redaktionsschluß dieses Buches noch aus.

Wo darf geschossen werden?

Wer nicht Jäger ist, darf nur auf polizeilich zugelassenen Schießstätten schießen. Eine Ausnahme gilt für Luftgewehre innerhalb des befriedeten Besitztums (Garten), wenn sichergestellt ist, daß die Geschosse das eingezäunte Gelände nicht verlassen können.

Die Zollkaliber und wie man sie umrechnet

Die Kaliberangabe in Hundertstel oder Tausendstel Zoll ist ein alter Zopf, zumindest in jenen Ländern, in denen man seit Menschengedenken metrisch rechnet. Weil jedoch die Engländer noch bis vor kurzem das Zoll (»inch«) als Maßeinheit hatten und die Amerikaner auch in Zukunft daran festhalten wollen, müssen Sie als Waffenkenner damit zurechtkommen.

Theoretisch läßt sich jede Kaliberangabe in Zoll (erkenntlich an dem Punkt vor der Zahl) leicht in Millimeter umrechnen, wenn man weiß, daß ein »inch« 25,4 Millimetern entspricht. Falls Sie zum Beispiel wissen wollen, welchen Durchmesser ein Lauf vom Kaliber .58 hat, dann rechnen Sie einfach: 25,4 x 0,59 = 14,732, das ergibt abgerundet ein Kaliber von 14,7 Milimetern.

Die Rechnerei stimmt jedoch leider oft mit der Praxis nicht überein. Für das verbreitete Gewehrkaliber 7,62 Millimeter zum Beispiel sind gleich drei verschiedene Zollangaben eingeführt: .30, .303 und .308. Dreistellige Zahlen deuten darauf hin, daß die Kaliberbezeichnung ursprünglich englischer Herkunft war.

In der nachstehenden Tabelle finden Sie eine Übersicht:

Zollkaliber		metrisches Kaliber
.22	=	5,6 mm
.25	=	6,35 mm und 6,50 mm
.30	=	7,62 mm und 7,65 mm

Zollkaliber		metrisches Kaliber
.303	=	7,62 mm
.308	=	7,62 mm
.31	=	7,9 mm
.32	=	7,65 mm und 8,1 mm
.34	=	8,6 mm
.357	=	9 mm
.36	=	9,1 mm
.38	=	9,0 mm bis 9,6 mm
.44	=	10,6 mm bis 11,2 mm
.450	=	11,6 mm
.455	=	11,6 mm
.500	=	12,5 bis 12,9 mm
.58	=	14,7 mm

Preisübersicht für Sammlerwaffen

Die folgende Übersicht stützt sich auf Angaben im Kleinanzeigenteil der Zeitschrift »Deutsches Waffen-Journal«. Es konnte nicht nachgeprüft werden, in welchem Zustand sich die angebotenen Waffen tatsächlich befinden. Bei den unterschiedlichen Preisvorstellungen der Inserenten für bestimmte Waffenmodelle wurden jeweils die höchsten und die niedrigsten Summen nicht gewertet.
Alte Waffen ziviler Herkunft, über die im Inserat keine detaillierten Angaben gemacht wurden, sind in Gruppen zusammengefaßt. Zum Beispiel: »Lefaucheux-Doppelflinten einfach« und »Lefaucheux-Doppelflinten graviert«. Die Übersicht mußte zwangsläufig lückenhaft bleiben, weil nur aufgenommen werden konnte, was in zwölf Monaten Auswertungszeit mit Preisangabe angeboten worden ist.

Preußen: Zündnadelgewehre Modelle 41—68: 600—850 DM
USA: Spencer-Gewehr und -Karabiner Mod. 1865: 750—900 DM
England: Snider: 338 DM
Österreich: Wänzel: 350 DM
England Martini-Henry: 200—290 DM
England: Enfield Nr. 4 Mk. 2, Kal. .303 Brit.: 90—150 DM
England: Enfield Nr. 4 Mk. 2, Kal. .308 Win.: 250 DM
USA: Henry Rifle: 6000 DM
USA: Remington Rolling Block: 500 DM
Bayern: Podewils: 700—800 DM
Bayern: Werder: 400 DM
Österreich: Werndl: 100 DM (Jagdaption), 280 DM original
USA: Winchester 66 Carabine: 2000 DM
USA: Winchester Modell 76: 1100 DM
Deutschland: Gewehr Modell 71: 240—300 DM
Deutschland: Karabiner Modell 71: 300 DM
Deutschland: Modell 71/84: 180—270 DM
Schweiz: Vetterli Modell 81: 350 DM
Frankreich: Chassepot Modell 66: 200—298 DM
Frankreich: Lebel Modell 86: 280 DM
Frankreich: Berthier: 150—210 DM
Deutschland: Gewehr 88: 150—470 DM
Deutschland: Karabiner 88: 400—450 DM
Österreich: Mannlicher Modell 88: 400 DM
Österreich: Mannlicher Modell 95: 140—250 DM
Schweiz: Schmidt-Rubin Modell 96/11: 98—120 DM
Schweiz: Karabiner Modell 11: 130—145 DM
Deutschland: Gewehr Modell 98: 205—285 DM
Deutschland: Karabiner 98a: 160—250 DM
Deutschland: Karabiner 98b: 800—1200 DM
Deutschland: Karabiner 98k: 98—260 DM
Deutschland: Gewehr 98/40: 480 DM

Deutschland: Maschinenkarabiner 41: 600 DM
Deutschland: Selbstladegewehr (SG) 43: 340—580 DM
Deutschland: Sturmgewehr 44: 550—950 DM
USA: Springfield Modell 1903: 300 DM
USA: M 1 Carabine: 550—660 DM
Italien: Carcano-Gewehr: 78—98 DM
Spanien: Mauser-Karabiner Modell 43: 98 DM

Gewehre — Vorderlader

Steinschloß, Militär, Frankreich: 450—950 DM
Perkussion Militär, USA: 940 DM
Perkussion Jagd, einfach: 175—300 DM
Perkussion Jagd, graviert: 210—450 DM
Perkussion Jagd, Prunk, signiert: 2000 DM
Perkussionsdoppelflinte »Ferlach«: 350 DM
Radschloßprunkgewehre: 6500—20 000 DM
Steinschloß-Blunderbuss, England: 2450—2950 DM
Luntenschloßgewehre: 200—800 DM
Perkussion »Amberg« Militär: 350—400 DM
Perkussionskugelzwilling: 400 DM
Steinschloßbüchse »Suhl«: 1200 DM
Perkussionsscheibenstutzen: 580 DM
Perkussionsdoppelflinte, engl.: 250 DM
Österreichisches Gewehr System Augustin: 950 DM

Gewehre — Jagd- und Sporthinterlader

Lefaucheux-Doppelflinten einfach: 100—175 DM
Lefaucheux-Doppelflinten graviert, Damastläufe: 290—400 DM
Feuerstutzen, Kal. 8,15 mm im Kasten: 900 DM

Pistolen — Selbstlader

Luger 08, Kal. 9 mm Para: 300—500 DM
Luger Schweiz, Kal. 7,65 mm: 700—850 DM
Luger 08 Marine: 780 DM
Luger 08 Ari: 700—850 DM (ohne Zubehör)
Luger 08 Ari: 1000—1500 DM (mit Brett, Trommelmagazin und Tasche)
Mauser C 96, Kal. 7,63 mm und 9 mm Para: 450—750 DM (ohne Zubehör)
Mauser C 96 mit Anschlagschaftkasten: 800—1100 DM
Mauser C 96 Elfenbeingriff, Gravur: 1950 DM
P 38, Kal. 9 mm Para: 280—480 DM
Steyr, Kal. 9 mm: 180—220 DM
Roth-Steyr, Kal. 8 mm: 250—320 DM
Dreyse Modell 1907, Kal. 7,65 mm: 130—190 DM
Tokarev, Kal. 7,63 mm: 190—300 DM
US Government .45 ACP: 530—720 DM

Pistolen — Vorderlader

Steinschloß einfach: 450 DM
Steinschloß, graviert, signiert: 1150—1800 DM
Steinschloß Militär: 600—900 DM
Steinkastenschloß: 980—1350 DM
Steinschloß-Bockdoppelpistole, abschraubbare Läufe: 1350 DM
Perkussion einfach: 550 DM
Perkussion Militär: 390—580 DM
Duellpistole Perkussion einfach: 500 DM
Duellpaar Steinschloß (Kuchenreuther): 8950 DM
Duellpaar Perkussion signiert, im Kasten: 3700 DM
Duellpaar Perkussion aptiert: 1600 DM
Dopellaufterzerole, Perkussion: 60—90 DM

Revolver

Perkussionsrevolver Adams: 500—750 DM
Perkussionsrevolver Colt Navy 1851: 1200—1350 DM
Perkussionsrevolver Colt Army 1860: 1080—1300 DM
Perkussionsrevolver deutsch, graviert: 1250 DM
Perkussionsrevolver belgisch, Kal. .32 graviert: 950 DM
System Lefaucheux, diverse: 120—180 DM
Reichsrevolver Modelle 79—83: 380—660 DM
Rast & Gasser: 180—280 DM
Lebel, Kal. 8 mm, Modell 1892: 180—300 DM
Nagant: 300 DM
Colt Modell 87: 850 DM
Schweizer Ord., Modell 29: 400—410 DM